과학의
열쇠

과학의 문을 여는 19가지 키워드

과학의 열쇠

로버트 M. 헤이즌, 제임스 트레필 | 이창희 옮김

교양인
GYOYANGIN

모든 과학의 뿌리 개념을 찾아서

이 책을 읽고 나서 며칠 후에 여러분은 이런 신문 기사를 보게 될지도 모릅니다. '줄기세포 연구 크게 진전,' 혹은 '지구 온난화의 새로운 이론 등장.' 이런 기사들은 모두 중요합니다. 왜냐하면 우리의 삶에 직접 관계되는 것들이기 때문이지요. 시민으로서 국가의 정책 결정 과정에 참여하려면 우리는 각자 자신의 의견이 있어야 합니다. 그런데 이 참여 과정을 보면 지구 기후 변화로부터 핵 발전소 문제, IT 경쟁력 강화를 위한 육성책 등 과학적이고 기술적인 주제들이 점점 더 큰 비중을 차지해 가고 있습니다. 이러한 내용들을 이해하는 것은 글자를 읽을 수 있는 능력만큼이나 중요합니다. 즉 우리는 과학적으로 문맹이어서는 안 된다는 뜻입니다.

수십 년에 걸쳐 노력을 기울였음에도 불구하고 과학자들과 교육자들은 여러분이 오늘날과 미래의 복잡하고 기술적인 세계를 헤쳐 나가는 데 필요한 지식을 전해주지 못했습니다. 이 책의 목적은 바로 이런 기초 지식을 제공하는 데 있습니다. 정규 교육 과정에서 미처 채우지 못한 공백을 메워주려는 것입니다. 간단히 말해서 과학적 교양을 갖추는 데 필요한 지식을 제공해주겠다는 뜻입니다.

*　　*　　*

과학적 교양은 공적인 주제들을 이해하는 데 필요한 지식들로 구성되어 있습니다. 그것은 사실들과 단어, 개념들, 역사 그리고 철학의 합성물입니다. 과학적 교양은 전문가들만의 특별한 지식이 아니라 좀 더 일반적인 지식이며, 정치적 담화에 쓰이는 지식보다는 덜 엄밀한 것입니다. 만약 여러분이 과학과 관련된 그날의 뉴스를 이해할 수 있다면, 예컨대 줄기세포 연구나 온실 효과와 관련된 헤드라인 기사들을 가져다 의미 있는 맥락 속에서 활용할 수 있다면, 그리고 과학에 관련된 뉴스를 여러분 자신의 영역에 속한 모든 것을 다루는 똑같은 방식으로 다룰 수 있다면, 여러분은 이 책을 쓰는 우리만큼이나 과학적인 교양을 갖추고 있는 것입니다.

이 과학적 교양에 대한 정의는 몇몇 학자들에게는 상당히 사소하거나 또는 아마도 전반적으로 매우 부적절하게 보일 것입니다. 그러나 모든 사람이 과학을 깊은 수준까지 이해해야 한다고 고집하는 것은 서로 별개인 과학적 지식의 두 측면을 혼동하는 것입니다. 과학을 '하는 것'과 과학을 '이용하는 것'은 분명히 다릅니다. 과학적 교양이란 후자에만 관련된 것입니다.

보통 사람들까지 과학자의 능력을 갖출 필요는 없습니다. 뉴스를 이해하기 위해서 마이크로칩 설계나 DNA 염기 서열을 모두 알아야 하는 것은 아닙니다. 비행기가 날아가는 원리를 이해하는 데 비행기 설계 능력이 꼭 필요하지는 않은 것과 같습니다. 그러나 비행기 설계를 알 필요가 없다고 해서 우리가 비행기가 존재하는 세계에 살고 있다는 사실이 달라지지는 않습니다. 비행기는 우리의 세계를 크게 바꾸어놓았습니다. 마찬가지로 나노 기술과 생명공학의 발달은 사람들의 삶에 많은 영향을 끼쳤습니다. 따라서 우리는 이러한 변화가 어느 정도나 가능한지, 그리고 그 결과가 우리와 우리 후손들에게 어떤 영향을 끼칠지를 이해하는 데 필요한 배경 지식 정도는 갖추고 있어야합니다. 그래야만 과학 발전과 관련된 국가적 논의 과정에 참여할 수 있을 것입니다.

문화적 교양에서와 마찬가지로 과학적 교양에서도 상세하고 전문적인 지식은 필요하지 않습니다. 그런 것들은 전문가에게 맡겨 두면됩니다. 가령 신문을 읽다가 '초전도체'라는 단어와 마주쳤다고 합시다. 그러면 이 초전도체라고 하는 것이 전기를 손실 없이 전도시키는 물질이라는 것, 이것이 광범위하게 이용되지 못하는 이유는 극히낮은 온도에서만 초전도성이 나타나기 때문이라는 것, 그리고 이 온도 문제를 해결하는 것이 오늘날 재료공학이 풀어야 할 중요한 과제라는 것을 아는 정도로 충분합니다. 원자 수준에서 초전도체가 어떻게 작동하는가, 초전도체는 어떤 종류가 있는가, 초전도체의 재료는어떻게 만들어낼 수 있는가 하는 것들을 모른다고 해도 과학 문맹이아닙니다.

과학의 한 분야를 집중적으로 공부한다고 해서 과학적 교양을 갖추게 되는 것은 아닙니다. 사실 과학자들도 자신의 전문 분야 외의분야에 대해서는 문맹인 경우가 종종 있습니다. 예를 들어 24명의 물리학자들과 지질학자들에게 DNA와 RNA에 대해서 설명해보라고한 적이 있습니다. 이것은 생명과학에서는 아주 기본적인 지식입니다. 그런데 대답을 할 수 있었던 사람은 3명뿐이었고 그나마 이 3명은 이런 지식이 필요한 연구를 수행하고 있었습니다. 생물학자들에게도 이와 같은 설문조사를 실시하지는 않았지만—예를 들어 초전도체와 반도체의 차이를 설명하라는 질문 같은 것 말입니다.—해보았다면 의심할 여지 없이 앞서 말한 물리학자들과 별로 다를 것이 없었을 것입니다. 문제는 전문적인 과학자들에 대한 교육도 다른 분야의 전문 교육과 마찬가지로 너무 좁은 범위에 한정되어 있다는 사실입니다. 그 때문에 과학자들도 자기 분야가 아닌 경우에는 일반인들처럼 과학적 문제에 무지합니다. 혹 노벨상 수상자가 자기 전문 분야가 아닌 것에 대해 연설하는 것을 듣게 되면 지금 우리가 한 이야기를 명심하고 듣기 바랍니다.

마지막으로 한 가지 지적해 두고 싶은 것이 있습니다. 즉 과학적 교양과 실제로 전혀 다른 지식의 어떤 측면이 과학적 교양과 혼동되고 있다는 사실입니다. 이런 이야기를 가끔 들어보았을 것입니다. "요즘 신입사원들은 블랙베리도 쓸 줄 몰라." 또는 "미국 사람들은 기술에 기대 살면서도 DVR도 다룰 줄 모르는 사람이 태반이야." 이런 말들은 아마도 진실일 테고, 미국 사회의 슬픈 현실을 보여주고 있습니다. 그러나 이런 상태는 과학적 교양의 문제라기보다 기술적 문맹이라고 하는 것이 더 정확할 것입니다.

* * *

미국의 과학 교육이 실제로 얼마나 효과적인지를 보여주는 조사 결과가 있습니다. 1987년 하버드대학 졸업식에서 어떤 영화제작자가 카메라를 짊어지고 가운을 입은 졸업생들 사이를 헤집고 다니며 아무에게나 이렇게 물어보았습니다. "왜 겨울보다 여름에 더 더울까요?" 나중에 이 사람이 제작한 영화에 그 조사 결과가 잘 나타나 있습니다. 질문을 받은 23명의 졸업생 가운데 옳게 답한 사람은 단 두 명뿐이었습니다. 물론 졸업식장의 들뜬 분위기에서 난데없는 질문을 던졌다는 점은 감안해야겠지만, 어쨌든 이 결과를 놓고 보면 미국 유수의 대학이 학생들에게 일상생활과 관련된 가장 기본적인 과학 지식마저 제공하지 못하고 있는 것만은 분명합니다. 우리 저자들이 몸담고 있는 대학에서도 비공식적으로 비슷한 조사를 한 적이 있는데 그 결과도 결코 고무적이라고는 할 수 없었습니다. 조사에 응한 4학년 학생 중 꼭 반수가 "원자와 분자의 차이는 무엇인가?"라는 질문에 올바르게 대답하지 못했습니다.

이런 결과들은 대학이 올린 나무랄 데 없는 학문적 성과 중에 나타나는 사소한 흠이 아닙니다. 이 나라의 모든 대학에는 감추고 싶은 공통된 비밀이 하나 있습니다. 바로 졸업식 날 나온 신문에 실린 중요한 뉴스조차 이해할 능력이 없는 과학적 문맹 상태의 졸업생들을 배출하고 있다는 사실입니다.

문제는 물론 대학에만 국한된 것은 아닙니다. 표준화된 문제로 시험해보면 미국 중·고등학생들이 다른 선진국 학생들보다 뒤떨어진다는 이야기를 자주 듣게 됩니다. 이 분야를 전공하는 학자들 말을 들어보면 미국에서 과학적 교양이 있다고 판단되는 성인은 전체의 7% 미만입니다. 이 비율이 대학 졸업자는 22%, 대학원 및 그 이상의 학력을 가진 사람들의 경우에 26%이긴 하지만 이 연구에 쓰인 문항들이 우리 저자들의 기준보다 쉬운 것이었음을 감안하면 그렇게 높은 비율은 아닙니다.

앞서 말한 에피소드들과 방금 우리가 본 숫자들은 결국 같은 이야기를 하고 있습니다. 우리는 전체적으로 과학을 충분히 접하지 못했거나 21세기를 살아가는 데 필요한 지식을 전달받지 못한 채로 살고 있는 것입니다.

* * *

과학적 교양은 왜 중요할까요? 거기에는 몇 가지 이유가 있습니다. 첫 번째, 공적 측면이 있습니다. 이것은 첫머리부터 여기까지 한 이야기입니다. 우리는 항상 과학적 배경지식이 필요한 문제와 마주치며 살아가고 있습니다. 따라서 누구에게나 어느 정도 과학적 교양이 필요합니다. 과학적으로 문맹인 유권자들의 사회가 안고 있는 문제는 한두 가지가 아닙니다. 시민들의 무지를 틈탄 선동 정치의 위험, 그리고 모든 사람에게 영향을 끼치는 중요한 결정이 교육받은(그러나 선거에 의해 선출되지 않은) 소수의 엘리트들에 의해 이루어져 결국 민주주의가 위협받게 되는 것 등이 그것입니다.

두 번째, 미학적 측면은 다소 정의하기가 어렵습니다. 그리고 일반적인 인문 교육의 중요성을 강조하는 주장과 긴밀하게 연결되어 있습니다. 이를테면 이런 것입니다. 우리는 몇 개의 자연 법칙에 따라 움직이는 세계에 살고 있습니다. 아침에 일어나 잠자리에 들기까지 우리가 하는 모든 일은 이들 법칙에 따라 일어납니다. 이 아름답고 우아한 세계관은 수 세기에 걸쳐 과학자들이 노력을 기울여 얻은 결실입니다. 난로 위에서 물이 끓는 것과 대륙이 천천히 이동하는 것에서 같은 법칙이 발견된다는 사실, 그리고 무지개의 색과 물질을 이루는 기본 요소들의 움직임에 공통점이 있다는 것은 우리에게 지적이면서 미학적인 만족을 줍니다. 과학적으로 문맹인 사람은 분명히 삶의 아주 풍요로운 부분을 놓치고 있는 것입니다. 글을 읽지 못하는 사람이 그렇듯이 말이죠.

마지막으로 지적 연속성의 문제가 있습니다. 과학적 발견이 한 시대의 지적 분위기를 결정짓는다는 것은 잘 알려진 사실입니다. 코페르니쿠스의 태양 중심 우주관은 중세의 낡은 사고를 밀어내고 계몽의 시대를 여는 데 결정적인 역할을 했습니다. 다윈이 자연 선택의 원리를 발견하자 사람들은 세상사가 모두 신이 예정한 대로 진행되는 것이 아님을 알게 되었고, 20세기에 들어서서는 프로이트의 업적과 양자역학의 발달로 세계가 완전히 합리적으로 움직이지는 않다는 것이(적어도 표면적으로는) 알려졌습니다.

이러한 예를 통해 볼 때, '시대 정신'이라는 것은 그 시대의 과학 발전에 큰 영향을 받은 것입니다. 이렇게 자기 시대의 지적 삶과 긴밀히 연결된 과학을 모르고서 어떻게 그 시대의 정신을 제대로 인식할 수 있을까요?

*   *   *

그렇다면 이제 어떻게 해야 할까요? 과학적 문맹 문제를 해결하는 첫걸음은—학교에 다니는 사람이나 정규 교육 과정을 끝낸 사람이나—다음과 같은 단순한 원칙을 이해하는 것입니다.

**"만약 당신이 어떤 사람이 무엇을 알기를 원한다면,
그 사람에게 그것이 무엇인지 이야기해주어야 한다."**

이것은 너무나 분명한 이야기라 굳이 설명할 필요도 없을 것입니다(이것이 학계에서 얼마나 자주 등한시되는가를 여러분이 안다면 놀랄 것입니다).

유전공학을 사람들이 알게 하려면 유전공학은 무엇이며 DNA와 RNA는 어떻게 작용하는가, 그리고 어떻게 해서 모든 생물체는 똑같은 유전정보(genetic code)를 사용하는가를 알려줘야 합니다. 화석 연료를 대체하기 위해 바이오 연료, 핵 발전, 풍력 발전 등에 시민들이 낸 세금 수백억 달러를 과연 투자해야 하는가를 놓고 현명한 판단을 하려면 에너지라는 것의 본질, 그리고 방금 이야기한 대체 에너지원들이 가져올 잠재적인 이익과 문제를 모두 충분히 사람들에게 알려줘야 한다는 뜻입니다.

간단한 일처럼 보이지만 과학계의 강력한 제도적 힘들, 특히 대학 사회의 견해와는 일치하지 않습니다. 시민으로서 자기 몫을 다하려면 우리는 생물학·지질학·물리학 등 여러 분야를 조금씩은 알아야 합니다. 그러나 대학교(초등학교, 중·고등학교도 그렇지만)의 교과 과정은 한 번에 한 가지 과학 분야만 다루도록 짜여 있습니다. 따라서 각급 교육 기관이 제공하는 지식과 일반 시민이 필요로 하는 지식 사이에는 근본적인 차이가 생깁니다.

과학자들은 각자의 전문 분야 가운데 어느 부분이 과학적 문맹 퇴치에 필수적인가를 판단한 다음 그 지식들을 모아 일목요연한 프로그램에 담아내야 할 것입니다. 학생들에게라면 새로운 교과 과정을 만들어 이 목적을 이룰 수 있을 것입니다. 이미 잘못된 교육을 받은 대다수의 성인에게는 그 지식들을 다른 형태로 전달해야 할 것입니다. 이 책은 바로 이런 목적을 위해 태어났습니다.

*   *   *

　사실 이 책은 학계의 가장 큰 '비밀' 하나를 드러내기 위해 씌어졌습니다. 그것은 "모든 과학의 기초를 이루는 원리는 단순하다."라는 것입니다. 이제부터 펼쳐질 이야기 속에서 우리는 일상의 과학적 주제를 이해하는 데 필요한 한 무리의 기초적인 사실들과 개념들만을 보여줄 생각입니다.

　과학은 몇 개의 핵심 개념, 즉 전체 구조를 떠받치는 몇 개의 기둥들을 중심으로 구성되어 있습니다. 이 개념(원리)의 수는 얼마 안 되지만 바로 이들이 우리를 둘러싼 세계의 모든 것을 설명해줍니다. 자연 현상은 무수한 반면 이들을 지배하는 법칙들은 몇 개 안 된답니다. 그러니까 과학의 논리적 구조는 마치 거미집 같다고 할 수 있습니다. 거미집 가장자리 어디서 출발하든 안으로 들어가다 보면 결국 똑같은 중심에 이르게 되듯이, 과학의 모든 분야는 몇 개의 법칙으로 서로 통합니다. 이 중심을 이해하는 것이 과학의 처음과 끝입니다.

　이 책의 구성도 이러한 거미집 구조를 반영하고 있습니다. 이 책의 중심을 이루는 것은 19개의 일반 원리입니다. 이들은 자연의 법칙이라고 불러도 좋고 아니면 핵심 개념이라고 불러도 좋습니다. 이들 중 일부는 자신의 영역을 넘어 다른 분야와 연결됩니다. 핵심 개념들은 마치 자연 그 자체처럼 모든 과학적 지식을 이음매 없는 거미집 형태로 한데 묶어주기 때문이지요. 이 책의 처음 다섯 장은 이런 개념들을 설명하는데, 이 개념들은 이후의 다른 장들에서 다시 등장합니다. 이 개념들은 과학을 이해하는 데 절대적으로 필요한 것들입니다. 화학의 법칙을 모르면 유전학을 공부할 수 없습니다. 동사를 외면하고 명사만 익혀서는 외국어를 공부할 수 없는 것과 같은 이치이지요.

모든 과학의 기초가 되는 개념들을 다 설명하고 나서 우리는 특정 분야를 향해 나아갈 것입니다. 각각의 분야들은 통상 쓰이는 방법에 따라 물리, 지구과학, 생명과학 등 세 가지의 대분류 항목으로 나뉩니다. 우리는 각각의 대분류 항목을 고유한 핵심 개념 몇 개를 중심으로 하여 구성했습니다. 이를테면 지구과학의 경우 핵심 개념 중 하나는 지구 속 깊은 곳으로부터 올라온 열에 의해 지구의 겉모습이 변하는 것과 관련되어 있습니다. 이 개별 개념은 우리가 지구에 관해 알고 있는 여러 가지 지식을 통합하면서, 동시에 처음 다섯 장에서 이야기한 가장 기본적인 개념들에 의존하고 있습니다. 이 책을 이루는 19개의 장을 모두 읽고 나면 여러분은 이 세계가 어떻게 작동하는가를 알게 될 것이고, 아울러 각각의 현상(예를 들어 지진이나 DNA 가닥)을 이해하는 데 필요한 지식을 갖추게 될 것입니다.

이런 식으로 주요 개념의 흐름에 따라 과학에 접근하는 것에는 또 한 가지 커다란 이점이 있습니다. 오늘날 다루어지는 문제들, 예를 들어 약물에 내성이 있는 세균이나 인간 복제 같은 것을 배우는 과정을 거쳐 여러분은 미래에 제기될 문제들을 이해하는 데 필요한 지적 기반을 얻게 될 것입니다. 이런 접근법이 얼마나 중요한가는 다음과 같은 예로 알 수 있습니다. 2006년에 우리 저자들이 이 책의 개정판을 내는 이야기를 하고 있을 때만 해도 지구 온난화(그리고 이에 따른 정부의 조치)가 과연 실제로 일어나고 있는가가 중요한 정치적 쟁점이었습니다. 그로부터 1년 후, 기온이 기록적으로 상승하고 북극의 얼음판이 줄어들기 시작하자 많은 사람들이 이를 현실로 받아들이기 시작했고, 인간의 활동이 어느 정도까지 온난화에 영향을 끼치고 있는가, 이 문제에 대처하려면 어떤 일을 해야 하는가 등으로 정치적 쟁점도 옮겨 갔습니다.

오늘날 큰 문제로 떠오른 것들, 조류 독감의 전 세계적 확산, 줄기 세포 연구의 윤리성, 핵무기 확산 같은 문제들이 2020년에는 하찮은 것이 돼버릴 가능성은 얼마든지 있습니다. 그러나 우리는 오늘날 관심을 끄는 과학적 주제들 중 어느 것이 미래에 신문 헤드라인을 차지할지 예측할 수는 없다 하더라도, 일부는 여전히 중요할 것이란 사실을 알고 있습니다. 그리고 앞으로 이루어질 과학의 발전은 모두 이 책에 수록된 개념들에 바탕을 둘 것이므로 이 개념들을 이해하는 것은 오늘의 문제뿐 아니라 내일의 문제를 이해하는 데도 필수적입니다.

과학자들은 자연과학처럼 복잡한 주제에 대해 이야기할 때면 각각의 화제를 엄밀한 수학적 틀에 담고 싶은 유혹을 느낍니다. 그러나 우리는 몇 가지 이유 때문에 이러한 유혹을 물리치려 노력했습니다. 첫째, 그렇게 하면 과학이 실제로 어떻게 기능하는지를 반영할 수가 없습니다. 현실의 과학은 다른 인간사와 마찬가지로 언저리 부분에서는 경계가 좀 모호해집니다. 그리고 더 중요한 것은 여러분이 과학적 문맹 상태를 벗어나기 위해 알아야 할 것들은 이것저것 뒤섞여 한 바구니 안에 들어 있다는 점입니다. 여러분은 몇 개의 일반 개념을 이해하기 위해 몇몇 사실을 알아야 하고, 과학은 어떤 경로를 거쳐 결론에 도달하는가도 알아야 합니다. 또 인간으로서 과학자들은 어떤 사람들인가도 알아야 합니다. 따라서 이 책이 잡동사니 모음집처럼 느껴진대도 크게 놀랄 필요는 없습니다. 과학이란—다른 것들도 마찬가지지만—원래 그런 것이니까요.

마지막으로 우리는 이 책을 통해 거의 알려지지 않은 사실 한 가지를 여러분에게 전달할 수 있기를 바랍니다. 그것은 과학이 입에 쓴

약처럼 몸에 좋은 것일 뿐만 아니라 재미있기도 하다는 사실입니다. 오늘날의 과학은 수많은 선조들이 일상에서 부딪치는 일들을 관찰한 결과 만들어진 것이고, 선조들은 이 작업을 즐겼습니다. 여러분이 지금부터 이 책에 등장하는 많은 사실, 역사, 논리 등을 읽으면서 두 명의 저자가 이 책을 매우 즐겁게 썼다는 점을 가끔 생각해주면 좋겠습니다. 우주의 아름다움에 종종 감동을 받는 우리들에게 이 책을 쓰는 일은 특히나 즐거운 경험이었습니다.

개정판에 덧붙여

1989년에 우리는 《과학의 열쇠》 초판을 저술하면서 18개의 핵심 개념이 모든 과학적 발견과 기술의 발전을 아우를 수 있다고 판단했습니다. 당시에는 그때로부터 20여 년 사이에 나노 기술, LED, 생명 복제, 암흑 에너지, 고대 미생물 화석, 심해 미생물, 화성에 존재했던 대양과 타이탄의 메탄 호수에 관한 증거, 태양계 밖의 행성 등 놀라운 발견이 이루어지리라고는 미처 예상하지 못했습니다. 그러나 예기치 못한 이 모든 발견도 결국 과학의 틀에 들어가는 것입니다. 과학의 핵심 개념은 달라지지 않았으며 지난 20여 년간 새로운 과학적 원리가 등장한 적도 없었습니다. 그래서 초판의 18개 장을 큰 폭으로 업데이트하기는 했지만 새로 추가된 장은 생명공학의 놀라운 발전을 다룬 장 하나뿐입니다. 지난 20년간의 경험을 바탕으로 삼아 우리 저자들은 과학적 교양을 얻는 데 우리의 접근 방법이 옳다는 결론에 다시 한 번 도달할 수 있었습니다.

힘의 법칙

뉴턴과 고전 역학

　우리의 삶은 반복되는 일상의 일들로 가득 차 있습니다. 밤엔 자명종 시계의 시간을 맞춰놓고 잠들고, 잠에서 깨어나면 샤워를 하고, 아침을 먹고 나면 이를 닦고, 제때에 각종 요금을 내고, 차를 타면 안전띠를 맵니다. 우리는 이런 수백 가지의 단순한 행위를 예측할 능력이 있습니다. 예를 들어 자명종 시계를 맞춰놓지 않으면 학교에 늦을 것입니다. 샤워를 안 하면 몸에서 냄새가 날 것입니다. 안전띠를 매지 않고 고속도로에 나갔다가 사고를 당하면 죽거나 심하게 다칠 것입니다.

　삶의 불확실성에 대처하기 위해 우리는 질서를 원합니다. 즉 이 불확실성 속을 헤쳐 나가는 데 도움이 되는 유형화된 양식을 요구한다는 것이지요. 과학자들도 마찬가지입니다. 과학자들은 다음과 같은 황금률에 따라 끊임없이 자연을 탐구합니다.

"우주는 시계처럼 움직인다. 그러므로 예측이 가능하다."

우주는 제멋대로 움직이지 않습니다. 태양은 매일 아침 떠오르고 별들은 밤이면 하늘을 가로질러 지나갑니다. 우주는 규칙적이고 예측 가능한 방식으로 움직입니다. 우리 인간은 우주의 이런 규칙적인 움직임을 이해할 수 있을 뿐만 아니라 그 안에서 이런 규칙성을 가능하게 하는 기본적이고 단순한 법칙들도 끌어낼 수 있습니다. 이런 활동을 우리는 '과학'이라고 부릅니다.

최초의 과학자들

과학은 세계를 이해하는 방법의 하나입니다. 모든 과학 활동의 배후에는 다음과 같은 가설이 있습니다. 즉 인간의 사고력으로 탐구가 가능한 일반 법칙들이 존재하며, 이들이 모든 물리적 세계를 지배한다는 가설이 그것입니다. 이런 법칙들을 수학적 언어로 묘사하는 것이 최고의 방법이지만 그렇게 하면 과학자가 아닌 보통 사람들이 과학과 친해지기가 어렵습니다. 그러나 우리가 어떤 외국어를 모국어로 번역해서 이해할 수 있는 것과 마찬가지로 과학의 언어도 일상의 언어로 번역할 수 있습니다. 이렇게 되면 위대한 과학의 법칙이 지닌 아름다움과 단순함을 모든 사람들이 함께 즐길 수 있을 것입니다.

물론 과학이 우리가 살고 있는 이 세상을 이해하는 유일하고도 가장 훌륭한 방법은 아닙니다. 종교와 철학은 실험이나 수학의 도움 없이도 우리가 인생의 의미를 깨닫는 데 도움을 주며, 미술과 음악, 문학은 아름다움을 느끼고 생각할 수 있게 해줍니다. 어떤 교향곡이나 시 한 편이 자신에게 어떤 의미인가를 설명하기 위해 미적분을 동원할 필요는 없지요. 과학은 이런 여러 방법들을 보완하는 하나의 방법이며, 우리가 우주의 또 다른 측면을 들여다볼 수 있게 도움을 주는 것입니다.

자연의 규칙성

우리 조상들은 지금 생각하면 아주 기이한 방식으로 우주를 이해했습니다. 겨우 수백 년 전까지만 해도 인류는 우주가 어떤 중대한 법칙이나 규칙이 아니라 신의 변덕이나 우연에 지배받는다고 생각했습니다. 그러나 매일매일 천체가 움직이는 모습을 보고 옛 사람들은 자연에 어떤 형태로든 법칙과 규칙이 존재하지 않을까 하고 생각하기 시작했습니다. 태양의 위치, 달이 차고 이지러지는 것, 별자리의 위치 같은 것은 몇 년, 몇십 년, 몇 세기가 지나도 틀림없는 규칙에 따라 주기적으로 움직인다는 데 생각이 미친 것입니다. 태양의 운동을 지배하는 법칙이 무엇이든, 분명한 사실은 태양은 매일 아침 떠오른다는 것입니다.

많은 과학사가들은 오늘날 우리가 천문학이라고 부르는 학문이 탄생하게 된 것은 농업에 도움이 될 믿을 만한 달력이 필요했기 때문이라고 이야기합니다. 초기의 천문학은 언제 씨를 뿌려야 할지 알려주었고, 천문 관측을 통해 인간은 처음으로 시간의 흐름을 일정한 형식을 갖춘 방법으로 기록할 수 있게 되었습니다.

영국 윌트셔 주 솔즈베리 평원에 있는 스톤헨지(Stonehenge)는 4천 년 전의 유적인데 거대한 돌을 원형으로 배치한 형태입니다. 이 스톤헨지는 아마 인간이 세계의 규칙성과 예측 가능성을 발견한 것

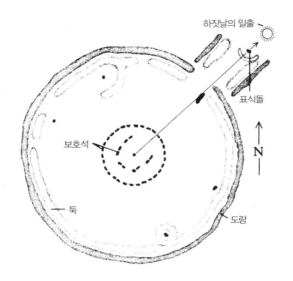

하짓날의 일출

표식돌

보호석

N

둑

도랑

스톤헨지는 해, 달, 별의 규칙적이고 예측 가능한 움직임을 따라 만든 일종의 달력이다. 춘분, 추분, 하지, 동지에 해나 달의 빛은 돌들과 일직선이 되어 시간의 흐름을 알려주었다.

을 드러내는 가장 잘 알려진 기념물일 것입니다. 스톤헨지의 거대한 표식은 지평선 위의 점들, 그러니까 춘분, 추분, 하지, 동지에 해가 떠오르는 점들을 가리킵니다. 이 네 개의 날짜는 오늘날에도 계절의 시작을 표시하는 데 쓰입니다. 그리고 이곳의 돌들은 일식, 월식을 예측하는 데도 쓰였던 것으로 보입니다. 문자도 없던 시절에 인간이 세운 스톤헨지의 존재는 그 자체로 자연의 규칙성과, 눈앞에서 벌어지는 현상을 뛰어넘어 배후의 법칙을 찾아낸 인간의 능력 두 가지 모두를 보여주는 말없는 증언입니다.

과학의 탄생

천문학은 최초의 과학입니다. 역사를 통틀어 인류가 배출한 최고의 지성들 중 몇몇은 천체의 배열에서 의미를 찾으려 애썼습니다. 그런데 그들이 내놓은 이론들에는 대부분 하나의 공통점이 있었습니다. 그것은 지구는 특별한 존재이며 하늘에서 일어나는 움직임은 지구에서 일어나는 현상과는 관계가 없다고 가정했다는 사실입니다. 즉 우주란 수많은 항성과 행성들이 지구 주위를 영원히 맴도는 것이며 지구에서 벌어지는 일, 예를 들어 나무에서 사과가 떨어지는 일 같은 것은 우주의 운동과는 아무 상관이 없다고 생각했다는 뜻입니다. 우주가 이런 식으로 이루어졌다고 믿은 사람들은 많은 천체들의 위치를 정확히 관측해냈지만, 나중에 천문학자들은 이런 기술자들—과학 발전에 다른 방법으로 기여한 사람들—과 결별했습니다.

천문학자들이 하늘을 올려다보고 있는 동안 또 다른 한 무리의 천재들은 지구에서 일어나는 일에 눈을 돌렸습니다. 현실적인 동기 때문이었습니다. 가열된 금속의 특성을 연구한 사람들은 더 강한 합금을 만들고 싶어 했고, 유체의 흐름에 관심을 둔 사람들은 운하를 건설하고 싶어 했습니다. 또한 여러 가지 재료를 혼합해 더 맛있는 식품을 개발하려 한 사람, 더 효과적인 약을 만들려 했던 사람도 있었습니다. 예를 들자면 한이 없을 것입니다. 그런데 이들은 자신들이 관심을 쏟는 연구 분야가 천체와 관련이 있다고는 전혀 생각해보지 않은 것 같습니다.

결국 과학의 새로운 한 분야가 탄생해서 이론을 탐구하는 천문학자와 현실적인 기술자를 연결해주었습니다. 그것이 바로 오늘날 '역학(mechanics)'이라고 부르는 분야입니다. 역학은 '운동'을 연구하는 데 쓰이는 오래된 개념입니다. 자연적인 것이든 인공적인 것이든 어떤 '계(system)' 안에는 운동하는 물질이 있습니다. 행성은 궤도를 돌고, 혈액은 온몸을 순환하며, 어떤 화학 물질은 폭발하고, 사람들은 건습니다. 역학은 당구, 차량 충돌 사고, 포탄과 유도탄 같은 것에 관련된 매우 실질적인 과학입니다.

오늘날 역학의 법칙은 더 튼튼한 건물, 더 빠른 자동차, 더 재미있는 스포츠, 그리고 (항상 있는 일이지만) 성능이 더 좋은 무기를 만드는 데 이용되고 있습니다. 그러나 현대 과학의 탄생이라는 더 중요한 관점에서 보면 역학 연구는 후세 과학자들이 따를 길을 환하게 밝혀준 선구자였습니다. 역학을 연구하면서 과학자들은 '과학적 방법'을 개발하고 개선해 나갔고, 바로 이 과학적 방법이 우리가 사는 우주를 보는 새로운 시각을 열어준 것입니다.

규칙적으로 움직이는 우주

현대 과학은 영국의 뉴턴(Isaac Newton, 1642~1727)으로부터 시작되었다고 말할 수 있습니다. 뉴턴에 따르면 우주는 시계와 같습니다. 시계의 겉모습, 즉 바늘이 천천히 도는 것은 안에 있는 톱니바퀴의 운동 때문입니다. 마찬가지로 우리가 주변에서 보는 모든 자연 현상은 그 현상의 배후에서 작용하는 몇몇 법칙의 결과입니다. 뉴턴은 다음과 같은 사실을 증명했습니다.

"몇 개의 법칙이 모든 운동을 설명한다."

뉴턴은, 운동의 핵심은 하나 혹은 그 이상의 힘이 작용하는 것에 대한 반응이라고 했습니다.

운동에 관한 뉴턴의 세 가지 법칙은 힘과 운동을 연결하는 '톱니

바퀴'라고 할 수 있습니다. 이 법칙들은 움직이는 모든 것에 적용됩니다. 폭발하는 별, 공기 중으로 흩어지는 가스, 날아가는 공, 우리의 동맥 안을 흐르는 혈구 등 모든 것들은 이 단순하고도 일반적인 세 가지 법칙에 따라 움직이는 것입니다.

힘과 운동에 대하여

등속도 운동과 가속도 운동

운동을 연구하려면 우선 자연에서 찾아볼 수 있는 운동에는 어떤 것들이 있는가를 알아야 합니다. 과학자들이 아는 것은 두 가지뿐입니다. 등속도 운동과 가속도 운동이 그것입니다. 우주 안에 있는 모든 물체는 이 두 가지 중 한 가지 운동을 합니다.

정지해 있거나 같은 속도로 일직선으로 움직이는 물체는 등속도 운동을 하고 있는 것입니다. 책상 위에 놓여 있는 책, 정속 주행 장치를 시속 1백 킬로미터에 맞춰놓고 고속도로를 달리는 차, 아득한 우주를 초속 1600킬로미터로 날아가는 우주선들은 모두 등속도 운동을 하고 있습니다.

가속도는 운동 중에 일어나는 어떤 변화를 뜻하는 것으로, 운동하는 물체가 빨라지거나 느려지거나 방향을 바꿀 때 생겨납니다. 이렇게 정의하면 좀 이상하게 들릴지도 모르겠습니다. 왜냐하면 우리가 차를 '가속한다'고 말할 때 그것은 속도가 빨라지는 것이지 느려지거나 방향을 바꾸는 게 아니니까요. 하지만 물리학자들은 '가속'을 좀 더 일반적인 개념으로 사용합니다. 정의가 어떻든 '가속'은 우리가 직접 몸으로 느낄 수 있는 것입니다. 액셀러레이터를 밟든, 브레이크

페달을 밟든, 회전을 하든 시트에 앉아 있는 여러분의 몸은 움직이게 됩니다. 가속이라는 걸 어렵게 생각할 필요는 없습니다. 롤러코스터를 탔던 경험을 떠올려보세요.

뉴턴의 법칙과 힘의 개념

수백 년 동안 움직이는 물체에 행해진 실험 결과를 토대로 하여 뉴턴은 모든 운동의 본질을 압축해서 설명하는 세 가지 법칙을 세웠습니다. 이 법칙들이 무궁무진하게 많은 상황에 그대로 적용된다는 사실을 생각하면 자연을 규칙적이고 예측 가능한 것으로 파악한다는 것이 얼마나 엄청난 힘을 갖는지를 알 수 있습니다. 운동에 관한 뉴턴의 세 가지 법칙은 물리학의 주춧돌이면서 동시에 과학이란 어떤 것인가를 보여주는 좋은 예입니다.

뉴턴의 법칙에 따르면, 우리는 어떤 계에 작용하는 힘들만 알면 그

계의 운동을 예측할 수 있습니다. 세 법칙은 각각 독립적으로 설명되지만 이들은 마치 몇 개의 독립된 톱니바퀴가 서로 맞물려 시계바늘을 돌리듯이 서로 연결되어 있습니다. 과학을 지배하는 기본 법칙들이 대개 그렇듯이 뉴턴의 법칙도 어안이 벙벙할 정도로 간단합니다. 인간 정신이 이룬 가장 심오한 통찰들은 종종 이런 특징을 보입니다. 그러나 수 세대에 걸쳐 물리학자들이 증언해 온 것처럼 이 겉으로 보이는 단순함 뒤에는 매우 섬세하면서 풍부한 내용이 숨어 있습니다. 그렇지 않고서야 어떻게 이 법칙들이 해왕성의 위성이 그리는 궤도에서부터 여러분의 자동차 엔진 속에서 일어나는 가스 분출에 이르는 모든 것을 설명할 수 있겠습니까?

제1법칙 정지해 있거나 일정한 속도로 직선 운동을 하는 모든 물체는 외부에서 가해진 힘에 의해 변화를 강제당하지 않는 한, 계속 정지해 있거나 등속 직선 운동을 계속한다.

뉴턴은 직관적으로 생각할 때 너무도 분명한 이 법칙 속에 중요한 개념 두 개를 숨겨놓았습니다. 첫째는 '관성'으로, 이것은 물체가 현재 상태를 계속 유지하려는 성향입니다. 구르는 돌은 계속 굴러가려 하고, 회전하는 행성은 계속 회전하려 하며, 책상 위에 놓인 책은 가만히 있으려고 합니다.

두 번째 개념은 '힘'입니다. 이것은 물체로 하여금 현재의 운동 상태를 바꾸도록(가속하도록) 강제합니다. 구르는 공에 힘을 가하면 속도가 떨어집니다. 가만히 있는 책은 밀면 움직입니다.

제1법칙에서 중요한 것은 운동에서 변화는 저절로 일어나는 법이 없고 꼭 어떤 원인이 있다는 것입니다. 책상 위에서 연필을 굴리면 밑으로 떨어지고, 바람은 불고, 팝콘은 튑니다. 이런 예를 우리는 하루에도 수백 번씩 봅니다. 어떤 물체가 가속된다면 거기에는 어떤 종류의 힘이 작용하고 있는 것이지요. 모든 운동의 배후에는 힘이 존재합니다.

제1법칙은 그 자체로는 힘이 무엇인지, 무엇이 힘을 만들어내는지, 힘에는 어떤 종류가 있는지에 대해서는 아무런 이야기도 하지 않습니다. 원자들을 서로 묶어 두는 힘이 무엇인가를 물리학자들이 밝혀내기까지는 뉴턴으로부터도 2백 년이란 시간이 필요했습니다. 그리고 물리학자들은 원자핵을 이루는 입자들을 결합시키는 힘을 알아내려고 아직도 노력하고 있습니다. 그럼에도 불구하고 제1법칙은 어떤 힘이 작용할 때 그 힘이 무엇을 하는가, 그리고—아마 이것이 더 중요하겠지만—힘이 존재하는 자연의 여러 상태를 어떻게 인식할 수 있는가를 알려줍니다.

제2법칙 힘은 질량에 가속도를 곱한 것이다.

뉴턴의 제2법칙은 어떤 물체의 질량, 가속도, 그리고 그 물체에 가해지는 힘 사이의 관계를 엄밀히 규정하고 있습니다. 이것은 직관적으로 봐도 분명한 두 개의 개념으로 이루어진, 거의 상식 같은 법칙입니다. 우선 제2법칙은 힘이 크면 클수록 가속도도 커진다고 말하고 있습니다. 예를 들어 투수가 힘껏 던질수록 공은 빨리 날아갑니다. 엔진의 출력이 클수록 차는 속도가 더 빨리 높아집니다.

두 번째 개념에는 질량이 도입됩니다. 질량은 한마디로 말해서 가속되고 있는 물체의 양이 얼마인가를 나타내는 것입니다. 일반적으로 우리는 '질량'과 '무게'를 구분하지 않고 쓰지만 그것은 옳지 않습니다. 왜냐하면 무게는 그 물체가 놓여 있는 지점에 작용하는 중력의 세기에 따라 결정되는 상대적인 개념이기 때문입니다(예를 들어 달에서는 같은 물체라도 무게가 더 가볍습니다). 그러나 질량은 얼마나 많은 물질이 그 안에 포함되어 있는가, 즉 그 물체 안에 몇 개의 원자가 들어 있는가의 문제입니다. 냉장고나 바위 같은 큰 물체를 드는 것이 얼음 조각이나 자갈 같은 작은 물체를 드는 것보다 힘든 이유는 바로 질량 때문입니다.

제2법칙은 수량으로 표시될 수 있는 개념인데, 방정식으로 표현할 수 있습니다. 여러분이 굳이 알고 싶다면 그 방정식은 F(힘)=m(질량)×a(가속도)입니다. 날아가는 창, 포탄, 우주선의 질량을 알고 거기에 어떤 힘이 가해지는가를 알면 우리는 이 방정식을 써서 그것들이 얼마나 빨리 비행하는지를 알아낼 수 있습니다. 대개의 경우 어떤 물체(당구공이나 행성)의 질량을 알고 있고 거기에 작용하는 힘(큐가 미는 힘이나 중력)을 알고 있다면, 뉴턴의 제2법칙과 미적분을 이용해서 이 물체가 어떻게 움직일지 예측할 수 있습니다.

뉴턴이 살아 있다면 안전띠를 매라고 할 것입니다.

어떤 차가 고속도로에서 시속 100킬로미터로 달리고 있는데 다른 차가 들이받아서 길 밖으로 밀어냈다고 가정해봅시다. 그 순간 그 차가 나무에 부딪친다면 어떻게 될까요? 뉴턴의 운동 법칙에 답이 있습니다.

차와 그 차의 운전자는 상당한 관성을 지니고 있는데, 그것은 어떤 형태로든 힘의 작용을 거쳐 처리될 것입니다. 나무가 차에 힘을 가해서 차는 멈추게 됩니다. 그러나 안전띠를 매고 있지 않으면 차 안의 사람에게는 아무런 힘도 가해지지 않으므로 사람의 몸은 운동을 계속하게 됩니다. 그래서 이 사람은 뉴턴의 표현을 빌리면 '등속 직선 운동을 계속하는 상태에 있는 물체'가 됩니다. 그는 '외부로부터 힘이 가해지지 않는 한 등속 직선 운동 상태를 계속 유지하는' 것이지요. 그가 얼마나 크게 다치는가는 그 사람을 멈추는 힘이 어떤 식으로 가해지는가에 달려 있습니다. 안전띠를 매지 않았다면 운전자와 승객은 운전대나 앞 유리에 부딪칠 때까지 운동을 계속할 것입니다.

안전띠나 자동으로 터지는 에어백은 같은 힘이 좀 더 긴 시간에 걸쳐 작용하도록 해서 사람의 몸이 차와 같은 비율로 감속되도록 해주는 장치입니다. 이렇게 하는 것이 운전대나 앞 유리와 충돌해서 운동을 멈추는 방법보다 훨씬 안전합니다. 안전띠를 매든 안 매든, 에어백이 터지든 안 터지든 발생하는 운동의 전체 변화는 같지만, 첨단 기술을 이용하면 부상을 일으키는 힘을 훨씬 작게 만들 수 있다는 뜻입니다.

제3법칙 모든 힘에는 같은 크기의 힘이 반대 방향으로 작용한다.

이 제3법칙은 세 개의 법칙 중 가장 자주 인용되는 것이지만 또한 가장 덜 직관적인 법칙이기도 합니다. 투수가 공을 던질 때 공에 힘이 가해지는 것은 분명합니다. 그러나 같은 순간 공도 투수의 손을 같은 힘으로, 그리고 반대 방향으로 밀어낸다는 것은 그렇게 분명해

보이지는 않습니다. 우리가 서 있을 때 신발 바닥은 지구에 힘을 가하는데 그 크기는 지구의 중력이 우리에게 가하는 힘의 크기와 똑같습니다. 꽉 막힌 병마개를 돌려서 열 때 우리의 왼손과 오른손은 서로 반대 방향으로 힘을 가하게 됩니다. 두 손바닥을 마주치지 않고도 손뼉 소리를 내는 것이 가능할까요?

제3법칙이 말하는 것은, 힘에는 크기가 같고 방향이 반대인 두 요소가 항상 함께 존재한다는 사실입니다. 그러나 이 한 쌍의 힘은 각각 다른 물체에 작용합니다. 그러니까 각각 다른 물체를 가속하는 것입니다. 의자에 앉아 있는 사람은 의자를 내리누르고 있고, 의자는 사람을 같은 힘으로 밀어 올리고 있다는 것이 제3법칙의 내용입니다. 따라서 우리는 엉덩이를 통해 뉴턴의 법칙을 실감할 수 있습니다.

이 제3법칙은 또한 밀어낼 것이라곤 아무것도 없는 우주 공간에서 우주선이 어떻게 날아가는가를 설명해줍니다. 우주선은 연료를 폭발시켜 뜨거운 기체를 만든 후 그것을 가속해서 노즐을 통해 내보냅니다. 제1법칙에 따르면, 이 기체를 가속하기 위해서는 힘이 필요합니다. 그 힘은 물론 우주선에 의해 기체에 가해집니다. 그러면 제3법칙에 따라 기체는 같은 힘으로 우주선을 반대 방향으로 밀어내는 것입니다. 이렇게 해서 우주선은 비행을 합니다. 달리 비유하자면 우주선은 롤러스케이트를 탄 채 총을 쏘는 사람과 비슷합니다. 앞으로 나가는 총알이 반대 방향으로 밀어내는 힘 때문에 사람은 움찔하며 뒤로 미끄러지게 됩니다.

만유인력의 법칙

뉴턴의 법칙들은 물체에 힘이 가해지면 어떤 일이 일어나는가를 설명해줍니다. 그러나 그 힘이 무엇인가는 알려주지 않습니다. 그래서 여기서부터는 몇 가지 서로 다른 힘에 대해 이야기해보겠습니다. 이들 중 '전기'와 '자기' 같은 것들은 잘 알려진 힘입니다. 그러나 이른바 강력(强力, 우주를 구성하는 네 가지 힘의 하나, 나머지 세 가지는 전자기력, 중력, 약력) 같은 것은 아직도 신비에 싸여 있습니다. 뉴턴은 자연계에서 우리와 가장 친숙한 힘, 바로 중력에 대해 이야기했습니다.

뉴턴 이전의 과학자들은 중력에 대해 일종의 정신분열증 증세를 보였습니다. 이들은 행성들을 얌전히 궤도 위에서 움직이게 하는 힘(즉 천체의 중력)과 사과를 땅바닥으로 끌어당기는 힘(지구의 중력)을 완전히 별개로 생각했던 것입니다. 뉴턴이 나타나기 전까지 많은 과학자들은 이 두 가지를 별도로 연구하면서 많은 진보를 이루었습니다.

갈릴레이의 실험

대성당이 무너져 내리기도 하고 포탄이 배를 침몰시키기도 하는 시대에, 지구상의 중력의 존재는 너무도 분명한 것으로 여겨졌습니다. 17세기로 접어들어 이 분야에서 한 가지 달라진 것이 있다면 그것은 이전과는 달리 높은 곳에서 떨어지는 물체에 작용하는 중력의 영향을 처음으로 실험을 통해 연구하게 되었다는 사실입니다. 이 실험 중 가장 유명한 것은 말할 것도 없이 이탈리아 과학자 갈릴레이 (Galileo Galilei, 1564~1642)의 실험입니다. 물론 그는 지동설을 주장하다가 종교 재판을 받은 사람으로 널리 알려져 있지만, 과학에서 갈릴레이의 가장 큰 업적은 지동설이라기보다 실험 방법의 확립이라 할 수 있습니다. 즉, 그는 주의 깊게 실험을 행하면 우주의 본질에 대한 깊은 이해에 도달할 수 있음을 보여주었던 것입니다. 그래서 그는 흔히 '실험 과학의 아버지'로 불립니다.

갈릴레이는 중력의 본질을 탐구하는 대신 중력의 영향을 받으면 물체가 어떤 식으로 움직이는가에 초점을 맞추어 지구의 인력을 연구했습니다. 특히 그는 경사면에서 공을 굴려 몇 가지 실험을 했습니다(그의 설명에 따르면 이렇게 비탈진 면을 이용한 것은 중력을 '약화'시키기 위한 것, 즉 공이 수직으로 떨어질 때보다 중력의 영향을 덜 받게 하기 위해서였습니다. 그래야 당시의 부정확한 시계로도 어느 정도 의미 있는 실험을 할 수 있었을 것입니다). 구르는 거리를 여러 가지로 바꿔서 실험을 해보는 동안 그는 공이 구르는 과정에서 어떻게 속도가 달라지는가를 알아냈습니다.

여기서 그는 이런 결론에 도달했습니다. 즉, 모든 물체는 지구의 중력으로 인해 떨어지는(혹은 굴러 내려가는) 속도가 빨라지며, 이것은 물체의 질량과는 관계가 없고, 속도가 빨라지는 비율은 일정하다는 것입니다. 이 간단한 실험을 통해 갈릴레이 자신과 그 시대의 사람들은 떨어지는 공이나 포탄이 그리는 포물선을 이해하게 되었고 또 예측도 할 수 있게 되었습니다. 지금 이야기한 것들에는 지구 위에서 낙하하는 물체의 운동을 이해하는 데 필요한 모든 것이 담겨 있습니다.

갈릴레이가 모든 물체는 같은 속도로 떨어진다는 것을 증명하기 위해 피사의 사탑에서 질량이 다른 두 개의 공을 동시에 떨어뜨리는 실험을 했다는 이야기는 널리 알려져 있지만 아마 그는 이 실험을 결코 하지 않았을 것입니다. 왜냐하면 실제로는 공기의 저항 때문에 무거운 물체가 더 빨리 떨어지므로 그의 이론은 틀린 것으로 비쳤을 것이기 때문입니다.

케플러와 행성 운동의 법칙

갈릴레이가 지구의 중력과 씨름하고 있는 동안 유럽의 천문학자들도 행성의 운동에 대해 갈릴레이만큼이나 대단한 성과를 이뤄내고 있었습니다. 독일의 천문학자인 요하네스 케플러(Johannes Kepler, 1571~1630)는 덴마크의 천문학자 튀코 브라헤(Tycho Brahe, 1546~1601)가 행성 운동에 관해 수집한 자료를 바탕으로 하여 행성들이 궤도 위에서 어떻게 움직이는지를 알아냈습니다. 그는 지구를 포함한 모든 행성의 궤도가 당시 사람들이 생각하고 있었던 것처럼 원형이 아니라 타원형임을 발견했습니다. 갈릴레이처럼 그도 자신의 연구 결과를 몇 개의 문장으로 요약했는데 이것이 '행성 운동에 관한 케플러의 법칙'입니다.

갈릴레이와 케플러가 사용한 방법에는 몇 가지 중요한 유사점이 있습니다. 우선 두 사람 다 관측 또는 실험 결과를 아주 중요하게 여겼습니다. 그러니까 이들은 탁상공론이나 하던 동료들과는 달랐던 것입니다. 갈릴레이와 케플러는 알고 싶은 것이 생기면 곧장 밖으로 나가 관찰을 하거나 실험을 했습니다. 그리고 둘 다 연구 결과를 수학적인 형태로 서술하여 법칙으로 만들었습니다. 누구라도 이 법칙들을 이용해 현실 세계의 움직임을 예측할 수 있습니다.

'행성 운동에 관한 케플러의 법칙'과 떨어지는 물체에 대한 갈릴레이의 법칙은 천문학과 물리학에서 가장 중요한 과학적 지식들을 요

약한 것이지만 겉으로 보기에 둘은 아무런 연관이 없는 것 같았습니다. 그래서 당시에는 각각 다른 분야를 설명하는 것으로 이해되었지요. 케플러와 갈릴레이가 똑같은 것을 연구하고 있었다는 사실을 밝히는 데는 뉴턴이라는 천재가 필요했습니다.

뉴턴의 사과와 달

뉴턴은 하늘에 달이 떠 있을 때 과수원에서 사과가 떨어지는 모습을 보고 아이디어를 얻었다고 합니다. 그는 사과에 어떤 힘이 가해졌기 때문에 그것이 떨어졌다는 것을 알았지만(제1법칙), 그 순간 똑같은 힘이 사과를 지나 멀리 뻗어 나가 달까지 잡아당기고 있을지도 모른다는 데 생각이 미쳤던 것입니다. 달이 끊임없이 방향을 바꾼다는 사실로 보아 달에 어떤 힘이 작용하고 있음을 뉴턴은 알고 있었습니다. 이렇게 주변에서 흔히 일어나는 일에서 출발한 생각이 결국은 지구와 다른 천체들을 따로 떼어 생각하는 우주관에 종지부를 찍고 나아가 인류에게 새로운 세계관(과학), 우주에 대한 새로운 비유(시계 같은 우주)를 선물해주었습니다.

뉴턴은 사과가 지구의 중력 때문에 직선으로 아래를 향해 떨어진다는 것을 알았습니다. 사과를 던지면 중력의 영향으로 곡선을 그리며 날아갑니다. 더 힘껏 던지면 더 멀리 날아갑니다. 더욱 더 힘껏 던지면 지구 주위를 돌게 됩니다. 일단 한 바퀴를 돌고 나서도 이 사과는 계속해서 지구 주위를 돕니다. 달이나 인공위성의 경우와 똑같은 이치입니다. 달에 끊임없이 가해지는 힘이 중력인데 바로 이것과 똑같은 힘이 사과를 땅으로 끌어내립니다. 그리고 이 중력 때문에 달은 제1법칙이 말하는 대로 등속 직선 운동을 하지 않고 곡선을 그리며 지구의 둘레를 도는 것입니다. 이런 통찰을 통해 뉴턴은 당시까지 몇 세기에 걸쳐 세상을 지배하던 생각, 즉 지구와 다른 천체들은 아무런 상관이 없다는 견해가 틀렸음을 보여주었고 이들 모두가 과학적 관찰에 적합한 대상임을 알려주었습니다.

한 걸음 더 나아가 뉴턴은 중력에 관한 정확한 수학 공식을 끌어냈습니다. 중력을 결정하는 데는 세 개의 물리량만 있으면 됩니다. 두 개의 물체가 각각 지니는 질량과 둘 사이의 거리입니다. 여기서 그는 우리가 '뉴턴의 만유인력'이라고 알고 있는 법칙을 만들어냈습니다.

만유인력의 법칙 두 개의 물체 사이에는 끌어당기는 힘이 작용하며, 이 힘은 두 물체의 질량을 곱한 것을 거리의 제곱으로 나눈 값에 비례한다.

이 법칙으로부터 여러 가지 재미있는 결과가 나왔습니다. 물론 질량이 큰 물체는 중력도 크지만 중력을 미친다는 점에서는 질량이 크든 작든 다를 것이 없습니다. 사실, 지구가 사과를 끌어당기긴 하지만 사과도 역시 지구에 중력을 미칩니다. 지구가 사과에 미치는 힘과 사과가 지구에 미치는 힘의 크기는 같습니다. 우리는 사과의 질량이 훨씬 작기 때문에 지구에 끌려서 떨어지고 또한 질량이 작기 때문에 가속도도 크다고 말합니다. 그러나 사과가 4.5미터 높이의 가지에서 땅 표면까지 떨어질 때 지구도 사과 쪽으로 끌려갑니다. 다만 그 거리가 원자핵의 지름 정도로 작을 뿐입니다.

중력의 법칙을 통해 우리는 우주 안에 있는 모든 물체들이 우리 한 사람 한 사람에게 힘을 끼친다는 것을 알 수 있습니다. 물론 그중 가장 큰 힘을 끼치는 것은 지구이지만 우리 옆에 있는 사람이나 멀리 있는 별, 다른 은하도 마찬가지로 힘을 끼칩니다. 그러나 우리 가까이에 있는 지구 위의 물체, 그러니까 건물 같은 것보다 더 큰 힘을 우리에게 미칠 수 있는 것은 태양과 달뿐입니다. 아득히 멀리 있는 별들이 우리의 삶에 영향을 미친다고 주장하는 점성술을 과학자들이 진지하게 받아들일 수 없는 것은 바로 이 사실 때문입니다.

예측 가능한 우주

'만유인력의 법칙'으로 뉴턴은 자신의 연구를 완성했습니다. 그는 어디서나 작용하는 힘인 중력을 발견했고 모든 힘의 작용 원리, 즉 운동의 법칙을 찾아냈습니다. 그래서 과학자들은 갑자기 우주를 질서 있고 움직임을 예측할 수 있는 것으로 인식하게 되었습니다. 뉴턴의 방정식과 수학이라는 도구를 이용해서 과학자들은 모든 물체의

움직임을 설명하고 예견할 수 있게 된 것입니다. 뉴턴 이후 몇 세기에 걸쳐 철학자들은 그의 우주관을 시계에 비유했습니다. 시계에서 눈에 보이는 부분, 그러니까 바늘 같은 것은 보이지 않는 부분인 톱니바퀴를 따라 움직입니다. 마찬가지로 우리 눈에 보이는 현상들은 보이지 않는 자연의 법칙에 지배되는 것입니다. 태양계 안에서 행성들은 만유인력의 법칙과 운동의 법칙에 따라 움직입니다. 행성들은 재깍거리는 시계바늘처럼 정확히 자신의 궤도 위를 달립니다. 뉴턴주의자들이 우주가 시계와 닮았다고 생각하는 이유가 또 한 가지 있습니다. 즉 일단 신이 시동을 걸어놓은 이상 우주는 정해진 길을 가도록 미리 결정되어 있다는 것이지요. 그리하여 우리는 미래를 완전히 또 편안하게 예측할 수 있게 된 것이지요.

이것은 멋진 생각이긴 하지만 과학적 아이디어가 모두 그렇듯이 실험을 거쳐야 했습니다. 뉴턴의 아이디어를 가장 극적인 방법으로 실험한 사람은 그와 같은 시대에 살았던 영국 사람인 에드먼드 핼리

(Edmond Halley, 1656~1742)였습니다. 뉴턴의 법칙과 역사의 기록을 토대로 하여 핼리는 (그의 이름을 따서 명명한) 유명한 핼리혜성의 궤도를 계산해냈고 혜성이 언제 지구 쪽으로 돌아올지 예측하는 데 성공했습니다. 1758년 크리스마스에 그가 예견한 대로 혜성이 나타났고 이는 '시계 같은 우주'라는 개념에 믿음직한 받침대가 되었습니다. 뉴턴의 이론은 지금 일어나고 있는 일들을 설명할 뿐만 아니라 앞으로 일어날 일들에 대해서도 믿을 만한 예측을 가능하게 했던 것입니다.

오늘날 양자역학이 출현하고 카오스 이론과 복잡계라는 새로운 영역이 등장하면서 '시계 같은 우주'의 개념은 바뀌었습니다. 현대 과학에 비추어봐도 우주가 단순한 법칙들에 지배된다는 사실은 변함이 없지만, 이 법칙들만으로는 뉴턴의 시대처럼 미래에 대해 항상 분명한 예측을 할 수 없게 되었습니다. 그럼에도 불구하고 뉴턴식의 사고방식은 아직도 현대 과학 속에 상당 부분 살아남아 있습니다.

과학적 탐구란 무엇인가

뉴턴이 창시한 '시계 같은 우주'의 개념은 과학적 방법이 사용된 최초의 고전적 사례입니다. 그가 쓴 방법은 관찰과 이론 정립의 끊임없는 상호작용이었습니다. 관찰 결과 새로운 이론이 탄생하고 새 이론은 새로운 실험을 낳아 이미 있던 이론들을 수정할 수 있게 해주었습니다.

뉴턴은 일부는 갈릴레이, 일부는 케플러의 관찰과 실험 결과를 이용했습니다. 갈릴레이도 케플러도 연구 대상으로 삼은 현상을 완전히 이해할 때까지 관찰, 이론 정립, 새로운 관찰에 대한 실험이라는 과정을 반복했습니다. 앞서 말한 대로 뉴턴은 이러한 연구 결과를 자신의 운동 법칙에 통합했고 거기서 태어난 새 이론은 핼리혜성의 출현 같은 현상을 예측할 수 있게 해주었던 것입니다. 어떤 이론이 과학자들에 의해 받아들여지려면 이렇게 무수한 시험을 거쳐야 합니다.

과학적 방법은 연구자들에게 철저히 객관적인 자연의 관찰자가 될 것을 요구하지는 않습니다. 어떤 과학자에게든 실험을 할 때는 자기 나름의 이론이 있습니다. 과학적 방법이 요구하는 것은, 만일 실험으로 얻은 통계나 자료가 자신의 이론과 다를 경우 과학자는 기꺼이 자신의 견해를 수정할 마음의 준비가 돼 있어야 한다는 사실입니다.

뉴턴은 여러 방면에서 현대 과학의 발전을 위한 모델을 제시했습니다. 과학적 방법을 최초로 사용한 것도 뉴턴이었고, 혁명적 발견보다는 이미 알려진 이론들의 통합을 거쳐 과학 이론이 발전할 수 있다는 것을 보여준 것도 뉴턴이었습니다.

케플러는 행성 운동에 관한 법칙을 발표하면서 그때까지의 태양계에 관한 낡은 이론들을 모두 무시했습니다. 그 이론들이 낡고 잘못되어 있었기 때문에 혁명적인 변화를 일으킨 것입니다. 그러나 뉴턴은 자신의 저술을 발표하면서 케플러의 법칙을 모두 만유인력의 법칙과 운동의 법칙에서 끌어낼 수 있음을 보여주었습니다. 즉 뉴턴의 연구는 케플러의 연구를 통합한 뒤 그것을 확장하는 것이었지 무효로 만드는 것이 아니었습니다. 똑같은 방식으로 뉴턴은 자신의 법칙을 통해 갈릴레이의 결론을 끌어냈고 다시 이를 행성의 움직임을 설명하는 이론 체계 속에 통합했던 것입니다. 후에 이러한 방법은 과학계에서는 흔한 일이 되었습니다. 오늘날 중력에 관한 이론으로 가장 널리 받아들여지는 알베르트 아인슈타인(Albert Einstein, 1879~1955)의 '일반 상대성 이론'은 뉴턴, 케플러, 갈릴레이를 모두 포괄하고 있습니다. 언젠가 중력을 설명하는 최종 이론인 통일장 이론(unified theory of field)이 완성되면 이것은 아인슈타인의 이론도 통합할 것입니다.

신문을 보면 가끔 센세이션을 일으킬 만한 새로운 발견들이 보도되지만 신중한 과학의 세계에서 진정한 혁명은 매우 드문 일입니다.

새로운 분야

복잡한 카오스 계

뉴턴의 운동과 중력의 법칙은 3백여 년 전에 출판되었고 그가 제창한 이른바 '고전' 역학은 대학의 물리 교과서에서 빼놓을 수 없는 부분이 되었습니다. 그러나 우주의 규칙성과 예측 가능성이 우리 과학의 중요한 전제이기는 하지만, 심장이나 날씨처럼 복잡한 계(system)에 대해 연구한 결과 학자들은 이 '예측 가능성'이라는 것에 대해 다시 생각하게 되었습니다. 이렇게 복잡한 계를 연구하는 새로운 분야에 카오스 또는 '복잡성 이론'이라는 이름이 붙었습니다.

우리가 일상생활에서 볼 수 있는 계(system)들은 예측이 가능한 것들입니다. 자동차, 테니스 공, 할아버지의 시계 같은 것들은 대략 우리가 예상하는 방향으로 움직입니다. 테니스 공을 허리 높이에서 떨어뜨리면 일정한 속도로 떨어집니다. 좀 더 높은 곳에서 떨어뜨리면 속도가 빨라질 것입니다. 떨어지는 테니스 공은 전형적인 뉴턴의 계이지요.

그러나 자연에는 이런 식으로 우리 마음에 꼭 들도록 규칙적이지만은 않은 계가 존재합니다. 수도꼭지를 조금 열면 가늘고 느린 물줄기가 흘러나옵니다. 좀 더 열면 무질서하게 쏟아져 나옵니다. 이런 현상을 물리학에서는 "초기 조건에 민감하다."라고 표현합니다. 이런 특성이 있는 계를 가리켜 카오스적이라고 합니다. 물줄기, 커지는 눈송이, 심장의 박동, 그밖의 많은 계가 카오스의 모습을 하고 있습니다.

그런데 여기서 문제는 이 복잡한 카오스 계의 미래를 예측하기에 충분할 정도로 정확히 초기 조건을 결코 측정할 수 없다는 사실입니다. 물론 예측과 실제가 한동안 비슷할 수는 있지만 시간이 지나면서 차이는 커집니다. 모든 측정에서 어쩔 수 없이 발생하는 오차, 그리고 카오스 계가 초기 조건에 극도로 민감하다는 사실은 이들 카오스 계의 예측이 불가능하다는 것을 의미합니다.(물론 초기 조건이 수학적으로 엄밀하게 정의되어 있으면 완벽한 예측이 가능합니다.)

날씨는 카오스 계의 좋은 예입니다. 일기를 예측하기 위해 기상학자들은 풍속, 기온, 기압 등을 수천 번씩 측정합니다. 그래서 24시간이나 48시간 단위의 예측은 상당히 정확히 할 수 있고 일 주일 전의 예보가 들어맞기도 합니다.

그러나 아무리 측정 장치가 정밀하고 컴퓨터 시뮬레이션이 뛰어나도 1년 후의 날씨를 예측한다는 것은 불가능합니다. 대기의 움직임이 지니는 이런 카오스적 특성은 '나비 효과'라는 개념에 의해 그래픽으로 표현할 수 있습니다. 이것은 카오스 계 안에서는 싱가포르에서 나비가 날개를 퍼덕이는 것처럼 사소한 일이 텍사스에 비를 내리게 할 수도 있다는 생각에서 나온 표현입니다.

오늘날 카오스 계가 존재한다는 것은 과학자들 사이에 널리 받아

들여지고 있습니다. 문제는 어떤 계가 카오스인가, 이들의 움직임은
어떠한가, 그리고 이 새로운 지식을 어떻게 활용할 수 있는가에 있습
니다.

열쇠 2

에너지

열역학과 엔트로피

롤러코스터를 한번 타본 사람은 그 경험을 잊지 못합니다. 모험은 조용히 시작됩니다. 승객이 좌석에 앉아 등받이에 몸을 기대고 있으면 롤러코스터는 천천히 꼭대기를 향해 올라갑니다. 톱니바퀴의 마찰음이 워낙 규칙적이어서 승객은 이제 곧 엄청난 사건이 닥치리라는 것을 실감하지 못합니다. 꼭대기에서 롤러코스터는 잠시 멈추었다가 중력에 온몸을 내맡깁니다. 그러고는 곤두박질칩니다.

점점 빨라지면서 차는 바닥까지 떨어졌다가 다시 고개를 오르는데 이 고개는 처음 것보다 조금 낮습니다. 다시 한 번 차는 거의 멈추었다가 곤두박질을 칩니다. 그러고는 몇 개의 트위스트와 루프를 지나면서 타고 있는 사람을 뒤흔들어 놓습니다. 롤러코스터를 타는 시간은 약 2분밖에 안 되지만 내리고 나면 다리가 후들거리고 어지러우며, 심하면 그 상태가 몇 시간이고 지속됩니다.

롤러코스터는 우주의 축소판입니다. 과거에 여러분이 이것을 탔을 때는 너무 무서워서 과학적인 것까지 생각할 여유가 없었겠지만 곧 두박질, 트위스트, 루프 같은 것들을 거치면서 여러분은 에너지의 기본 법칙이 어떻게 작용하는가를 모두 경험한 셈입니다. 우리가 보거나 행하는 모든 것은 에너지를 필요로 하며, 이 에너지는 다음 두 가지의 기본 법칙을 따릅니다.

> "에너지는 사라지지 않는다. 다만
> 쓸모 있는 상태에서 덜 쓸모 있는 상태로 바뀔 뿐이다."

이 두 개의 법칙은 반갑기도 하고 그렇지 않기도 합니다. 첫 번째 법칙은 에너지, 즉 어떤 쓸모 있는 일을 할 수 있는 능력에는 여러 가지 모습이 있고 이들은 상호 교환이 가능하다는 뜻입니다. 마치 은행의 한 계좌에서 다른 계좌로 돈을 옮길 수 있는 것처럼 에너지도 한 가지 모습에서 다른 모습으로 옮겨 갈 수 있다는 뜻입니다. 또 돈을 한 계좌에서 다른 계좌로 옮겼을 때 금액에 변함이 없는 것처럼, 에너지의 모습을 바꾼다고 해서 크기까지 달라지는 것은 아닙니다.

에너지는 창조되거나 파괴될 수 없고 따라서 고립된 시스템(고립계) 안에 존재하는 에너지의 총량은 항상 일정합니다. 이 엄청난 과학적 개념이 열역학 제1법칙입니다. 그리고 이것이 두 개의 법칙 중 우리에게 반가운 소식입니다.

또 하나의 법칙은 달갑잖은 것인데 그것은 에너지가 모습을 바꿀 때 항상 농축된 상태(쓸모 있는 상태)에서 흐트러진 상태(덜 쓸모 있는 상태)로만 이동한다는 것입니다. 석탄이나 가스를 태우면 자연의 법칙에 따라 그 속에 들어 있는 고농도의 에너지는 열로 바뀌어 대기 중으로 흩어지는데, 이 열을 다시 모아서 유용한 일을 할 수는 없습니다. 에너지를 쓸 수 있는 범위에 대한 제한이 열역학 제2법칙입니다.

이 두 개의 열역학 법칙은 열을 비롯한 여러 형태의 에너지가 관계되는 모든 현상을 지배합니다.

일, 에너지, 힘

열역학은 세 개의 개념에 뿌리를 두고 있습니다. 바로 일, 에너지, 힘입니다. 일상생활에서 이 세 개의 단어는 저마다의 뜻을 지니지만 과학자들은 이들을 일상적인 의미와 다른 특별한 뜻으로 사용합니다.

물리학의 관점에서 보면 무엇인가를 움직이기 위해 힘을 사용하면 그때마다 일이 이루어집니다. 이때 일의 양은 얼마나 큰 힘이 쓰였는가, 그리고 물체가 얼마나 멀리 움직였는가에 따라 결정됩니다(일=힘×이동거리). 슈퍼마켓에서 산 반찬거리 봉지를 들어 올리거나 문을 열거나 공을 던질 때, 우리는 일정한 정도의 힘으로 어떤 물체를 일정한 거리만큼 이동시킵니다. 우리는 '일'을 한 것입니다. 가해진 힘이 클수록, 움직인 거리가 길수록 우리는 더 큰 일을 하는 것입니다. 뭔가를 움직이려다 실패한 경우(자동차를 들어 올리거나 벽을 미는 것) 우리는 아무 일도 하지 못한 것입니다. 해보려고 힘을 가하긴 했지만 그 힘이 어떤 거리만큼 작용하지 못했기 때문이지요. 다시 말하면 아무리 힘을 들여도 물체가 이동을 하지 않으면 일을 한 것이 아닙니다. 그래서 물리학자는 과학적으로 벽돌공이 변호사보다 훨씬 더 많은 일을 한다는 것을 얼마든지 증명할 수 있습니다.

에너지는 일을 할 수 있는 능력, 즉 힘을 가할 수 있는 능력입니다.

힘은 일을 얼마나 빨리 할 수 있는가를 재는 척도입니다. 즉, 행해진 일을 걸린 시간으로 나누면 힘의 값이 나옵니다. 계단을 뛰어 올라가면 걸어 올라갈 때보다 더 큰 힘이 듭니다. 그러나 어느 쪽이든 일의 전체 크기는 같습니다. 운동에서도 가장 큰 힘을 낼 수 있는 선수가 가장 멀리 던지고, 가장 강하게 휘두르고, 가장 빨리 달립니다.

에너지의 여러 형태

에너지는 여러 가지 형태로 나타납니다. 에너지는 한 가지 모습에서 다른 모습으로 옮겨 갈 수 있지만 이와 관계없이 공통점이 하나 있습니다. 그것은 에너지의 여러 형태들은 힘을 발휘할 수 있는 시스템을 포함하고 있다는 것입니다.

위치 에너지

절벽 끝에 걸려 있는 바위는 일을 할 수 있는 능력을 안에 감추고 있습니다. 떨어지기만 하면 아래 지면에 힘을 가해 구덩이를 만들겠죠. 그러므로 얌전히 절벽 끝에 앉아 있는 바위도 에너지를 갖고 있는 것입니다. 이것을 '위치 에너지(potential energy)'라고 합니다. 'potential'은 '잠재적인'이란 뜻으로, 일을 할 수 있는 가능성은 지니고 있지만 현재로서는 실천에 옮기지 않고 있다는 뜻입니다. 그러니까 이 바위는 미래를 위해 에너지를 저장하고 있다고 생각하면 됩니다.

강에 댐을 쌓으면 그 저수지 안에 높이 괴어 있는 물은 중력에 의한 위치 에너지를 지닙니다. 우리는 이 에너지를 저장해 두었다가 필요할 때 물을 흘러내려서 수력 발전을 합니다. 이렇게 전력을 만들어내는 방법은 널리 쓰이며, 특히 미국 북동부에서 많이 찾아볼 수 있습니다.

위치 에너지에는 여러 종류가 있습니다. 고무줄을 늘였다 놓거나 스프링을 눌렀다가 풀어주면 즉시 줄어들거나 튀어 일어나 일정한 힘으로 일정한 거리를 움직여 일을 합니다. 이때 우리는 고무줄이 '탄성 에너지(elastic potential energy)'를 갖고 있다고 말합니다. 석탄이나 석유 같은 연료는 화학 에너지를 지니고 있어서 태우면 에너지를 방출합니다. 에너지는 또한 자석, 전지, 북의 팽팽한 표면, 비누거품, 그리고 자연계의 수없이 많은 계 안에 저장될 수 있습니다.

운동 에너지

움직이는 것은 무엇이든 에너지를 갖고 있습니다. 홈 플레이트를 향해 날아드는 야구공, 돌아가는 물레방아, 달리는 차, 떨어지는 나

뭇잎……. 모두 일을 할 수 있는 것들입니다. 이 일이 이루어지는 장면은 이들이 멈출 때 볼 수 있습니다. 날아든 야구공은 포수의 미트에 힘을 가해 공이 닿은 부분을 압축하면서 자국을 남깁니다. 즉 공의 힘만큼 미트가 압축되는 것입니다. 달리던 차가 나무에 부딪쳐서 갑자기 멈추면 그 차의 힘 때문에 나무가 움직입니다. 산사태나 눈사태가 나면 마을이 사라져버립니다. 이 모든 것들은 움직인다는 사실 때문에 일을 할 수 있고 따라서 운동 에너지를 지니는 것입니다.

　모든 물질의 원자는 운동을 하고 있습니다. 기체라면 자유롭게 움직이고 고체라면 진동합니다. 이 원자들의 운동 에너지는 우리가 '열(heat)'이라고 부르는 현상과 관계가 있습니다. 원자의 움직임이 활발할수록 그 원자로 구성된 물질의 열 에너지는 커집니다. 열의 본질을 이런 방향에서 본다면, 우리는 열을 특수한 형태의 운동 에너지,

즉 원자의 운동과 관련된 에너지라고 말할 수 있을 것입니다.

열이 특별한 모습의 에너지임을 알게 된 것은 19세기 과학의 위대한 업적 중 하나였고 이 발견은 열역학(thermodynamics, 열과 일의 관계를 다루는 학문)의 초석이 되었습니다. 이 개념은 단순하게 보일지 모르지만(특히 열을 원자의 활발한 운동으로 상상했을 때), 끓는 물 한 주전자와 절벽 위의 바위를 연결하는 끈이 그렇게 뚜렷이 보이는 것은 아닙니다.

다른 종류의 에너지

전류가 전선 속을 흐를 때는 전자가 움직이고 있는 것입니다. 이 전자들의 운동 에너지는 일종의 전기 에너지인데, 이 전기 에너지가 전구를 밝히고 스피커에서 소리를 내고 음식도 익혀줍니다.

소리는 규칙적인 패턴으로 원자가 움직이면서 생기는 특수한 형태의 운동 에너지입니다. 우리가 소리를 듣는 것은 공기 분자의 움직임에 따라 우리의 고막이 진동하기 때문입니다.

가시광선은 전기 및 자기와 관련된 에너지를 실어 나릅니다. 다른 종류의 전자파, 즉 라디오파나 엑스레이도 가시광선과 같은 종류의 에너지를 지니고 있습니다.

20세기 들어 또 하나의 새로운 범주가 위치 에너지의 한 유형으로 추가되었습니다. 바로 질량입니다. 질량과 에너지가 결국은 같은 것이라는 사실은 아인슈타인의 유명한 방정식 $E=mc^2$(E=에너지, m=질량, c=빛의 속도)으로 알 수 있습니다. 이 방정식은 질량이 다른 형태의 에너지로 전환될 수 있다는 것과 그 반대의 경우도 가능하다는 것을 보여줍니다.

반가운 법칙 – 열역학 제1법칙

에너지의 가장 중요한 특징은 에너지가 현재의 모습에서 다른 모습으로 쉽게 옮겨 갈 수 있다는 사실입니다. 자전거를 탈 때 세포에 저장된 화학 에너지는 다리의 운동이라는 형태로 바뀌고, 마지막에는 자전거를 움직이는 운동 에너지로 전환됩니다. 언덕을 올라가면서 우리가 쓴 에너지의 일부는 위치 에너지로 전환되고, 내려올 때는 이 위치 에너지가 다시 운동 에너지로 바뀝니다.

에너지가 어떤 모습으로 바뀌든, 그리고 몇 번이 바뀌든 상관없이 항상 적용되는 법칙이 있습니다. 에너지의 총량, 즉 각 형태에서 에너지의 양은 변화가 일어나기 전이나 후나 같다는 것입니다. 에너지는 창조될 수도 파괴될 수도 없고 형태의 변화만이 가능합니다. 그래서 우리는 전체 에너지가 '보존되었다'고 말하고 이 열역학 제1법칙을 '에너지 보존의 법칙'이라고 부릅니다. 에너지 보존의 법칙은 과학에서 가장 심오하고 널리 적용되는 법칙이며 여러 개의 은하가 덩어리를 이루고 있는 거대 은하군으로부터 우리 몸의 세포, 그리고 이제까지 알려진 물질의 가장 작은 구성 요소인 쿼크에 이르기까지 모든 것에 적용되는 법칙입니다. 그래서 이 법칙은 과학의 여러 분야를 한꺼번에 지배합니다.

열역학 제1법칙은 놀이공원 주인에게는 기쁜 소식이지만, 다이어트를 하려는 사람들에게는 재앙과 같습니다. 이 법칙에 따라, 롤러코스터는 높이 올라갈수록 빨리 내려옵니다. 동시에 제1법칙은 음식을 통해 몸 안으로 들어온 화학 에너지는 일에 쓰이거나(운동을 할 때) 아니면 (뱃살로) 저장된다고 가르쳐줍니다. 매년 수없이 선보이는 다

이어트 방법이 실패로 돌아간다는 사실은 열역학 제1법칙의 위대함을 증명하며, 또한 그것을 피하려는 노력이 얼마나 헛된 일인가를 일깨워주기도 합니다.

제1법칙을 설명하는 데는 롤러코스터가 제격입니다. 일단 승객이 자리에 앉으면 강력한 모터가 바닥에 있던 롤러코스터를 제일 높은 지점으로 끌어올립니다. 이 단계에서는 전기 에너지가 위치 에너지로 전환합니다. 꼭대기에 다다르면 중력의 힘에 의해 내려오기 시작하는데, 차는 내려오는 과정에서 지니고 있던 위치 에너지를 운동 에너지로 전환하면서 계속 빨라지게 됩니다. 바닥에 이른 순간 모든 위치 에너지는 운동 에너지로 바뀌며 차의 속도도 여기서 가장 빨라집니다. 다시 올라가면서 속도는 떨어지고 다음 고개의 꼭대기 근처에서는 거의 멈춰섭니다. 이런 식으로 롤러코스터가 오르내릴 때마다 위치 에너지와 운동 에너지의 상호 전환이 반복됩니다.

마찰이 없다면 위치 에너지와 운동 에너지의 이러한 에너지 전환 과정은 영원히 계속될 것입니다. 차가 어디 있든 각 위치에서 차가

지니는 에너지의 총량, 즉 위치 에너지와 운동 에너지의 합은 같습니다. 에너지는 창조되지도 않고 파괴되지도 않기 때문입니다. 이것은 10만 원을 한 계좌에서 다른 계좌로 옮겨도 예금 총액이 변하지 않는 것과 같습니다.

그러나 현실 세계에서는 에너지가 다른 것으로도 전환됩니다. 마찰 때문에 바퀴에서 생기는 열 에너지, 무게 때문에 철로 된 구조물이 삐걱거릴 때 생기는 소리 에너지, 그리고 진동 에너지 등이 그것입니다. 그런데 이런 식으로 전환된 에너지는 원래의 위치 에너지나 운동 에너지의 모습으로 되돌아가지 못하고 주변으로 빠져나가버리게 됩니다. 그래서 각각의 꼭대기에서 차가 지니는 위치 에너지는 바로 앞의 꼭대기에서보다 조금씩 작습니다(이것 때문에 두 번째 꼭대기가 첫 번째 것보다 항상 낮은 것입니다). 은행 계좌에서 돈을 옮기는 것도 사실은 이와 비슷합니다. 왜냐하면 한 번 옮길 때마다 수수료를 내야 하기 때문이지요. 물론 이 수수료는 없어지는 것이 아니고 은행의 수입이 되지만 이런 일을 수백 번 반복하면 결국 수수료 때문에 계좌에는 한 푼도 남지 않게 될 것입니다. 마찬가지로 롤러코스터도 결국은 멈춥니다. 에너지가 사라진 것은 아니지만 다른 모습으로 바뀌어 원래의 에너지 흐름 속으로 돌아오지 못하기 때문이지요.

생물체도 롤러코스터와 비슷합니다. 우리는 음식물의 형태로 화학 에너지를 받아들이고 형태를 바꿔서 세포 속에 저장합니다. 이 에너지 덕에 우리는 체온도 유지하고, 움직이기도 하고, 일도 하는 것입니다. 에너지 없이는 아무것도 할 수 없습니다. 심지어 생각하고 잠자는 데도 에너지가 필요합니다. 결국 삶이란 에너지를 얻고 쓰기 위한 끝없는 싸움입니다.

움직이는 열 에너지

이동하는 열

에너지는 모습을 바꿀 수 있을 뿐만 아니라 한 장소에서 다른 장소로 옮겨 갈 수도 있습니다. 이것은 열 에너지에서 특히 두드러집니다. 예를 들어, 열은 가스레인지에서 음식으로 옮겨 가고, 콜라에서 얼음으로 옮겨 갑니다. 열의 이동은 자연에 존재하는 수많은 계에서 아주 중요합니다. 이것은 대류의 이동에서부터 식물의 성장에 이르기까지 여러 현상에 관련되어 있습니다. 열은 세 가지 다른 방식으로 이동합니다. 즉 전도, 대류, 복사가 그것입니다. 우리는 일상생활에서 항상 이 세 가지 현상을 경험합니다.

쇠로 된 숟가락을 뜨거운 국 속에 넣으면 숟가락의 손잡이까지 곧 뜨거워집니다. 금속이 열을 전도하기 때문이지요. 만약 엄청나게 성능이 좋은 현미경이 있어서 숟가락 속을 볼 수 있다면 국물 가까이에 있는 철의 원자가 매우 빨리 움직이는 것을 볼 수 있을 것입니다. 철의 원자가 활발하게 움직이는 물의 분자와 충돌하기 때문입니다. 이렇게 빨리 움직이는 원자들은 천천히 움직이는 이웃 원자들과 충돌하고 이 현상은 계속해서 손잡이 쪽으로 진행됩니다. 결국 손잡이 꼭대기까지 원자들의 움직임이 빨라지면 우리는 "숟가락이 뜨거워졌어."라고 말합니다. 이렇게 전도는 원자들이 운동과 충돌을 통해 열에너지를 전달하는 방법입니다.

난로 위에서 끓는 물, 여름날 아스팔트 위에서 올라가는 공기는 모두 대류의 예입니다. 주전자 속의 물을 생각해봅시다. 난로의 열은 주전자 바닥 쪽에 있는 물 분자가 활발하게 움직이도록 만듭니다.

물론 열의 일부는 전도를 통해 위로 올라가지만 그 과정이 너무 느리기 때문에 극히 일부의 에너지만을 전달할 수 있을 뿐입니다. 바닥에 있는 물은 뜨거워지고 부피가 늘어나 위로 올라가서 윗부분의 찬물과 자리를 바꿉니다. 뜨거워진 물은 표면까지 올라가면 식어서 다시 밑으로 내려오고 밑에서 뜨거워진 물이 다시 위로 올라갑니다. 이런 과정이 반복되면서 이른바 '대류 셀(convection cell)'이라는 것이 생깁니다. 대류는 데워진 물질이 큰 덩어리가 돼서 한 곳에서 다른 곳으로 이동하며 열을 옮겨 갈 때 일어나는 현상입니다. 그러니까 원자의 충돌에 의해 열이 전달되는 것과는 좀 다릅니다.

난로 앞에서 손을 내밀고 불을 쬐면 전도도 대류도 일어나지 않는데 따뜻하게 느껴집니다. 이것이 복사입니다. 이 경우에는 적외선이 에너지를 난로에서부터 손으로 실어 나릅니다. 우주 안에 있는 모든 물체는 복사를 통해 열을 내놓습니다. 사실 진공 상태인 우주에서 항성이나 위성이 열을 전달하는 방법은 복사 한 가지뿐입니다.

열, 온도, 절대 영도

'온도'와 '열', 이 두 단어는 같은 뜻으로 쓰이는 때가 많지만 과학자들은 이 두 가지를 분명히 구분합니다. 열은 어떤 물질의 원자들이 지니고 있는 운동 에너지와 위치 에너지의 합계입니다. 2리터의 얼음물은 1리터의 얼음물보다 정확히 두 배의 열 에너지를 지니고 있습니다. 반면에 온도는 상대적 개념입니다. 두 물체가 있을 때 이들 사이에 열의 흐름이 없다면 둘은 같은 온도입니다. 1킬로그램의 금속 덩어리를 1리터의 얼음물 속에 넣으면 두 물질의 온도는 곧 같아집니다. 그러나 이 금속 덩어리와 물이 같은 양의 열 에너지를 지니고 있지는 않습니다. 왜냐하면 물의 원자를 진동시키는 데는 더 많은 에너지가 필요하기 때문입니다.

우리가 흔히 보는 온도계는 섭씨(C), 또는 화씨(F)로 되어 있는데 이 두 가지가 가장 널리 쓰이는 온도 표시 방법입니다. 그러나 어떤 것을 쓰건 온도를 나타내는 방법은 쓰는 사람 마음대로입니다. 어느 것이 '옳다'고는 말할 수 없습니다. 누구든 두 개의 기준 온도(예를 들어, 물이 어는점과 끓는점)를 정해서 두 온도 사이에 적당한 수의 눈금을 매기면 눈금 하나가 '1'이 되는 것이지요. 섭씨의 경우 두 개의 기준 온도는 방금 예를 든 것처럼 물의 어는점과 끓는점입니다. 앞의 것을 0°C로 하고 뒤의 것을 100°C로 해서 두 기준 온도의 거리의 100분의 1을 1°C로 정합니다. 화씨도 다를 것이 없는데 다만 여기서는 기준 온도가 달라집니다. 0°F는 1717년 화씨를 창안한 다니엘 파렌하이트(Daniel G. Fahrenheit, 1686~1736)가 자신의 실험실에서 만들어낼 수 있었던 가장 낮은 온도이고, 100°F는 사람의 체온입니다. 화씨로는 물이 어는 온도가 32°F, 끓는 온도가 212°F입니다. 그런데 실제로 사람의 체온은 화씨 98.6°F에 가깝습니다.

과학에서 쓰이는 온도에 켈빈 온도(K)라는 것이 있는데, 이는 열역학 창시자의 한 사람인 켈빈 경(Lord Kelvin, 1824~1907)의 이름을 딴 것입니다. 켈빈 온도의 눈금은 섭씨와 같지만 0°C를 정하는 방법이 다릅니다.

여기서 0°C는 절대 영도로, 자연계에서 도달할 수 있는 가장 낮은 온도입니다. 19세기에는 절대 영도를 모든 원자의 운동이 정지하는 온도로 이해하였습니다. 그런데 오늘날의 양자역학은 이 정의를 약간 바꿔놓았습니다. 오늘날 절대 영도는 어떤 계로부터 어떤 열도 빼낼 수 없는 상태로 정의합니다. 어떻게 정의하든 절대 영도는 아주 낮은 온도로, 영하 273.16°C에 해당합니다. 켈빈 온도로 나타내면 물이 어는 온도는 273.16K, 실내 온도는 약 300K, 나무에 불이 붙는 온도는 약 650K 정도가 됩니다.

달갑잖은 법칙 - 열역학 제2법칙

제1법칙은 에너지가 어떤 형태에서 다른 형태로 전환될 수 있다는 것과 닫힌 계 안에서 에너지의 총량은 일정하다는 것을 보여주었습니다. 그러나 제1법칙은 저장된 에너지가 어떤 쓸모 있는 일을 위해 쓰일 수 있는가 아닌가에 대해서는 아무것도 말해주지 않습니다. 예를 들어 바닷물에는 엄청난 양의 진동 에너지가 저장되어 있습니다. 그러나 아직 누구도 이 거대한 에너지의 보고를 이용하는 배를 발명하지 못한 것은 열역학 제2법칙이 도사리고 있기 때문입니다. 제2법칙은 열이 쓸모 있는 일로 바뀌는 방식들에 일정한 한계를 지움과 동시에 우주의 미래를 어둡게 보이게 합니다.

다른 기본 법칙들과 마찬가지로 제2법칙도 어처구니없을 정도로 단순하지만 거기에는 깊은 진리가 숨어 있습니다. 그러나 앞으로 우리가 다룰 많은 법칙과는 달리 제2법칙은 여러 개의 다른 문장으로 표현할 수 있습니다. 사실 이들은 논리적으로 같은 이야기입니다. 따라서 하나의 문장이 다른 문장의 내용을 암시합니다. 첫 번째 문장은 이렇습니다.

"열 에너지는 항상 뜨거운 쪽에서 차가운 쪽으로 이동한다."

얼음 덩어리를 식탁 위에 놓으면 주변에서 열이 흘러듭니다. 즉 얼음에서 주변으로 열이 흘러나가 얼음이 더 차가워지는 법은 없다는 뜻입니다. 당연한 것으로 생각되는 이 현상이 제2법칙의 좋은 예가 됩니다.

제2법칙이, "열은 차가운 곳에서 뜨거운 곳으로 이동하지 않는다." 라고 말하지 않는다는 사실을 깨닫는 것이 중요합니다. 왜냐하면 냉동실에서 얼음을 얼릴 때는 바로 그런 현상이 일어나기 때문입니다. 제2법칙이 말하는 것은 만일 열을 거꾸로, 그러니까 차가운 데서 뜨거운 데로 흘러가게 하려면 그 계(system) 안에 에너지를 부어 넣어야 한다는 사실입니다. 냉장고에서 에너지는 전선을 통해 들어옵니다. 그래서 제2법칙에는 다음과 같은 문장들이 필요합니다. 즉, '냉장고는 플러그가 꽂혀 있지 않으면 작동하지 않는다.' 같은 것입니다. 제2법칙을 설명하는 두 번째 문장은 아래와 같습니다.

"열을 모두 같은 양의 일로 전환시키는 방법으로 작동하는 엔진을 만드는 것은 불가능하다."

엔진이란 저장되어 있는 에너지를 써서 쓸모 있는 일을 하는 장치입니다. 예를 들어 자동차 엔진은 휘발유에 들어 있는 화학 에너지를 운동 에너지로 전환하여 차를 움직이게 합니다. 제2법칙이 말하는 것은 100%의 효율을 갖춘 엔진은 있을 수 없다는 것입니다.

실제 엔진에서 이것은 하나도 놀랄 일이 아닙니다. 모든 기계에는 움직이는 부분이 있고 이 부품들이 움직일 때마다 에너지의 일부는 마찰열로 사라집니다. 열은 뜨거운 곳에서 차가운 곳으로 흐르기 때문에 이 마찰열은 공기 중으로 흩어져버립니다. 이렇게 해서 손실된 에너지는 기계가 하는 일에 전혀 도움을 주지 못합니다. 차가 굴러갈 때 휘발유의 화학 에너지 중 일부는 엔진의 열, 타이어의 마모와 마찰, 그리고 심지어 차가 바람을 가르며 달릴 때 나는 소리 에너지로 날아가버립니다.

그러나 마찰이 전혀 없다고 가정해도 열이 유용한 일로 전환되는 비율은 100%보다 작다고 제2법칙은 가르쳐줍니다. 다시 말해, 에너지의 일부는 이용되지 못하고 헛되이 버려진다는 것이지요. 이유는 이렇습니다. 모든 엔진은 설계가 어떻든 간에 일정한 사이클에 따라 작동되어야 합니다. 그리고 몇 가지 과정을 거친 후에는 처음 상태로 돌아와야만 그 사이클을 다시 시작할 수 있습니다. 자동차에서는 휘발유와 공기의 혼합 기체가 실린더 안에서 폭발하고 그 힘이 피스톤을 밀어 내립니다. 이 내려가는 운동이 몇 단계의 전달 과정을 거쳐 바퀴를 돌리고 결국 차를 앞으로 나아가게 만듭니다. 이론상(실제

로는 그렇지 않지만) 이 과정은 100%의 효율로 진행될 수 있습니다. 즉 연료 속의 모든 에너지가 자동차의 운동 에너지로 변환된다는 이야기입니다. 그러나 이 과정에서 중요한 것은 사이클의 마지막 부분에서 피스톤이 실린더의 바닥에 가 있다는 사실입니다. 피스톤이 실린더 꼭대기로 돌아와야만 다시 일을 할 수 있습니다. 피스톤을 위로 올려 보내려면 실린더를 식혀야 합니다. 그래야 처음 시작 때보다 더 높은 온도에서 다음 사이클이 끝나는 일이 없을 것입니다. 자동차에서 생긴 열(그리고 폭발에 의해 생긴 열)은 냉각 시스템에 의해 실린더로부터 끌려 나오고 결국은 라디에이터를 통해 대기 중으로 흩어집니다.

제2법칙에 따르면, 아무리 뛰어나게 설계되었다 해도 모든 엔진은 저장되어 있던 원래 에너지의 일부를 온도가 더 낮은 저장고로 옮겨 놓아야 합니다. 그래야 엔진이 원래 위치로 돌아갈 수 있습니다. 저장고는 대부분의 경우 대기와 바다입니다. 일단 이 저장고로 들어간 에너지는 쓸 수가 없습니다. 왜냐하면 대기나 바다보다 온도가 더 낮은 저장고가 또 하나 있어야 하는데 그런 것은 존재하지 않기 때문입니다. 그것이 가능하다고 말하는 것은 플러그를 꽂지 않고도 냉장고를 가동할 수 있다고 주장하는 것과 같습니다.

그래서 제2법칙은 자연히 다음과 같은 결론에 도달합니다. "여러 가지 에너지원들은 위계를 이루고 있다. 가장 높은 열을 내는 높은 단계의 에너지원은 바로 아래 단계의 저장고로, 그리고 아래 단계의 것은 그 아래 단계로 차례차례 열을 방출한다. 이 연쇄 고리의 맨 마지막 단계에서는 축적된 폐열이 모두 합쳐져 자연 환경 속에서 소멸하게 된다."

이 아이디어는 기술면에서도 중요합니다. 예를 들어 발전소에서 석탄을 완전히 효율적으로 태운다 하더라도 석탄이 지닌 화학 에너지 중 3분의 1을 조금 넘는 정도만이 전기의 형태로 가정까지 도달합니다. 그리고 나머지는 모두 대기 중으로 빠져 나갑니다. 이것은 모든 발전소에서 찾아볼 수 있는 발전기 냉각 시설의 존재를 잘 설명해 줍니다. 여기다가 마찰에 의한 손실까지 더하면 발전소의 진짜 효율은 더 떨어지게 됩니다. 아무리 최신식 발전기라도 실질적 효율은 열역학 제2법칙에 의한 이론적 한계보다도 몇 퍼센트 더 낮습니다.

지난 2백 년 동안 몇 년에 한 번씩은 영구기관(perpetual motion machine)을 발명했다고 주장하는 발명가들이 나타났습니다. 영구기관이란 에너지를 계속 공급하지 않아도 스스로 작동하는 꿈의 기계를 말합니다. 그런데 오늘날까지 이들이 발명한 기계 중 작동된 것은 하나도 없습니다.(우리 동료 중에 작동되는 영구기관 몇 개가 서랍에 들어 있다고 뻐기는 사람이 하나 있기는 하지만.)

어쨌든 영구기관을 발명했다고 하는 사람이 나오면 과학계는 대체로 의심 어린 눈으로 봅니다. 과학자들이 보수적이거나 새로운 아이디어를 외면하기 때문이 아닙니다. 단지 이런 기계들은 열역학 제2법칙에 위배되고 따라서 전기를 꽂지 않고도 냉장고를 돌릴 수 있다는 이야기하고 똑같은 것이기 때문이지요.

열역학 제2법칙을 설명하는 세 번째 문장은 이렇습니다.

"고립된 계(system) 안의 무질서도(amount of disorder)는 시간이 흘러도 줄어들지 않는다."

항아리 밑바닥에 검은 구슬, 빨간 구슬, 녹색 구슬을 각각 1백 개씩 차례차례 넣은 후 이 항아리를 열심히 흔들어주면 어떤 일이 생길지 독자 여러분은 잘 알고 있을 것입니다. 이 3백 개의 구슬들은 순식간에 뒤섞이게 되고 이 상태에서 가령 1백만 년 동안 쉴 새 없이 흔들어댄다고 해도 이들을 처음의 질서정연한 상태로 만들 수는 없습니다. 아니, 그 근처에도 가지 못합니다.

이 예를 통해 우리는 자연의 중요한 특성을 하나 알 수 있습니다. 그것은 고립된 계는 질서에서 무질서로 나아가는 성향이 있다는 사실입니다. 다시 말하면 시간적으로 볼 때 무질서한 상태가 질서 있는 상태를 꼭 뒤따라온다는 것입니다. 우리의 삶은 이러한 예로 가득 차 있습니다. 오믈렛을 만들기는 쉽지만 이를 원래의 재료대로 분리해내기는 어렵습니다. 방을 어질러놓기는 쉽지만 치우기는 어렵습니다. 자동차에 흠집을 내는 것은 간단하지만 페인트칠을 하는 것은 쉽지 않습니다. 이 모든 예는 질서에서 무질서로 향하는 시간의 방향성을 분명히 보여줍니다.

'엔트로피(entropy)'라고 하는 것은 어떤 계의 무질서한 정도나 무작위적인 정도를 나타내는 척도입니다. 제2법칙의 세 번째 문장은, 닫힌 계에서 엔트로피는 시간이 흘러감에 따라 늘어나거나 아니면 기껏해야 그대로 있다고 말합니다. 즉, 무질서도는 결코 줄어들지 않는다는 뜻입니다. 그럼에도 어떤 시스템은 분명히 더 질서 있는 상태로 옮겨 갑니다. 그러나 이것은 다른 어떤 곳에서 무질서도가 늘어나야 가능합니다. 진공 청소기로 방을 청소해서 '질서 있게' 만들 수는 있지만 우리는 그에 대한 대가, 즉 전기요금을 지불해야 합니다. 냉장고에서 얼음을 얼리면 물은 더 질서 있는 상태인 얼음으로 바뀌게 됩니다. 그러나 냉장고는 고립된 계가 아닙니다. 전원에 연결되어 있기 때문이지요. 제2법칙에 따르면, 이렇게 물의 원자에서 질서도가 커지려면 그만큼 발전소 주변 대기의 무질서도가 커져야 합니다. 그리고 그 무질서도의 증가는 열의 소모에서 비롯되는 것입니다.

생명체는 인간이 아는 물질의 형태 중에서 가장 질서도가 높습니다. 단순한 세포 하나라도 천문학적 숫자의 원자들이 저마다 제자리에 정확히 들어앉아야 만들어집니다. 진화론을 부정하며 창조론을 따르는 사람들은 진화론이 제2법칙에 어긋난다고 주장합니다. 진화론은 생명처럼 질서 있는 시스템이 저절로 생겨났다고 가정하고 있다는 것이지요. 즉 이렇게 고도의 질서를 갖춘 시스템은 제2법칙 때문에 저절로 생겨날 수가 없다는 주장입니다. 그러나 조금 전에 얼음의 예에서 본 것처럼 우리는 생명이 탄생한 계 전체의 에너지와 무질서도를 생각해야 합니다. 이 계 안에는 지구만 있는 것이 아니라 지구의 에너지원인 태양도 포함됩니다. 지구 위의 생물계에서 보이는 질서도의 증가는 태양 안에서 일어나는 무질서도의 증가에 비하면 아무것도 아닙니다. 이 무질서는 태양의 에너지원인 엄청난 핵융합 반응으로부터 일어납니다. 결국 태양과 지구를 포함하는 계 전체의 무질서도는 항상 증가하고 있는 것입니다.

제2법칙은 일상생활과 마찬가지로 자연계에서도, 아무 대가 없이 뭔가를 얻는다는 것은 불가능함을 가르쳐줍니다. 세상에 공짜는 없습니다!

새로운 분야

새로운 에너지원

21세기에 인류가 해결해야 할 심각한 과제 중 하나는 화석 연료를 태우지 않고도 에너지를 생산하는 방법을 찾는 일입니다. 석탄, 석유, 천연가스 같은 화석 연료는 까마득한 옛날에 태양 에너지가 화학적 에너지의 형태로 바뀌어 동식물의 몸을 이루고 있다가 이들이 죽은 다음 지층 속에 갇혀 보존되어 있던 것을 인간이 캐낸 것입니다. 20세기 말이 되자 인간은 에너지의 90%를 이 화석 연료로부터 얻기에 이르렀습니다. 화석 연료 속에는 에너지도 많이 들어 있는 데다가 캐기도 쉽고 쓰기도 간편하다는 점을 생각하면 이렇게 된 것도 놀랄 일은 아닙니다.

그러나 화석 연료에 의존하는 데는 두 가지 중대한 문제가 있습니다. 첫째, 영원히 캘 수는 없다는 점입니다. 많은 전문가들은 쉽게 뽑아 올릴 수 있는 석유의 절반 이상을 인류가 이미 써버렸기 때문에 21세기에는 공급량이 크게 줄 것이라고 예측합니다. 또한 '열쇠 15'에서 보겠지만 화석 연료를 태우면 대기 중의 이산화탄소가 늘어나 지구 온난화를 비롯한 환경 문제가 생깁니다. 이런 이유로 에너지를 생산할 대안을 찾는 것이 과학계와 기술계의 중요한 목표가 되었습니다.

화석 연료와 관계없는 에너지원도 많습니다. 이들 중 두 가지인 핵분열과 핵융합에 대해서는 '열쇠 8'에서 다루겠습니다. 이밖에도 미국에 풍부하게 존재하는 에너지원이 두 가지 있는데, 그것은 풍력과 태양력입니다.

풍력은 인류 역사상 가장 오래된 에너지원에 속합니다. 바람이 부는 이유는 기본적으로 지구의 자전과 태양 광선이 지구로 가져오는 에너지 때문입니다. 이 바람으로 풍차를 돌려 전력을 생산할 수 있습니다. 미국은 노스다코타 주, 사우스다코타 주, 콜로라도 주, 그밖의 여러 해안 지역에 풍부한 풍력 자원을 갖추고 있습니다. 21세기에 들어서자 풍력 터빈 기술이 발달하여 풍력이 경제성 면에서 화석 연료와 경쟁할 수 있는 수준에 도달했습니다. 앞으로 미국의 에너지 전략에서 풍력은 상당한 위치를 차지할 것으로 예상됩니다.

미국은 태양 에너지도 풍부한 편인데 남서부 사막 지대에 특히 풍부합니다. 반도체를 이용해 태양광을 전력으로 바꾸는 일이 기술적으로 가능한데('열쇠 7' 참조), 문제는 이렇게 해서 전력을 얻는 비용이 석탄을 때서 얻는 비용과 비슷한 수준까지 내려가야 한다는 데 있습니다. 예를 들어 1980년대에는 태양으로부터 에너지를 얻을 때 드는 돈이 석탄에서 얻을 때와 비교해 20배나 많았습니다. 이 격차는 계속 줄어들었고 21세기가 되자 5배까지 좁혀졌습니다. 곧 발전 단가 면에서 태양 에너지 쪽이 더 저렴해질 것으로 보입니다. 생산 비용이 충분히 더 내려가면 태양 에너지 발전이 미국 에너지 공급에서 상당한 비율을 맡을 것으로 예상됩니다.

열쇠 3

전기와 자기

맥스웰 방정식과 전자기력

여기 아침 6시에 일어나 빵으로 아침 식사를 하고 출근하는 남자가 있습니다. 6시면 타이머가 달린 라디오가 어김없이 켜질 것입니다. 그래도 금방 일어나지는 않겠지요. 남은 잠을 떨쳐버리느라 뉴스를 들으며 잠시 씨름을 하기도 합니다. 결국은 일어나 불을 켜고 커피메이커의 스위치를 켜고 씻고 옷을 입습니다. 오렌지주스를 마시려고 냉장고 문을 열다 보면 오늘 오후에 아이들이 농구 연습을 한다는 메모가 붙어 있게 마련입니다. 토스트 한 조각과 커피로 대충 식사를 마친 후 이를 닦고 전화의 자동응답기를 틀어놓고 집을 나서면 7시가 됩니다.

우리가 일상생활에서 겪는 여러 가지 자연의 힘 중 중력은 유일한 것도, 가장 강한 것도 아닙니다. 6시부터 7시까지 한 시간 동안 우리의 주인공은 전기와 자기 현상을 여러 번 겪었습니다. 냉장고 문을 냉장고 몸체에 붙여 두는 것은 자석입니다. 중력이 문을 끌어내리는 데도 자석은 제 구실을 잘합니다. 정전기 때문에 옷이 다른 옷에 들러붙으면 우리는 힘을 써서 옷을 떼어놓아야 합니다. 이런 현상들은 중력 때문에 일어나는 것이 아닙니다.

전기와 자기는 우리에게 친근한 힘이고 자연 어디서나 볼 수 있는 것입니다. 자연계에 존재하는 네 가지 힘, 그리고 '맥스웰의 방정식'은 전기와 자기에 대해 우리가 알고 있는 모든 것을 요약해줍니다. 맥스웰의 방정식에서 가장 중요한 부분은 이것입니다.

"전기와 자기는 같은 힘의 두 측면이다."

번개, 정전기, 마찰, 라디오 방송, 냉장고 문의 자석 등은 모두 한 형제라고 할 수 있습니다.

자석은 왜 항상 양극을 지닐까?

뉴턴이 과학적 방법이 역학 연구에 얼마나 절대적인가를 보여준 이래 다른 분야에서도 과학적 방법이 널리 쓰이게 된 것은 당연한 결과입니다. 이제는 우리에게 익숙해진 이름인 알레산드로 볼타(Alessandro Voalta, 1745~1827, 이탈리아의 물리학자. 그가 발명한 전지로 인해 인류는 처음으로 연속 전류를 얻을 수 있었다), 앙드레마리 앙페르(Andre-Marie Ampere, 1775~1836, 프랑스의 물리학자. 전기역학의 기초를 닦았다) 같은 사람들을 비롯한 18세기 과학자들은 호기심에서 전기와 자기 현상을 연구했습니다. 이들은 전지를 만들어 방전(放電)의 효과를 연구했고 여러 가지 물질에 전류를 통과시켜보는 등 수백 가지 실험을 했습니다. 오묘한 자연의 법칙을 이해하려는 욕망에서 실험을 시작한 과학자들은 나중에 전기가 세상을 뒤바꿔놓으리라고는 상상도 하지 못했을 것입니다. 오늘날 돌이켜보면 그들은 기초 연구를 해놓은 셈입니다.

이들의 실험 결과는 몇 개의 법칙으로 요약됐고 이 법칙들은 1861년에 스코틀랜드의 물리학자인 제임스 클러크 맥스웰(James Clerk Maxwell, 1831~1879)에 의해 통합되었습니다. 맥스웰은 네 개의 방정식을 내놓았는데 이 방정식들은 물리학에 자주 쓰이곤 합니다. 그러니까 맥스웰의 방정식은 역학에서 뉴턴의 법칙이 한 것과 똑같은 일을 전자기학(전기역학)에서 하고 있는 것입니다. 즉, 맥스웰의 방정식은 전자기에 관한 모든 것을 담고 있다고 할 수 있습니다.

전하와 쿨롱의 법칙

복사기로 복사를 하다 보면 가끔 종이 두 장이 서로 들러붙는 경우가 있습니다. 이 종이들을 붙게 하는 힘은 전기력이고, 이 전기력에 반응하는 물체들은 전하를 지니고 있는 것입니다. 간단한 실험을 통해서도 알 수 있는 것이지만 전하에는 두 가지 종류가 있습니다. 두 개의 플라스틱 빗으로 머리를 빗어보면 이 빗들 사이에 서로 밀어내는 힘이 작용하는 것을 볼 수 있습니다. 그러나 이 빗들 중 하나를 털옷으로 문지른 유리 가까이 가져가면 두 물체가 서로 끌어당기는 것을 볼 수 있습니다. 이를 통해 전기력에는 두 가지가 있음을 알 수 있고 이 두 힘은 두 가지의 전하로부터 나온다고 생각할 수 있습니다. 이들은 양전하와 음전하라고 불립니다.

전하는 아원자(subatomic) 입자들, 즉 원자를 이루는 요소('열쇠 4')

들에 의해 운반됩니다. 상대적으로 훨씬 무거운 원자핵은 양전하를 띤 반면 가벼운 전자들은 음전하를 띠고 핵 주위를 돕니다. 어떤 물체가 전하를 띠려면 그 물체에 전자의 여분이 있거나 전자가 모자라야 합니다(전자가 남으면 음전하를 띠고 모자라면 양전하를 띱니다). 대개의 경우 원자핵은 매우 느리게 움직이는 반면 전자는 쉽게 움직입니다. 그래서 큰 물체는 자신의 내부에 있는 전자를 밀어내거나 끌어들여서 쉽게 전하를 띱니다. 예를 들어 머리를 빗으면 전자가 머리카락에서 빠져나와 빗으로 끌려갑니다. 그 결과 빗은 음전하를 띠게 됩니다. 이 빗을 먼지나 종이에 갖다 대면 그것들을 끌어당깁니다.(건조한 날 머리를 빗으면서 실험해보면 알 수 있습니다.) 전하가 서로 다르다는 사실을 통해 우리는 왜 빗은 머리카락을 끌어당기고 머리카락끼리는 밀쳐내는지 알 수 있습니다. 계속해서 힘껏 머리를 빗으면 머리카락이 전자를 계속 잃기 때문에 전하의 차이가 커져서 결국 머리카락이 '거꾸로 서게' 됩니다.

프랑스의 물리학자인 샤를 쿨롱(Charles Coulomb, 1736~1806)은 전하 사이에 작용하는 힘을 설명하는 법칙을 처음으로 내놓았습니다.

같은 전하는 서로 밀치고 다른 전하는 서로 끌어당긴다.
전하를 띤 두 개의 물체 사이에 작용하는 힘은 두 전하량의 곱에 비례하고 두 전하 사이의 거리의 제곱에 반비례한다.

이 법칙은 물체 두 개가 모두 남아도는 전자를 지니고 있을 경우(즉 음전하를 띠고 있을 경우) 이들은 서로 밀치고, 둘 중 한쪽이 전자가 모자랄 경우에는 서로 끌어당긴다고 설명합니다. 전기력을 설명

하는 방정식의 모습이 중력을 설명하는 방정식과 매우 닮았음을 알 수 있을 것입니다.

쿨롱의 법칙은 움직이지 않는 전하, 그러니까 정전기(靜電氣)라고 불리는 전하 사이에 존재하는 힘을 설명하는 법칙입니다. 이 정전기의 힘은 우리가 아는 세상을 온통 지배하고 있습니다. 화학 결합에서도 양전하와 음전하는 서로 끌어당겨 물체의 모습을 유지합니다. 우리 눈에 보이는 모든 물체는 원자로 이루어져 있는데, 이 원자들은 음전하를 띤 전자가 양전하를 띤 양성자에 끌려가서 모인 것입니다. 중력이 지구를 비롯한 행성들을 태양 주위의 궤도에 붙잡아놓듯이, 전기의 힘은 음전하를 띤 전자를 양전하를 띤 핵 둘레에 묶어 둡니다.

전자와 전자가 서로 밀치는 힘은 사실 물체들이 서로 뒤섞이지 않게 해주는 힘입니다. 예를 들어 여러분의 손가락은 이 책을 뚫고 지나갈 수가 없는데 이것은 손에 있는 전자를 책의 전자가 밀쳐내기 때문입니다. 지구가 끌어당기는데도 우리가 땅속으로 빨려 들어가지 않는 이유는 우리 신발 바닥의 전자가 땅바닥의 전자를 밀치는 데 있습니다. 우리가 무엇을 만질 때마다 우리는 이 정전기의 힘을 이용하고 있는 것이지요.

복사기도 이 정전기의 힘을 이용합니다. 실리콘 금속으로 된 반짝이는 판은 전하를 한동안 보관할 수 있습니다. 그러나 여기에 빛이 비치면 전하가 방출됩니다. 전자 복사의 핵심은 밝은 부분과 어두운 부분(이를테면 종이와 글자)을 이 전하를 띤 판 위에 비추는 것입니다. 그러면 빛이 비친 부분의 전하가 빠져나가기 때문에 밝은 부분과 어두운 부분은 판 위에서 전하를 띤 부분과 그렇지 않은 부분으로 재생됩니다. 이제 정전기의 힘에 의해 검은 플라스틱 가루가 실리콘 판 위의 전하를 띤 부분에 가서 들러붙고 이 가루가 종이로 옮겨져 그 자리에서 녹으면 복사가 완성되는 것입니다.

자기

자석과 자기는 수천 년 전부터 알려져 있었습니다. 고대로부터 사람들은 자연계에서 발견되는 자석에 흥미를 느꼈고 남극과 북극을 가리키는 자석 조각은 나침반으로 쓰였습니다. 자기의 힘이 존재한다는 사실은 냉장고 문에 조그만 자석 조각으로 메모지를 붙여 둘 수 있다는 것으로 얼마든지 증명됩니다.

우리가 알고 있는 모든 자석들은 한 가지 공통점을 지니고 있습니다. 원자 하나만 한 자석이든 나침반의 바늘이든 아니면 지구 전체든 모두 두 개의 극을 지니고 있다는 것입니다. 바로 S극과 N극인데 이 극은 자석을 자유로운 상태에 두었을 때 남쪽을 가리키는가 북쪽을

가리키는가로 결정됩니다. 자석의 극은 전하와 비슷한 성질을 지니고 있습니다. 같은 극끼리는 밀치고, 다른 극끼리는 끌어당깁니다(N극은 S극을 끌어당기지만 같은 N극은 밀어냅니다).

그러나 전하와 자석의 극에는 중요한 차이가 있습니다. 그것은 맥스웰의 두 번째 법칙에 나와 있습니다. 이 법칙에 의하면, 아무리 애를 써도 자석의 한 극만을 만들어낼 수는 없다는 사실입니다. 양전하 또는 음전하로 따로따로 존재할 수 있는 전하와는 달리 자석의 극은 항상 두 개가 같이 존재합니다. 10센티미터짜리 자석을 둘로 자른다고 해도 N극만을 지닌 자석과 S극만 지닌 자석을 만들어내지는 못합니다. S극과 N극을 동시에 지닌 5센티미터짜리 자석 두 개가 생길 뿐입니다. 이렇게 계속 잘라 나가도 결과는 마찬가지입니다. 원자 하나의 수준까지 내려가도 여전히 그 원자는 S극과 N극을 지닙니다. 따라서 맥스웰의 두 번째 방정식은 이렇게 말합니다.

"자석에서는 한 극이 고립해서 존재할 수 없다."

맥스웰의 두 번째 방정식은 자석의 극이 어떻게 해서 생겨나는지는 말하지 않습니다. 정전기와 자기는 서로 매우 다른 것처럼 보이고 복사기와 냉장고 문 사이에는 아무런 관계도 없어 보입니다. 자기의 특성, 그리고 자기와 전기의 관계가 맥스웰의 세 번째 방정식이 다루는 주제입니다.

동전의 양면

전기와 자기의 관계를 간단히 말하면 이렇습니다. 즉, 전하가 움직일 때마다 자기장이 형성된다는 것입니다. 그리고 자기장이 변화할 때마다 전기장이 생깁니다. 전기와 자기는 하나의 현상 안에 들어 있는 떨어질 수 없는 부분들입니다. 하나가 존재하면 나머지 하나도 반드시 존재합니다.

우리가 전기와 자기를 보거나 만질 수만 있다면 이 둘이 항상 같이 있는 모습을 확인할 수 있을 것이므로 이들의 밀접한 관계를 쉽게 이해할 것입니다. 이 관계를 발견한 이야기는 매우 신기합니다. 덴마크의 물리학자 한스 외르스테드(Hans Øersted, 1777~1851)는 강의를 하던 중 전류를 흐르게 하기 위해 스위치를 올리자 가까이에 있는 나침반 바늘이 떨리는 것을 발견했습니다. 그 뒤 실험을 통해 그는 전선 속을 전류가 흐르면 항상 자기장이 만들어진다는 것을 확인하였습니다. 이 발견(수식으로도 표현되지만)이 바로 맥스웰의 세 번째 방정식입니다.

"움직이는 전하는 자기장을 만들어낸다."

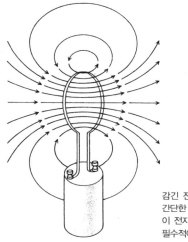

감긴 전선을 통과하는 전류는
간단한 전자석을 만들어내는데,
이 전자석은 모든 전기 모터에
필수적이다.

이 법칙이 적용되는 장치는 전자석입니다. 가장 단순한 전자석은
전류가 흐르는 전선을 감아서 덩어리로 만들어놓은 것입니다. 전류
가 자기장을 만들어내므로 이 전선의 덩어리는 자석 역할을 합니다.
냉장고 문을 몸체에 붙여 두는 자석처럼 항상 자기를 띠고 있는 영구
자석과 달리 전자석은 스위치를 올리고 내려서 자기를 껐다 켰다 할
수 있습니다. 전자석도 S극과 N극으로 이루어진 자기장을 만듭니다.
사실 자기의 측면에서 볼 때 전자석과 막대 모양의 영구자석은 다를
것이 없습니다. 한 가지 다른 점은 전자석은 전류의 방향을 바꿔 S극
과 N극을 뒤집을 수 있다는 것입니다. 전자석은 작게는 초인종부터
크게는 폐차장에서 차를 통째로 들어올리는 기중기에 이르기까지 다
양하게 쓰입니다.

전기·자기 관계의 다른 측면은 자기장이 전기력을 만들어낼 수
있다는 것입니다. 전선 덩어리 근처에서 자기장을 변화시키면(예를

들어 자석을 지나가게 하는 것) 겉보기에는 전선 속의 전자를 가속하는 힘이 아무것도 작용하지 않는 것처럼 보이는데도 전선 안에 전자가 흐르기 시작합니다. 이 현상을 '전자기 유도'라고 하며 맥스웰의 네 번째 방정식이 이것을 설명해줍니다.

"자기 효과는 전하를 가속한다."

외르스테드, 헨리(Joseph Henry, 1797~1878), 패러데이(Michael Faraday, 1791~1867), 맥스웰 같은 물리학자들은 자신들의 발견이 뒷날 대형 발전소를 낳고 전기의 사용을 일상화시킬 줄은 꿈에도 몰랐습니다. 21세기의 기술 문명은 이들의 발견에 기초하고 있지만, 이러한 상황을 예측한 사람은 없었습니다. 전기 모터와 발전기는 맥스웰의 세 번째 및 네 번째 방정식 덕분에 발명되었습니다.

전기 모터와 발전기

오늘날 보통 가정에는 10여 개의 모터가 있습니다. 선풍기, 헤어드라이어, 전기 면도기, 믹서 등 모든 가정용품이 적어도 하나의 모터를 갖추고 있다고 할 수 있을 정도입니다. 이 모터들은 전기를 자기장으로 바꾸고 이 자기장이 결국 우리에게 필요한 회전 운동을 일으킵니다. 그러면 이들을 쓰기 위해 스위치를 올렸을 때 일어나는 현상은 어떤 것일까요?

가장 단순한 모터는 전자석과 영구자석의 결합체입니다. 고정되어 있는 전기 접점이 철심에 감긴 전선에 전류를 흘려보내면 각각의 철심은 조그만 막대자석으로 변합니다. 전자석의 S극과 N극은 각각 영

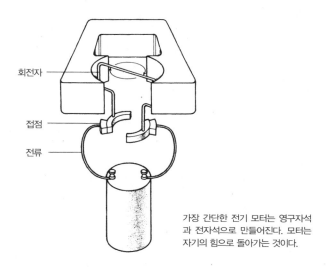

회전자

접점

전류

가장 간단한 전기 모터는 영구자석
과 전자석으로 만들어진다. 모터는
자기의 힘으로 돌아가는 것이다.

구자석의 반대 극에 끌리도록 배열되어 있습니다. 결과는 이렇습니
다. 같은 극끼리는 밀치고 다른 극끼리 당기는 원리에 따라 철심은
회전을 하게 됩니다. 이 철심이 반 바퀴를 돌자마자 전류는 방향이
바뀌고 따라서 극도 반대로 바뀝니다. 그래서 각 극은 영구자석의 다
음 극에 끌리고 이 과정이 반복되어 철심은 계속 회전합니다.

　그러나 대부분의 모터는 방금 이야기한 모터보다 좀 더 복잡합니
다. 보통 모터는 여러 세트의 영구자석과 몇 개의 전자석으로 이루어
져 있습니다. 이런 기본 요소들을 어떻게 배열하는가에 따라 모터는
일정한 속도로 회전하거나, 강한 힘을 내거나 여러 단계를 이루며 돌
거나 합니다. 그러나 어쨌든 기본 원리는 같습니다. 즉 '전기는 자기
장으로 바뀔 수 있다'는 것입니다.

　발전기는 모터와 정반대입니다. 발전기는 회전 운동을 전기 에너
지로 바꿔줍니다. 에디슨(Thomas A. Edison, 1847~1931)이 처음으

로 실용화한 발전기는 자기장 안에서 회전하는 단순한 철심에 지나지 않았습니다. 이 회전에 의해 자기장이 끊임없이 바뀌고 이에 따라 철심에 감긴 전선 안에서 전류가 처음에는 한 방향으로, 다음에는 반대 방향으로 흐릅니다. 이 교류(交流, alternating current, 흐름의 방향이 시간에 따라 주기적으로 변하는 전류 또는 전압)는 전선을 통해 발전기에서 나와 여러 가지 전기 기구를 움직입니다. 전 세계에서 만들어지는 전력은 거의 모두 이 방법으로 생산되는 것입니다.

무엇이든 어떤 축을 회전시킬 수만 있으면 발전기를 돌릴 수 있습니다. 흐르는 물, 고압 수증기, 바람, 휘발유 엔진 같은 것들은 구리 전선으로 된 코일 뭉치가 안에 들어 있는 터빈을 돌려줍니다. 대형 발전소에서는 강한 전자석들이 이 코일 뭉치를 둘러싸고 있습니다. 코일 뭉치가 자력선을 자르며 회전함에 따라 전자가 한 방향과 다른 방향으로 번갈아 흐릅니다. 이 일이 1초에 60번 일어날 때 교류 주파수가 60헤르츠(Hz)라고 말합니다. 미국을 비롯해 많은 나라들에서 60헤르츠의 교류로 도시에 불을 밝히고 에어컨을 가동시키고 있습니다.

전기 회로

전기와 자기가 지니는 여러 측면 중에서 우리가 일상생활에서 가장 자주 마주치는 것은 전기 회로입니다. 회로는 전하가 계속해서 흐를 수 있는 길을 말하는데, 보통 구리 전선으로 만들어집니다.

전하의 흐름을 전류라고 합니다. 양전하와 음전하 모두 전류를 만들 수 있지만 통상 우리가 전류라고 할 때는 음전하를 띤 전자의 흐름을 가리킵니다. 토스터나 전구 같은 것들은 전선을 통해 흘러들어

오는 전류의 흐름에서 에너지를 얻습니다.

전류는 보통 암페어(ampere, amp) 단위로 표시됩니다. 암페어는 전선의 특정 지점을 얼마나 많은 수의 전자가 지나가는가를 나타내는 단위입니다. 전선 안에 작은 교통 순경이 있어서 지나가는 자동차를 세듯 지나가는 전자를 하나하나 세어 1초마다 합계를 내는 것과 같습니다. 가정에서 쓰는 전류는 1암페어(100와트짜리 전구를 켤 때)에서 50암페어(전기 스토브의 버너를 모두 켜고 오븐까지 최대로 올려서 사용할 때) 사이입니다.

모든 회로는 전원이 있어야 합니다. 전원은 전자를 전선 속으로 밀어 보내는 에너지를 공급하는 장치로서 전지나 발전소가 여기에 해당합니다. 전지에 저장된 화학 에너지가 전자에게 회로 속을 이동할 수 있는 운동 에너지를 줍니다. 전지에서 나오는 전류는 항상 같은 방향으로 흐르기 때문에 직류(直流, direct current)라고 불립니다. 반면에 발전기에서 나오는 전류는 방향이 계속해서 바뀌므로 교류(交流)라고 불립니다.

전자를 전선 속으로 밀어 보내는 힘, 그러니까 '압력'이라고 부를 수 있는 것을 측정하는 단위는 볼트(volt, V로 표시)입니다. 볼트의 값이 클수록 같은 전선으로 더 많은 전자들을 통과시킬 수 있습니다. 우리가 일반적으로 사용하는 전압은 1.5볼트(건전지), 12볼트(자동차 배터리), 220볼트(가정 전력) 등입니다.

빛에서 감마선까지, 전자기파의 모든 것

빛의 성질

이제까지 다룬 네 개의 법칙들은 저마다 다른 사람들이 발견했는데 왜 모두 맥스웰의 방정식이라고 부를까요? 세 가지 이유가 있습니다. 첫째, 방정식들이 일관성 있는 체계를 이루고 있음을 발견한 것이 맥스웰이었고, 둘째, 그가 제3법칙에 작은 사실 한 가지를 덧붙였고(맥스웰은 이 법칙과 관련해서 전류가 존재한다는 사실을 증명했는데 당시까지는 아무도 이것을 생각하지 못했습니다), 셋째(가장 중요한 것인데), 맥스웰은 이 네 개의 방정식이 새로운 종류의 에너지 파동—오늘날 우리가 전자기 방사라고 부르는 것—을 예견하고 있음을 알아냈던 것입니다.

세 번째와 네 번째 방정식을 보면 자기장과 전기장 모두 서로 상대방의 장(場)을 유도해낸다는 것을 알 수 있습니다. 이 두 장들은 끊임없이 상대방을 만들어내고 변화시킵니다. 맥스웰은 이러한 일이 영구히 반복되면 공간을 통해 이동할 수 있는 파동(wave)이 만들어진다는 것을 깨달았던 것입니다. 연못에 던진 돌멩이가 파문을 일으키는 것처럼 이 에너지 파동은 그 원천에서 나와 사방으로 퍼져 나갑니다.

모든 파동은 세 가지의 특성으로 나타낼 수 있는데 이 특성들은 서로 밀접한 관계가 있습니다. 그것은 속도, 파장, 그리고 진동수(주파수)입니다. 모든 파동은 골짜기와 꼭대기를 번갈아 만들며 앞으로 나갑니다. 파장은 서로 이웃해 있는 두 개의 꼭대기 사이의 거리를 말하며, 속도는 이 정점이 얼마나 빨리 이동하는가에 따라 결정됩니

다. 진동수는 단위 시간 동안 몇 개의 꼭대기가 정해진 점을 지나가는가를 의미합니다. 진동수를 측정하는 가장 보편적인 단위는 헤르츠(hertz, 기호는 Hz)인데 독일의 과학자이며 라디오의 선구자인 하인리히 헤르츠(Heinrich Hertz, 1857~1894)의 이름을 딴 것입니다. 1헤르츠란 1초에 한 개의 꼭대기가 정해진 점을 통과한다는 뜻입니다. 집에 있는 가전 제품을 들여다보면 60Hz라고 써 있을 것입니다. 이것은 앞서 말한 대로 가정용 전기에서는 전류의 방향이 1초에 60번이 바뀐다는 뜻입니다.

자신의 방정식이 어떤 파동의 존재를 예견하고 있음을 안 맥스웰은 우선 이 파동들이 얼마나 빨리 움직이는가를 계산하기 시작했습니다. 그러고 나서 그는 이들의 속도가 어떤 힘, 그러니까 하나의 전하 또는 자석이 서로에게 미치는 힘에 좌우된다는 것을 알게 되었습니다. 이에 관한 수치들은 실험을 통해 이미 나와 있었으므로 그는 이들의 속도를 정확히 예측할 수 있었습니다. 그 결과 파동들은 1초에 30만 킬로미터의 속도로 움직인다는 계산이 나왔습니다. 이것은 물론 우리도 잘 알고 있는 빛의 속도입니다.

빛의 속도는 물리학에서 워낙 중요한 개념이므로 물리학자들은 이 값을 'c'라는 기호로 표시하기로 했습니다. 속도 자체가 자연의 법칙을 이루는 것은 이 빛의 속도 한 가지뿐입니다. 그리고 빛의 속도는 많은 기초 이론, 예를 들어 상대성 이론이나 유명한 상대성 이론의 방정식인 $E=mc^2$에서 핵심적 역할을 합니다. 이 값은 또한 다른 파동, 즉 엑스선이나 라디오파의 속도를 표시하는 데도 쓰입니다.

맥스웰의 계산에 따르면, 이 파동들은 공간 속을 이동하면서 서로 상대방을 만들어내는 전기장과 자기장으로 이루어져 있습니다. 그러니까 전자파의 진동수는 이 전자파를 만들어내는 두 개의 장이 얼마나 자주 진동하는가에 달려 있는 것이지요. 전기를 띤 빛을 공기 중에서 1초에 한 번씩 흔들면, 진동수가 1헤르츠, 파장이 30만 킬로미터인 전자파가 탄생합니다. 원자는 1초에 1조 번씩 진동하므로 파장이 수백분의 1센티미터인 파동을 만들어냅니다. 전자를 1초에 한 번 흔드는 것보다는 수조 번을 흔드는 것이 에너지가 더 들므로 진동수가 큰 파동이 더 큰 에너지를 지니는 것입니다. 그러나 중요한 것은 맥스웰의 방정식이 우리 눈에 보이는 가시광선뿐만 아니라 모든 진동수와 모든 파장에 전자파가 존재함을 예견했다는 사실입니다.

전자기 스펙트럼

바다의 파도를 생각해봅시다. 바다에는 잔물결과 높이가 몇 미터쯤 되는 파도, 그리고 대양을 가로지르는 조류에 이르기까지 여러 가지 움직임이 존재합니다. 이들은 근본적으로 같은 것들이고 단지 크기, 나타나는 횟수, 그리고 움직이는 물에 들어 있는 에너지의 양에서만 차이가 있을 뿐입니다. 여객선을 타고 바다를 항해하다 보면 우리는 이들 중 한 가지에만 익숙해지는데, 그것은 배를 위아래로 흔드는 파도입니다. 물론 주위에 다른 파도들도 존재하지만 승객은 그것을 깨닫지 못합니다.

전자기 방사, 즉 전자파도 마찬가지입니다. 우리의 눈은 여객선과 마찬가지로 아주 좁은 범위의 파장에만 반응합니다. 이 파장은 대략 원자를 몇천 개쯤 늘어놓은 것과 비슷한 길이(1센티미터의 400분의 1 정도)입니다. 그러나 우리 주변은 이보다 파장이 길거나 짧은 파동들로 가득 차 있습니다. 이 파동들의 집단 전체를 우리는 전자기 스펙트럼이라고 부릅니다. 모든 파동은 종류에 관계없이 1초에 30만 킬로미터의 속도로 움직이며 또한 모두 전자기장의 상호작용에 의해 생겨납니다.

자신의 발견을 통해 맥스웰은 빛의 신비를 벗겨냈을 뿐만 아니라 아주 실용적인 연구의 길을 열어주었습니다. 가시광선이 전자파의 극히 일부에 불과하다는 사실을 깨닫자마자 그는 더 파장이 길거나 짧은 다른 파동들이 존재한다는 가설을 세웠던 것입니다. 이 파동들은 우리가 오늘날 라디오파, 마이크로파, 적외선, 자외선, 엑스선, 감마선이라고 부르는 것들입니다.

이론상 전자파의 파장에는 제한이 없습니다. 진동수가 0인 것부터 무한대인 것까지 모든 종류의 파동이 존재할 수 있습니다. 그러나 현실적으로 우리는 파장이 수천 미터에 이르는 라디오파에서 원자핵보다도 짧은 감마선까지 제한된 범위 안의 전자파만을 감지할 수 있습니다. 과학자들과 엔지니어들은 파동이 어떻게 만들어지고 어떻게 감지되는가를 기준으로 하여 이 스펙트럼을 몇 개의 구역으로 나누었습니다.

• 라디오파

라디오파는 파장이 몇 미터부터 수천 킬로미터에 이르는 모든 전
자기 방사를 포함합니다. 만들어내기도 쉽고 감지하기도 쉬운 전자
파인 라디오파는 여러 가지 편리한 성격을 띠고 있습니다. 우선 다른
곳에 흡수되지 않고 공기 중을 날아갈 수 있고, 방금 말한 대로 만들
거나 감지하기도 쉽습니다. 이들 중 파장이 긴 것들은 지구의 곡면을
따라 구부러지면서 진행합니다. 그래서 라디오파는 통신에 이상적입
니다. 텔레비전을 보거나 라디오를 들을 때 우리는 라디오파에 실려
들어오는 신호를 받아들이는 것입니다.

라디오도 텔레비전도 큰 안테나에서 신호를 내보냅니다. 이 안테나
에서 전자가 앞뒤로 가속되는 일이 반복되어 전자파(electromagnetic
waves)가 생겨나는 것입니다. 모든 방송국은 '반송파'라고 하는 주파
수를 갖추고 있습니다. 라디오의 표면에 써 있는 숫자들은 바로 이

라디오파, 마이크로파, 가시광선, 엑스선은 모두
전자기 스펙트럼의 일부이다. 항상 우리를 둘러싸
고 있는 전자파는 전하가 가속하면 언제나 생겨난
다. 주파수는 1초당 수천(킬로헤르츠), 수백만(메가
헤르츠)으로부터 수조에까지 이른다.

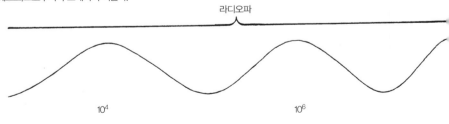

라디오파

10^4 10^6

주파수를 뜻합니다. 음악이나 사람의 말이 어떻게 이 반송파에 새겨지는가는 신호를 내보내는 방법에 따라 달라집니다. FM 방송사에서는 주파수를 약간 바꾸는 방법으로 신호를 만들고(주파수 변조), AM 방송에서는 신호의 세기를 바꿔서 신호를 만듭니다(진폭 변조). AM과 FM의 방법 차이를 플래시로 신호를 보내는 것에 비유하면 이렇습니다. 플래시의 빛을 밝게 했다 어둡게 했다 하는 것으로 신호를 만들면 AM이 되고, 플래시 빛의 색을 조금씩 바꿔서 신호를 만들면 FM이 되는 것이지요.

AM 방송이 쓰는 라디오파는 파장이 300미터쯤 되는데 이 정도면 지구의 곡면을 따라 구부러지기에 충분한 길이가 됩니다. 출력이 강한 방송국이면 라디오파를 수백 킬로미터까지 보낼 수 있고 다른 전자파들이 뜸해지는 밤 시간에는 특히 더 잘 들립니다. FM 방송에 쓰이는 라디오파의 파장은 몇 미터 정도입니다. 이런 파장의 라디오파는 지구의 곡면을 따라 구부러지지 않습니다. 따라서 FM 라디오파는 방송국으로부터 직선으로 도달할 수 있는 범위를 벗어나면 잘 잡

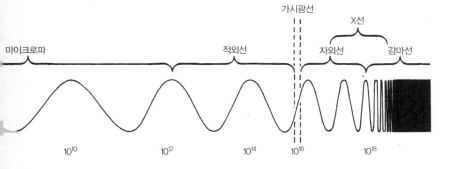

히지 않습니다. 차를 타고 시내에서 약 80킬로미터만 벗어나도 FM 방송이 거의 들리지 않는 것은 이런 이유 때문입니다.

전자파의 스펙트럼 중에서 라디오파는 상당히 큰 범위를 차지하지만 이 안에서 사용할 수 있는 채널의 수는 한계가 있습니다. 일정한 주파수로 라디오파를 발사하는 것은 방송국뿐만이 아닙니다. 선박, 항공기, 아마추어 무선사, 군대 및 경찰 등이 헤아릴 수 없이 많은 송수신기로 라디오파를 주고받습니다. 눈에는 보이지 않지만 이런 라디오파들은 세계적으로 엄청난 교통 혼잡을 빚고 있어 방송국들이나 송신기의 설치나 운영에 대해 엄격한 국제적 통제를 가하지 않으면 '전자파 혼란'이라고 할 만한 상태에 빠지게 될 것입니다. 그래서 국제전기통신연합(ITU)이나 미국연방통신위원회 같은 국가 차원 기관들의 임무 중 하나는 주파수를 잘 배분해서 같은 주파수가 여기저기 배정되지 않도록 하는 것입니다.

● 마이크로파

마이크로파는 전자파 중에서 파장이 약 2밀리미터에서 30센티미터 정도 사이의 것들을 말합니다. 이들 중 파장이 긴 쪽에 속하는 것들은 라디오파와 비슷한 특성이 많고 대기 중을 자유로이 통과하면서 정보를 실어 나를 수 있습니다. 그러나 마이크로파가 라디오파와 다른 점은 가늘고 좁은 파동의 흐름(빔, beam)으로 집중시킬 수 있어서 한 방향으로 강력한 신호를 보낼 수 있다는 점입니다. 또 이런 특성 때문에 마이크로파는 정보가 누설될 우려 없이 안테나에서 안테나로 몇 번씩 중계될 수 있어서 미국의 한쪽 끝에서 반대쪽 끝까지라도 신호를 전달할 수 있습니다. 게다가 마이크로파를 쓰면 라디오파보다 백 배 정도 많은 채널을 만들 수 있습니다.

여기서 중요한 것은 마이크로파가 지구의 곡면과 관계없이 직선으로 뻗어 나간다는 사실입니다. 따라서 중계 안테나는 직선으로 날아오는 마이크로파를 방해받지 않고 주고받을 수 있도록 높은 탑 위나 산꼭대기에 설치되어 있습니다. 실제로 마이크로파는 지상과 인공위성의 통신에 쓰이기도 합니다. 인공위성은 지상에서 날아온 전파를 받아서 지상의 다른 지점으로 보내줍니다. 미국에서는 장거리 전화의 상당 부분이 이런 방법으로 중계됩니다. 이것은 위성 텔레비전도 마찬가지입니다. 옥상이나 뒤뜰, 아니면 호텔 주차장에서 볼 수 있는 접시안테나는 고정 궤도 위에 있는 인공위성으로부터 마이크로파 신호를 잘 받을 수 있도록 방향이 세심하게 맞춰져 있습니다. 차량전화나 휴대전화도 마찬가지 방법으로 중계국과 각 전화기가 연결되어 있습니다. 채널 부족을 막기 위해 각 도시는 몇 개의 단위(셀, cell)로 구분되어 있고 셀마다 고유의 채널이 있어서 사용자가 한 셀에서 다른 셀로 이동하면 그에 따라 자동으로 채널을 바꿔줍니다.

2차 세계대전 이래 마이크로파는 항공기를 추적하는 데 필수적인 도구로 등장하였습니다. 레이더는 방향성이 뛰어난 마이크로파 펄스를 이용하는데, 이 마이크로파는 대기 중에 떠 있는 고체에 닿으면 반사되는 성질이 있습니다. 오늘날 가장 정밀한 레이더는 2킬로미터 정도 떨어진 곳에 있는 파리의 위치를 정확히 알아낼 수 있을 정도로 정밀하답니다.

가정용 마이크로파 오븐(전자레인지)은 매우 다른 방법으로 전자파를 이용합니다. 레인지 안에는 마그네트론이라는 진공으로 된 관이 있습니다. 이 관 안에서 전자가 움직입니다. 마그네트론 안에서는 전자가 1초에 24억 5천 번 진동해서 파장이 약 12센티미터 정도 되는 파동을 만들어냅니다. 오븐에 들어간 음식의 물 분자는 이 파동을 흡수하여 격렬한 진동을 시작합니다. 이것은 마이크로파가 방사하는 에너지가 분자의 운동 에너지로 바뀌기 때문이며 이 분자의 운동으로 생긴 에너지가 음식을 뜨겁게 만들어주는 것입니다.

• 적외선

전자기파 스펙트럼 중 적외선에 해당하는 부분은 파장이 780나노미터(1나노미터=10억분의 1미터)에서 2.5밀리미터 사이입니다. 파장이 긴 쪽은 마이크로파와 겹치며 짧은 쪽은 가시광선의 빨간색과 경계를 이룹니다. 따뜻한 물체는 모두 적외선을 방사합니다. 이를테면 모닥불을 쬘 때 우리의 몸은 타오르는 장작이 뿜어내는 적외선을 받고 있는 것이지요.

우리가 흔히 보는 적외선은 분자의 진동으로부터 나옵니다. 장작불 앞에 앉아 있으면 불타는 나무의 분자들이 격렬하게 진동해서 열에너지를 내놓습니다. 이 에너지는 빛의 속도로 날아 우리 피부에 흡수됩니다. 우리의 피부 분자가 진동을 시작해 신경세포를 자극하면 따뜻함을 느끼게 되는 것이지요. 적외선은 대기에 의해 쉽게 흡수되기 때문에 원거리 통신에는 적당하지 않습니다. 그 대신 텔레비전 리모컨을 비롯하여 신호가 짧은 거리만을 이동하면 되는 상황에서는 널리 쓰이고 있습니다. 그러나 우리 눈에 보이지는 않지만 모든 물체는 적외선을 방출합니다. 각각의 물체는 저마다 독특한 패턴으로, 이를테면 눈에 보이지 않는 '색'과 같은 형태로 적외선을 방사합니다. 야행성 동물들은 적외선에 의지해서 움직이고, 지구 궤도를 도는 적외선 카메라도 같은 성질을 이용합니다. 적외선을 눈에 보이는 영상으로 변환해주는 야간투시경도 마찬가지입니다. 이러한 장치들은 오늘날 군사용으로 널리 활용될 뿐만 아니라 자동차의 야간 운전 보조 장치로도 보급되어 있습니다.

• 가시광선

가시광선이 전자파 스펙트럼 전체에서 차지하는 위치는 매우 좁지만 우리 인간에게는 아주 중요합니다. 사람의 눈은 대략 파장이 400나노미터에서 700나노미터 정도 되는 전자기파를 감지할 수 있습니다. 이 정도면 원자 5천 개쯤을 나란히 놓은 길이가 됩니다. 이 가시광선은 다시 몇 가지의 색으로 분류됩니다. 빨강, 주황, 노랑, 녹색, 파랑, 남색, 보라색인데 이것은 무지개의 색과 같습니다. 이들 중 보라색의 파장이 가장 짧고(따라서 주파수와 에너지가 큽니다) 빨강이 가장 깁니다. 이 가시광선은 우리에게는 너무나 중요한 반면, 전자기 스펙트럼 안에서는 아주 하찮은 존재입니다.

• 자외선

자외선은 파장이 100~380나노미터인 전자파를 말하는데, 가시광선의 보라색 바로 다음 짧은 쪽에서 시작됩니다. 불가시광선인 자외선의 응용 범위는 매우 넓습니다. 대표적으로 연극이나 콘서트 무대에서 쓰이는 다채로운 형광 페인트는 자외선을 이용한 것입니다.

자외선 중 파장이 250나노미터 이하로 짧은 것은 세포를 부분적으로, 혹은 완전히 파괴할 정도로 강한 에너지를 지니고 있습니다. 그래서 이런 전자파들은 병원에서 기자재를 소독할 때 쓰입니다. 자외선은 대기 중에서 흡수되는데 오존층에 특히 많이 흡수됩니다. 그러나 일부는 오존층을 뚫고 지상에 도달해서 피부를 그을리거나 심하면 피부암까지도 일으킵니다.

이제 자외선에서 시작해서 전자파 스펙트럼 중 파장이 짧은 쪽, 그러니까 더 위험한 쪽으로 옮겨 가겠습니다.

● 엑스선

파장이 0.01나노미터에서 10나노미터 정도인 전자파는 엑스선이라고 불립니다. 1895년 우연히 발견된 엑스선은 수술을 하지 않고도 의사들이 사람의 몸속을 들여다볼 수 있게 해주어 진단의학에 혁명을 일으켰습니다.

병원에서 우리가 마주치는 엑스선 기계는 보통 큼직한 금속 덩어리인데, 칙칙한 녹색이나 회색으로 칠해져 있습니다. 이 기계의 내부는 밖에서 전혀 볼 수가 없지만 어떤 기계든 두 개의 기본 부품이 매우 진공도가 높은 공간에 들어 있습니다. 한쪽 끝에는 보통 전구에 들어 있는 것과 같은 가느다란 필라멘트가 있습니다. 이것이 높은 온도로 가열되면 강력한 전기장에 딸려 가는 지속적인 전자의 흐름을 만들어냅니다. 그리고 이 전자들은 가속되어 양전하를 띤 반대쪽의 금속판을 향해 날아갑니다. 전자들은 금속판에 부딪치면서 속도가 떨어지고 여기서 강력한 에너지의 전자파를 방출하는데 이것이 엑스선입니다.

엑스선이 물질을 뚫고 지나갈 수 있다는 사실은 의학에서만 쓸모 있는 것이 아니라 물질을 연구하는 데서도 아주 유용하게 쓰입니다. 예를 들어 엑스선이 물질의 결정(結晶)과 어떻게 상호작용을 하는지

를 연구하면 이 결정 안에 원자들이 어떻게 배열되어 있는가를 추리
해낼 수 있습니다.

• 감마선

사람이 측정할 수 있는 것은 중 가장 강력한 전자파인 감마선은
별 안에서 우주선(宇宙線, cosmic rays)의 형태로, 또는 방사성 원소
의 붕괴 과정에서 태어납니다. 감마선의 파장은 원자 하나의 지름보
다도 짧기 때문에 대부분의 고체를 뚫고 지나갈 수 있습니다. 이렇게
강력한 감마선은 암세포를 파괴하는 힘도 있어서 의학에서는 감마선
을 종양 치료에 이용하기도 합니다. 또한 감마선은 첨단 의학 실험에
도 쓰입니다.

새로운 분야

무선의 세계

과학자들은 지난 150년간 전기와 자기를 집중적으로 연구해 왔기 때문에 오늘날 이 분야의 기초 연구는 별로 이루어지지 않고 있습니다. 그렇다고 해서 전기와 자기라는 분야가 정체되어 있는 것은 아니고, 오히려 그 반대입니다. 전자기 스펙트럼 속의 파동을 통신에 이용하는 방법이 속속 새로 등장함에 따라, 놀라운 기술 발전과 함께 기술 문명이 발달한 나라들에서 삶의 방식이 크게 변해 가고 있습니다.

19세기까지만 해도 사람들은 직접 만나거나 편지를 통해 소식을 주고받았습니다. 그런데 1800년대에 전신과 전화가 발명되면서 상황이 바뀌었습니다. 역사상 최초로 멀리 떨어져 있는 사람들끼리 실시간으로 교신할 수 있게 된 것입니다. 그러나 이렇게 교신을 하려면 두 사람 사이에 물리적 연결 장치, 즉 구리로 된 전선이 깔려 있어야 했습니다. 1980년대까지만 해도 ARPANET(인터넷의 전신)을 쓰려면 컴퓨터들을 고속 전화망으로 연결해야 했습니다.

어떤 점에서 오늘날의 무선통신 기술은 마르코니(Guglielmo Marconi, 1874~1937)와 그가 했던 최초의 라디오 송신까지 거슬러 올라갑니다. 물론 지금 우리는 컴퓨터 기술('열쇠 7' 참조)을 이용하여 마르코니가 꿈도 못 꾸었을 정도로 대량의 데이터를 짧은 시간 안에 주고받을 수 있습니다. 오늘날의 와이파이 시스템은 컴퓨터 네트워크와 라디오파를 주고받으며 연결됩니다. 앞에서도 이야기한 것처럼 단거리 무선통신(예를 들어 같은 방에 있는 컴퓨터끼리의 연결)에는 적외선이 쓰입니다. 매우 넓은 지역을 커버하려면 위성에서 발사하는 마이크로파를 이용합니다. 과학자들은 무선통신의 성능을 강화하려 노력 중이며(최근 몇 년간 휴대전화의 발전을 생각해보세요) 심지어 전력을 무선으로 송신하는 기술을 상용화하려고 모색 중입니다. 이렇게 되면 노트북 컴퓨터나 휴대전화를 콘센트에 연결할 필요도 없어질 것입니다.

인터넷이 등장하기 전에 세상이 어떤 모습이었는지는 이제 기억을 떠올리기조차 힘듭니다. 무선의 세계가 20년 후 어떤 모습일지를 상상하는 것은 거의 불가능합니다.

열쇠 4

주기율표에 담긴 비밀

원자와 원소

아래에 적힌 물건들의 공통점은 무엇일까요?

코끼리

팬티스타킹

엠파이어 스테이트 빌딩

모래

사람의 왼쪽 귀

태평양

공기

두부

목성

맥주

이 책

답은 아주 간단합니다.

"모든 것은 원자로 되어 있다."

우리 눈에 보이는 모든 것—우리가 읽는 책, 먹는 음식, 숨 쉬는 공기—은 원자로 돼 있습니다. 원자는 모든 물질의 기본 구성 요소입니다. 그런데 이 원자는 세 가지 형태의 더 작은 입자로 이루어집니다. 양성자와 중성자가 원자핵을 이루고 전자는 원자핵 주위를 돕니다. 수소, 구리, 황, 우라늄처럼 여러 가지 화학 원소가 존재할 수 있는 것은 이 세 가지의 입자가 다양한 방법으로 결합하기 때문입니다.

원자의 존재를 어떻게 알 수 있을까?

원자가 존재한다는 것은 사실이지만 주위를 둘러보기만 해서는 그것을 알 수 없습니다. 원자는 워낙 작아서 백만 개의 원자를 한 줄로 세워놓아도 이 책에 있는 마침표 크기밖에 되지 않을 것입니다. 조그만 핀 끝에만 해도 10^{18}개 정도의 원자가 있습니다.

원자라는 개념을 처음으로 생각한 사람은 기원전 5세기경에 살았던 그리스의 철학자 데모크리토스(Democritos, BC 460?~BC 370?)입니다. 그의 이야기는 대략 이렇습니다. 여기 칼이 하나 있고 치즈도 한 조각 있다고 합시다. 치즈의 한 귀퉁이를 잘라내고 그 떨어져 나온 부분을 또 자릅니다. 잘린 것을 또 자르는 일을 반복해 나가면 치즈의 가장 작은 부분, 즉 치즈 원자에 도달하거나 아니면 도달하지 못하거나 둘 중 하나일 것입니다.

집을 짓는 것을 예로 들어봅시다. 우리는 벽돌을 쌓아 올리거나 콘크리트를 부어서 집을 짓습니다. 그런데 멀리서 보면 벽돌 집인지 콘크리트 집인지 알기 어렵습니다. 철학적인 근거에서 데모크리토스는 가장 작은 조각이 존재해야 한다고 주장했습니다. 그리고 그것에 'atom(아톰)'이라는 이름을 붙였는데 이것은 더는 자를 수 없다는 뜻입니다.

현대적 개념의 원자 이론을 최초로 내놓은 사람은 19세기 영국의 과학자인 돌턴(John Dolton, 1766~1844)입니다. 돌턴은 실험실에서 실험을 하다가 원자가 존재할 수밖에 없다는 결론에 도달했습니다. 당시에 과학자들은 실험 대상이 되는 물질을 태우거나 산성 용액 속에 집어넣거나 아니면 다른 방법으로 잘라 나갈 수 있다는 사실을 발견했습니다. 그런데 가끔은 더는 자를 수 없는 물질과 마주쳤습니다. 돌턴은 산소, 금, 황, 철 같은 더는 자를 수 없는 물질들을 '원소'라고 불렀습니다.

많은 화합물들은 원소의 구성비가 아주 정확합니다. 물은 북극해에서 떠온 것이든, 열대 지방의 빗물이든, 증류수이든 간에 산소와 수소의 무게비가 정확히 8:1입니다. 그래서 돌턴은 각 화학 원소는 그 자신의 원자로 대표되며 이 원자들이 단순한 방법으로 결합하는 것이라고 추측했습니다. 예를 들면 물이 수소 원자 두 개와 산소 원자 하나로 되어 있듯이 말이지요.

19세기 전체와 20세기 초에 걸쳐 원자란 실제로 존재하는가, 아니면 하나의 개념인가를 두고 논쟁이 계속되었습니다. 물질은 정말로 원자로 이루어진 것인가, 아니면 그런 것처럼 보일 뿐인가에 대한 논쟁이었습니다. 원자는 너무 작아서 눈에 보이지 않기 때문에 원자의 존재 여부를 논쟁하는 것은 멀리서 흰 페인트로 칠한 집을 보면서 그집이 벽돌 집인가 콘크리트 집인가 입씨름을 하는 것과 같습니다.

아인슈타인은 1905년 '브라운 운동'이라는 현상을 설명함으로써 이 논쟁에 종지부를 찍었습니다. 조그마한 입자, 예를 들어 하나의 꽃가루를 액체 중간에 떠 있게 하고 현미경으로 관찰하면 불규칙하게 운동하는 꽃가루를 볼 수 있습니다.

아인슈타인은 이 꽃가루가 주변의 원자와 충돌하기 때문에 운동을 하는 것이라고 설명하였습니다. 원자의 존재를 상상하는 것만으로는 운동을 일으킬 수 없으므로 원자는 현실로 존재하는 것이 틀림없다고 주장했던 것입니다. 오늘날엔 특수한 현미경을 써서 원자 하나하나의 사진을 찍을 수가 있으므로 이 논쟁은 이제 의미가 없어졌습니다.

오늘날 과학자들은 원자 속의 작은 입자가 그보다 더 작은 '쿼크(quark)' 같은 입자로 되어 있는지, 아니면 그보다도 작은 '끈(string)'

이라는 물질로 되어 있는지, 그것도 아니면 그저 그렇게 보이도록 움직일 뿐인가를 놓고 자주 논쟁을 벌이곤 합니다. 이런 모습을 보면 원자를 둘러싼 옛날의 논쟁이 떠오르기도 합니다.

원자의 구조

원자의 모습은 태양계를 닮았습니다. 가운데에 있는 큰 핵은 태양에 비유될 수 있고 주변을 도는 전자들은 행성에 해당합니다. 핵은 양전기를 띠고 있고 전자는 음전기를 띠고 있어서 이들 사이의 전기적 인력이 원자 하나의 구조를 유지해줍니다.

핵

핵은 좀 특이한 존재입니다. 한 개의 원자에서 핵이 차지하는 무게는 99.9%나 되지만 부피의 비율은 1조분의 1밖에 되지 않습니다. 원자핵은 주로 양성자와 중성자가 서로 단단히 얽힌 덩어리입니다. 양성자와 중성자는 무게가 거의 같으며 각각 전자 무게의 약 1,860배가 됩니다. 그러나 이들이 전자보다 질량이 매우 크다는 사실에 현혹되어서는 안 됩니다. 왜냐하면 물 한 방울을 만드는 데도 6×10^{23}개의 원자가 필요하기 때문입니다.

양성자는 원자의 특징을 결정합니다. 각각의 양성자는 +1가의 양전하를 띠고 있으며 따라서 원자핵 속에 들어 있는 양성자의 수가 그 원자의 전기적 특성을 결정합니다. 화학 원소는 이 양성자의 수, 즉 '원자번호'에 의해 정의됩니다. 금의 원자에는 정확히 79개의 양성자가 들어 있습니다. 헬륨, 탄소, 산소, 철에는 각각 정확히 2, 6, 8,

26개의 양성자가 들어 있습니다. 원자번호를 결정하는 데 다른 입자들의 수는 아무런 상관이 없습니다. 자연계에 존재하는 원소는 1번(수소)부터 94번(플루토늄)까지 있습니다. 이들은 지구의 바위, 물, 혹은 공기 중에 존재합니다. 이 90여 개의 원소 중 약 50개 정도가 우리가 태어나서 죽을 때까지 항상 접하는 물질들을 만들어냅니다.

번호가 94보다 큰 원소들은 물리학 실험실에서 특수한 장치를 사용하여 만들어낼 수는 있지만 이 '무거운 원소'들은 매우 불안정해서 수명이 아주 짧습니다. 이 원소들 중에는 유명한 물리학자들의 이름을 따서 명명된 것들도 있습니다. 예를 들면 버클륨(97번), 아인슈타이늄(99번), 페르뮴(100번) 등이 그것들입니다.

중성자의 질량은 양성자와 거의 같지만 전하를 띠지 않기 때문에 원자의 구조나 다른 원자와의 상호작용에는 거의 영향을 끼치지 않습니다. 그러나 중성자는 핵을 한 덩어리로 뭉쳐 있게 하는 중요한 역할을 하며 원자의 질량을 구성하는 데는 양성자만큼 중요합니다.

사실 과학자는 중성자의 수를 알기 위해 이런 방법을 사용합니다. 우선 원자의 무게를 달아보고 이미 알고 있는 양성자의 무게를 뺍니다. 그러면 나머지가 중성자의 무게가 되는 것이지요.

원자핵 속에 있는 중성자의 수는 0(거의 대부분의 수소 원자)부터 140 이상(가장 무거운 원소들)에 이르기까지 다양합니다. 우리가 가장 흔히 접하는 원자들은 양성자와 중성자의 수가 비슷합니다. 예를 들어 탄소 원자핵에는 양성자와 중성자가 각각 여섯 개씩 들어 있고, 산소에는 여덟 개씩 들어 있습니다. 좀 무거운 원소에서는 중성자의 수가 약간 많습니다. 철(양성자 26개, 중성자 30개), 백금(양성자 78개, 중성자 117개) 같은 원소가 그렇습니다.

어떤 화학 원소의 원자핵 속에는 항상 똑같은 수의 양성자가 있지만 같은 원소라도 중성자의 수는 다를 수 있습니다. 탄소에는 양성자와 중성자가 각각 여섯 개씩 들어 있다고 말했지만 탄소 원자 중 어떤 것은 양성자 여섯 개와 중성자 여덟 개가 들어 있기도 합니다. 양성자의 수가 여섯 개라는 사실은 변함이 없으므로 이 원자는 여전히 탄소 원자이지만 보통 탄소보다 무게가 좀 더 나갑니다. 이렇게 같은 원소이면서 중성자의 수가 다른 것을 그 원소의 동위원소라고 합니다.

그래서 과학자들은 보통 양성자와 중성자의 수를 합한 값을 원소 이름 뒤에 붙여서 동위원소와 구별합니다. 그래서 보통 탄소는 탄소 12(C-12), 탄소의 동위원소는 탄소 14(C-14)라고 부릅니다.

전자

우리는 음전기를 띠고 있는 입자인 전자에 대해 이미 알아보았습

니다. 전자는 매우 작아서 무게가 양성자나 중성자의 1,860분의 1밖에 되지 않습니다. 원자핵의 크기가 농구공만 하고 무게는 2킬로그램 정도 된다고 합시다. 그러면 전자는 몇 킬로미터 밖에서 공의 주위를 도는 파리에 비유될 수 있을 것이고, 이 반지름 몇 킬로미터의 공간 안에는 아무것도 없습니다. 사실 겉보기에는 꽉 찬 것으로 보이는 '고체'를 구성하는 원자들은 이렇게 텅 비어 있습니다.

원자가 전기적으로 중성이 되려면 핵의 주위를 도는 전자의 수가 핵 속에 있는 양성자의 수와 정확히 같아야 합니다. 그런데 가끔 충돌이나 어떤 다른 이유 때문에 원자가 전자를 잃거나 얻는 경우가 있습니다. 이렇게 전자의 수가 양성자의 수와 달라지면 전기적 중성을 잃게 됩니다. 이처럼 전기적으로 중성이 아닌 원자는 이온이라고 부릅니다. 예를 들어 형광등 안 기체 속에 있는 원자는 충돌로 인해 전자가 원자로부터 떨어져 나가기 때문에 자주 이온으로 바뀌곤 합니다.

우리가 알아야 할 것들

이 책에서는 전문용어를 쓰지 않으려고 애를 많이 썼지만 과학적 문맹 상태를 벗어나기 위해서는 꼭 알아야 할 단어가 몇 개 있습니다. 원자에 관련된 단어들을 아래에 정리해놓았습니다. 이 단어들은 요즘 대중매체에 자주 등장하는 핵 폐기물, 원자로, 초전도체, 전자공학의 발달 등을 이해하는 데 꼭 필요한 용어입니다.

원자 : 모든 사물을 구성하는 기본 요소.

핵 : 원자 한가운데 있는 무거운 덩어리, 양성자와 중성자로 되어 있다.

양성자 : 핵을 구성하는 입자로서 양전하를 띤 것. 원자의 성질은 이 양성자의 수에 따라 달라진다.

중성자 : 핵을 구성하는 입자로서 전기적으로 중성.

전자 : 음전하를 띠고 핵의 주위를 도는 입자.

원소 : 화학적인 방법으로는 더 이상 쪼갤 수 없는 물질. 즉 양성자의 수가 정확히 알려진 원자. 앞서 말한 대로 탄소에는 항상 여섯 개의 양성자가 들어 있다.

동위원소 : 양성자와 중성자의 수가 정확히 알려진 원소. 탄소의 동위원소인 탄소 14에는 항상 양성자 여섯 개와 중성자 여덟 개가 들어 있다. 어떤 원소와 그 동위원소들의 화학적 특성은 같다.

이온 : 전자를 잃거나 얻어서 전하를 띠게 된 원자.

보어의 원자와 양자 도약

음전하를 띤 전자가 양전하를 띤 핵의 주위를 도는 모습은 행성들이 태양의 주위를 도는 모습과도 비슷하지만 전자와 행성들 사이에는 중요한 차이가 한 가지 있습니다. 지구와 같은 행성은 태양으로부터 항상 일정한 거리를 유지할 필요가 없습니다. 지구의 궤도가 3미터쯤 태양에 가깝거나 1만 5천 킬로미터쯤 멀다고 하더라도 이것은 물리학의 법칙에 어긋나는 것은 아닙니다.

그러나 전자는 정확히 정해진 길만을 가야 하고 그 길을 벗어나면 어디에서도 전자를 찾아 볼 수 없습니다. 이렇게 '허용된' 에너지 수준은 특정한 에너지 값과 일치합니다. 그래서 원자 속에 들어 있는 전자의 에너지는 정확하게 결정되어 있는 것입니다.

전자는 '양자 도약(quantum leap)'이라는 방법으로 한 궤도에서 다른 궤도로 옮겨 갑니다. 이 현상은 설명하기가 아주 곤란합니다. 전자는 궤도 사이의 공간을 가로지르지 않고도 한 궤도에서 사라졌다가 다른 궤도에서 나타납니다. 사람이 계단을 올라가는데 아래 계단에서 사라졌다가 바로 위의 계단에서 나타나는 식으로 올라갈 수 있다고 한다면 정신 나간 이야기로 들릴 것입니다.

그러나 아주 작은 세계, 엄청나게 큰 세계, 그리고 매우 빠른 속도로 움직이는 물체에는 우리의 일상생활을 지배하는 법칙들이 적용되지 않습니다. 사실 원자 안에서 일어나는 현상 대부분은 일상생활 속의 현상들과는 완전히 동떨어져 있습니다.

앞서 말한 대로 전자의 에너지 값은 각각의 상태마다 다르기 때문에 전자가 한 궤도에서 다른 궤도로 옮겨 가려면 에너지를 내놓거나

받아들여야 합니다. 전자는 바깥쪽 궤도에서 안쪽 궤도로 이동할 때 전자파의 형태로 에너지를 방출합니다. 원자에서 가시광선이 나오는 이유는 이 때문입니다. 앞 장에서, 가시광선 즉 빛도 전자파의 일종이라고 이야기한 것을 여러분은 기억할 것입니다. 이렇게 방출된 빛에너지의 값은 두 궤도 사이의 에너지 값의 차이와 정확히 일치합니다. 마찬가지로 원자가 빛을 흡수하거나 다른 원자와 충돌해서 에너지를 얻으면 그 에너지는 전자로 전달되고 이 전자는 더 바깥쪽 궤도로 옮겨 갑니다.

이렇게 전자가 에너지를 얻거나 잃어서 궤도 사이를 왔다갔다 하는 것을 '보어의 원자'라고 부릅니다. 덴마크 물리학자 닐스 보어(Niels Bohr, 1885~1962)가 1912년에 이 가설을 발표했습니다.

멘델레예프의 주기율표

물질이 무엇으로 이루어졌는가를 연구하는 과정에서 화학자들은 중요한 사실을 발견했습니다. 그것은 어떤 물질, 예를 들어 나뭇조각이든 돌멩이든 아무것이나 다른 물질로 분해할 수 있다는 사실이었습니다.

나무를 태우면 이산화탄소, 물, 그리고 몇 가지 무기물 재가 나옵니다. 이들은 적절한 방법만 쓰면 더 작은 단위로 분해할 수 있습니다. 탄소, 수소, 산소 등이 그것입니다. 그런데 아무리 애를 써도 화학자들은 탄소나 산소를 더 낮은 단위까지 분해할 방법을 찾을 수 없었습니다. 이들은 물질을 구성하는 기본 요소이기는 하지만 더는 분해될 수 없는 것으로 보였던 것입니다. 그래서 학자들은 이것들을 '원소'라고 부르기로 하였습니다. 18세기 말까지 알려진 원소의 수는 26개였지만 오늘날에는 100여 개로 늘어났습니다.

원소에는 저마다 이름이 있습니다. '수소(Hydrogen)'는 '물을 만드는 요소'라는 뜻의 프랑스어에서 왔는데 이 이름을 보면 이 원소가 어떻게 발견되었는지 알 수 있습니다. 우리는 보통 원소의 이름을 알파벳 한두 자로 된 약자로 표기합니다. 예를 들면 수소는 H, 산소는 O, 칼슘은 Ca로 표기합니다.

화학자들은 모든 원소들을 한 장의 표로 체계화시켰습니다. 이 표를 주기율표라고 합니다. 각각의 원소는 정해진 자리가 있고 왼쪽에서 오른쪽으로 가면서 원자번호가 늘어납니다. 그리고 위에서 아래로 같은 줄에 들어 있는 원소들은 화학적으로 비슷한 성질을 지닙니다. 그래서 같은 수직 기둥 속에 자리잡고 있는 원소들은 비슷한 화

표기법 :

원자 번호
기호
원소명 (국문)
원자량

1																	2
H 수소 [1.007; 1.009]																	**He** 헬륨 4.003
3 **Li** 리튬 [6.938; 6.997]	4 **Be** 베릴륨 9.012											5 **B** 붕소 [10.80; 10.83]	6 **C** 탄소 [12.00; 12.02]	7 **N** 질소 [14.00; 14.01]	8 **O** 산소 [15.99; 16.00]	9 **F** 플루오린 19.00	10 **Ne** 네온 20.18
11 **Na** 나트륨 22.99	12 **Mg** 마그네슘 24.31											13 **Al** 알루미늄 26.98	14 **Si** 규소 [28.08; 28.09]	15 **P** 인 30.97	16 **S** 황 [32.05; 32.08]	17 **Cl** 염소 [35.44; 35.46]	18 **Ar** 아르곤 39.95
19 **K** 칼륨 39.10	20 **Ca** 칼슘 40.08	21 **Sc** 스칸듐 44.96	22 **Ti** 타이타늄 47.87	23 **V** 바나듐 50.94	24 **Cr** 크로뮴 52.00	25 **Mn** 망가니즈 54.94	26 **Fe** 철 55.85	27 **Co** 코발트 58.93	28 **Ni** 니켈 58.69	29 **Cu** 구리 63.55	30 **Zn** 아연 65.38(2)	31 **Ga** 갈륨 69.72	32 **Ge** 저마늄 72.63	33 **As** 비소 74.92	34 **Se** 셀레늄 78.96(3)	35 **Br** 브로민 79.90	36 **Kr** 크립톤 83.80
37 **Rb** 루비듐 85.47	38 **Sr** 스트론튬 87.62	39 **Y** 이트륨 88.91	40 **Zr** 지르코늄 91.22	41 **Nb** 나이오븀 92.91	42 **Mo** 몰리브데넘 95.96(2)	43 **Tc** 테크네튬	44 **Ru** 루테늄 101.1	45 **Rh** 로듐 102.9	46 **Pd** 팔라듐 106.4	47 **Ag** 은 107.9	48 **Cd** 카드뮴 112.4	49 **In** 인듐 114.8	50 **Sn** 주석 118.7	51 **Sb** 안티모니 121.8	52 **Te** 텔루륨 127.6	53 **I** 아이오딘 126.9	54 **Xe** 제논 131.3
55 **Cs** 세슘 132.9	56 **Ba** 바륨 137.3	57~71 란타넘족	72 **Hf** 하프늄 178.5	73 **Ta** 탄탈럼 180.9	74 **W** 텅스텐 183.8	75 **Re** 레늄 186.2	76 **Os** 오스뮴 190.2	77 **Ir** 이리듐 192.2	78 **Pt** 백금 195.1	79 **Au** 금 197.0	80 **Hg** 수은 200.6	81 **Tl** 탈륨 [204.3; 204.4]	82 **Pb** 납 207.2	83 **Bi** 비스무트 209.0	84 **Po** 폴로늄	85 **At** 아스타틴	86 **Rn** 라돈
87 **Fr** 프랑슘	88 **Ra** 라듐	89~103 악티늄족 actinoids	104 **Rf** 러더포듐	105 **Db** 더브늄	106 **Sg** 시보귬	107 **Bh** 보륨	108 **Hs** 하슘	109 **Mt** 마이트너륨	110 **Ds** 다름슈타튬	111 **Rg** 뢴트게늄	112 **Cn** 코페르니슘		114 **Fl** 플레로븀		116 **Lv** 리버모륨		

57 **La** 란타넘 138.9	58 **Ce** 세륨 140.1	59 **Pr** 프라세오디뮴 140.9	60 **Nd** 네오디뮴 144.2	61 **Pm** 프로메튬	62 **Sm** 사마륨 150.4	63 **Eu** 유로퓸 152.0	64 **Gd** 가돌리늄 157.3	65 **Tb** 터븀 158.9	66 **Dy** 디스프로슘 162.5	67 **Ho** 홀뮴 164.9	68 **Er** 어븀 167.3	69 **Tm** 툴륨 168.9	70 **Yb** 이터븀 173.1	71 **Lu** 루테튬 175.0
89 **Ac** 악티늄	90 **Th** 토륨 232.0	91 **Pa** 프로트악티늄 231.0	92 **U** 우라늄 238.0	93 **Np** 넵투늄	94 **Pu** 플루토늄	95 **Am** 아메리슘	96 **Cm** 퀴륨	97 **Bk** 버클륨	98 **Cf** 캘리포늄	99 **Es** 아인슈타이늄	100 **Fm** 페르뮴	101 **Md** 멘델레븀	102 **No** 노벨륨	103 **Lr** 로렌슘

학 반응을 보이고 비슷한 화합물들을 만들어내는 것입니다. 세계 어디서든 화학 강의실 벽에서 찾아볼 수 있는 이 주기율표는 러시아의 물리학자인 드미트리 멘델레예프(Dmitri Mendeleyev, 1834~1907)가 1869년 처음으로 만들어냈습니다. 그는 처음에 질량에 따라 원소를 배열하면 왜 주기적으로 비슷한 화학적 성질이 나타나는지 잘 이해하지 못했지만 어쨌든 그렇게 보였습니다.

멘델레예프가 처음 이 표를 만들었을 때는 원소 두 개의 자리가 비어 있었습니다. 이들은 저마늄(게르마늄)과 스칸듐인데 이름으로 알 수 있는 것처럼 독일과 스웨덴에서 발견되었습니다. 이들이 발견되었다는 사실은 멘델레예프의 주기율표가 보여주는 주기적 특성을 뒷받침해주는 좋은 증거입니다.

오늘날 우리는 이 원소들이 가로, 세로로 그룹을 이루고 있다는 사실을 알고 있습니다. 이렇게 분류가 가능한 것은 전자들이 보어 에너지 수준에 따라 자신에게 허용된 전자각(electron shell, 전자 껍질이라고도 한다)에 들어앉기 때문입니다. 그리고 전자들은 너무 가까운 거리에서 함께 존재할 수 없습니다. 하나의 주차 공간에 두 대의 차를 세울 수 없는 것처럼 두 개의 전자도 같은 공간을 차지할 수 없습니다. 이것을 '배타 원리'라고 부릅니다. 왜냐하면 한 전자의 존재가 다른 전자의 존재를 거부하기 때문이지요.

가장 낮은 전자각, 그러니까 핵에서 가장 가까운 각에는 전자의 자리가 두 개밖에 없습니다. 따라서 전자가 하나인 수소와 두 개인 헬륨은 가장 낮은 각에서만 전자를 지니는데 이렇게 되면 이 궤도는 '닫히게' 됩니다. 즉, 헬륨의 궤도는 '만원'이 된 것이지요. 원자번호 3번인 리튬은 전자 세 개를 갖고 있으므로 세 번째 전자는 두 번째 낮은 각에 들어가야 합니다. 그래서 리튬은 수소처럼 가장 바깥쪽 각에 하나의 전자만을 지닙니다. 이것 때문에 수소와 리튬은 화학적으로 성질이 비슷합니다.

두 번째 각과 세 번째 각은 각각 자리를 여덟 개씩 갖고 있습니다. 리튬은 두 번째 각에 전자 하나가 있고 원자번호 4번인 베릴륨은 두 개, 5번인 붕소는 세 개…… 이런 식으로 10번인 네온에 이르면 두 번째 각에 있는 자리 여덟 개가 모두 채워집니다. 그러면 그 다음 원소부터는 전자각이 하나 더 필요해집니다.

이 다음 원소인 나트륨(소듐)은 원자번호가 11번인데 당연히 양성자 11개, 전자 11개가 들어 있습니다. 주기율표를 보면 수소 아래에 리튬이 있고 그 아래에 나트륨이 있어서 이들이 모두 같은 수직 기둥에 속해 있음을 알 수 있습니다. 그 아래에는 칼륨(포타슘), 루비듐, 세슘, 프란슘 등이 있는데, 이 원소들은 모두 가장 바깥쪽 각에 전자 하나만 있습니다.

5장에서 다루게 될 양자역학을 이용해서 우리는 각각의 전자각에서 전자가 차지할 수 있는 자리가 몇 개나 되는가를 예측할 수 있습니다. 바로 이 계산 방법이 주기율표를 뒷받침하는 궁극적인 증거가 되는 것이지요.

새로운 분야

원자의 사진 촬영

현대 과학에서 가장 놀라운 분야 중의 하나는 현미경의 눈부신 발달입니다. 어떤 현미경은 물질 속에 들어 있는 원자 하나의 사진도 찍을 수 있습니다. 가장 발달된 현미경은 주사투과현미경(scanning tunneling microscope, STM)인데 정밀하게 위치를 잡아놓은 조그마한 점과 물질 표면의 원자 사이를 흐르는 전류를 측정하는 방법으로 작동합니다. 둘 사이의 거리가 가까울수록 전류의 값은 커집니다. STM 사진을 보면 물질 표면의 원자를 하나씩 볼 수 있을 정도로 정교합니다.

현미경의 성능이 향상되고 과학자들이 우리 주변에 있는 물질—금속, 플라스틱, 종이, 피부, 기타 모든 것—의 표면에 대해 더 많이 알게 됨에 따라 우리는 더욱 멋진 원자 사진을 기대할 수 있게 되었습니다.

초중량급 원자

자연 상태에서 찾아볼 수 있는 원소는 원자번호 94번인 방사성 원소 플루토늄까지입니다. 하지만 과학자들은 실험실에서 덜 무거운 원소들을 서로 충돌시켜 이들을 결합하는 방법으로 인공적인 초중량급 원자들을 ('플레로븀'이라는 이름이 붙은) 114번까지, 이어서 118번까지 만들어냈습니다. 예를 들어 러시아의 두브나에 있는 합동원자핵연구소(JINR)에서 연구 팀은 칼슘-48의 원자 빔을 플루토늄-244 원자들을 향해 발사해서 원자번호 114번 원소가 잠시나마 존재하게 하는 데 성공했습니다. 이렇게 거대한 원소들은 양성자와 중성자가 워낙 많아서 핵이 불안정하므로 탄생 후 몇 초 만에 더 작은 원소들로 쪼개집니다. 어떤 학자들은 원자번호가 120에서 130 근처까지 가면 몇 개의 안정된 원소를 찾아낼 수 있으리라고 추측합니다. 이들의 생각이 옳다면 21세기 후반의 주기율표는 오늘날의 주기율표보다 훨씬 길어질 것입니다.

신이 던진 주사위

양자의 세계

'quantum'이라는 단어는 이제 일반인들에게도 낯익은 것이 되었습니다. '양자 도약(quantum leap)'도 이제는 흔한 표현이 되었습니다. 물리학과는 아무런 상관이 없는 데서 많이 쓰이고 있는 것도 사실입니다(quantum leap에는 '비약적인 발전'이라는 의미도 있습니다).

대부분의 과학자들은 양자역학을 자신의 연구에 직접 활용하지 않으며, 활용하는 사람들도 보통은 아원자의 세계를 파악하는 수학적 도구 정도로 생각합니다. 물론 이 과정에서 과학자들은 이 도구가 눈에 보이는 세계에 대한 우리의 생각과 일치하지 않는 점에 대해서는 별 신경을 쓰지 않습니다.

양자역학을 생각할 때는 두 가지 중요한 점을 염두에 두어야 합니다. 첫째, 아무리 해괴하게 보여도 양자역학은 쓸모가 있습니다. 사실 미국 국민총생산의 약 3분의 1 정도가 궁극적으로 양자역학에 기반을 두고 산출된다고 생각됩니다. 둘째, 양자역학의 세계는 우리가 살고 있는 뉴턴적 세계와는 전혀 다르다는 사실입니다. 아마 인간의 뇌는 양자역학을 이해하도록 설계되어 있지 않은 모양입니다. 그러나 양자역학의 배후에 있는 두 가지 기본 개념, 그러니까 과학적 교양을 위해 알아야 할 것들은 상당히 단순합니다.

"원자와 그 구성 요소들은 '양자'의 형태로 나타나며, 변화를 가하지 않고서는 측정할 수 없다."

이 두 개의 원리는 원자, 원자 안에 들어 있는 입자, 또 그것을 구성하는 요소들이 어떻게 움직이는지를 설명해줍니다.

보이지 않는 세계의 물리 법칙

양자역학은 원자와 그 구성 요소들의 움직임을 연구하는 분야입니다. 'quantum'이라는 단어는 라틴어에서 온 것으로 '아주 많음' 또는 '뭉치'라는 뜻이고, '역학(mechanics)'은 오래 전부터 '운동에 관한 연구'라는 뜻으로 쓰여 온 단어입니다. 따라서 양자역학은 '작은 뭉치 단위로 움직이는 것들의 운동에 대한 연구'라는 의미가 됩니다.

전자 같은 입자는 '양자'의 형태로만 나타납니다. 그러니까 전자한 개, 두 개, 세 개는 있어도 전자 1.5개, 2.7개 같은 것은 없습니다. 우리가 보통 연속된 흐름으로 생각하는 빛도 이 원칙에 따라 한 단위를 이루는 뭉치로 되어 있고 이 뭉치는 '광자(photon)'로 불립니다. 〈스타 트렉〉이라는 공상과학 영화를 보면 '광자 어뢰'가 나오는데 이 것을 생각하면 이해하기 쉬울 것입니다.

그런데 에너지처럼 양으로만 측정되는 것, 그리고 전자가 얼마나 빨리 회전하는가 하는 것도 양자역학의 법칙을 따른다고 생각하면 오히려 이해하기가 어려워집니다. 하지만 이것은 사실입니다. 양자역학의 세계에서 모든 것은 양자화하여 항상 일정한 단계에 따라 늘거나 줄거나 합니다.

이러한 양자들의 움직임이 처음엔 이상하게 보입니다. 얼른 생각하기에 이들은 아주 조그만 당구공처럼 움직일 것 같습니다. 즉, 아주 작은 세계에서도 입자들은 당구대 위에서 구르고 부딪치고 하는 공들처럼 움직일 것이라고 상상할 수 있습니다. 그러나 사실은 그렇지 않습니다. 우리의 상상이 빗나갔다고 해서 자연이 이상한 것은 아닙니다. 자연은 원래 그렇게 생긴 것이고, 당구공 수준에서는 '정상' 인 것이 원자 수준의 세계에서는 '비정상'이 되는 것이 자연의 법칙입니다.

하이젠베르크의 불확정성 원리

양자의 세계에서 특히 신기한 것은 '불확정성 원리'입니다. 이 원리는 발견자인 독일의 물리학자 베르너 하이젠베르크(Werner Heisenberg, 1901~1976)의 이름을 따서 '하이젠베르크의 불확정성 원리'라고도 불립니다. 불확정성 원리를 간단하게 이해하려면 우리가 어떤 물체를 '본다'는 것이 어떤 것일까를 생각해보면 됩니다. 예를 들어서 이 책에 있던 글자를 보려면 광원(태양이나 형광등)에서 나온 빛이 책에서 반사되어 우리 눈에 도달해야 합니다. 그러면 망막은 복잡한 화학적 과정을 거쳐서 이 빛 에너지를 신경신호로 바꿔 뇌로 전달합니다.

우선 빛과 책 사이의 상호작용을 생각해봅시다. 우리가 책을 읽고 있는 이 순간에도 수없이 많은 광자가 책을 때리고 튀어나오는데도 불구하고 광자에 맞은 책이 움찔 물러나는 것은 우리 눈에 보이지 않습니다. 이것이 뉴턴식의 측정 방법입니다. 고전 물리학에서는 어떤 측정 행위(여기서는 빛이 책을 때리고 튀어나오는 것)가 어떤 식으로든 측정 대상물에 영향을 미치지 않는다고 가정합니다. 광자의 무한히 작은 에너지와 책을 움직이는 데 필요한 에너지의 양을 비교할 때 이것은 합리적인 가정이라 할 수 있습니다. 사실 야구 경기 도중에 사람들이 플래시를 터뜨려 사진을 찍는다고 해서 공이 공중에서 춤을 추거나, 방에 불을 켠다고 해서 가구들이 펄쩍 뛰는 일은 일어나지 않습니다.

그런데 이렇게 쉽고 합리적인 뉴턴의 방법이 그 작은 세계에서도 적용될까요? 이 책을 보는 것과 똑같은 방법으로 전자를 '볼' 수 있을까요?

잠깐만 생각해보면 '본다는 것'과 '전자를 본다는 것' 사이에는 근본적인 차이가 있음을 알 수 있습니다. 우리는 반사되어 튀어나오는 빛으로 책을 보지만 이 빛이 책에 미치는 영향은 무시할 수 있을 정도입니다. 그런데 어떤 전자(아니면 다른 입자)를 전자에 충돌시켜서 그 전자를 보려고 한다면 관찰 대상이 되는 입자와 관찰의 수단이 되는 입자가 비슷하기 때문에 둘 사이의 상호작용으로 관찰 대상이 되는 입자는 변화를 겪을 수밖에 없습니다. 우리가 당구공을 보기 위해서는 반드시 다른 당구공으로 그 당구공을 쳐야 한다고 상상한다면 이해하기 쉽겠지요.

양자 수준에서의 측정을 이해하는 데 도움을 줄 만한 비유가 또

하나 있습니다. 여기 길고 어두운 터널이 있다고 칩시다. 그리고 그
안에 차가 한 대 있는지 알아내야 한다고 합시다. 우리가 터널 안으
로 직접 들어가 볼 수도 없고 빛을 비춰볼 수도 없다면 방법은 한 가
지뿐입니다. 차 한 대를 들여보내서 부딪치는 소리가 나는지 기다려
보는 것입니다. 소리가 들리면 터널 안에는 차가 있는 것입니다. 그
런데 이런 식의 '충돌 측정'이 끝나면 터널 안에 있던 차의 모습은 결
코 처음과 같지 않을 것입니다. 측정 행위, 이 경우에는 차들을 충돌
시킨 것이 관찰 대상이 되는 차의 모습을 바꿔놓은 것입니다. 두 번
째 측정을 위해 차를 또 한 대 들여보낸다면 우리가 측정하는 대상
은 최초의 측정에 의해 변해버린 차일 것입니다.

　같은 방법으로 전자를 측정하려면 똑같은 충격을 주어야 합니다.
이 사실은 전자(아니면 양자)를 측정하려면 그 입자의 상태를 바꿀 수
밖에 없음을 말해줍니다. 불확정성 원리는 이런 단순한 사실에 입각

해 있고 눈에 보이는 세계와 소립자 세계 사이에 존재하는 엄청난 차이도 바로 여기에 근거를 두고 있습니다.

그러므로 불확정성 원리란 어떤 소립자에 대해 아주 정밀하게, 모든 것을 안다는 것은 측정 행위에 의해 일어나는 변화 때문에 불가능하다는 선언입니다. 불확정성 원리는 이렇게 말합니다. 소립자의 위치와 속도 두 가지를 동시에 알 수는 없다고. 그런데 이 위치와 속도는 물체를 설명하는 데 없어서는 안 될 요소들입니다.

불확정성 원리에서 중요한 것은, 소립자의 위치를 정밀하게 측정해서 오차가 줄어들면 줄어들수록 속도의 불확정성은 증가한다는 사실입니다. 즉, 한쪽에 신경을 쓰면 쓸수록 다른 쪽에 대해서는 점점 더 모르게 된다는 말이지요. 게다가 측정 행위 자체가 측정 대상을 변화시키므로 우리의 지식은 항상 어딘가 불확실할 수밖에 없는 것입니다.

확률로 표시되는 세계

변화를 가하지 않고는 입자를 측정할 수 없다는 사실은 입자들을 설명하는 방법에 대해 아주 중요한 결론을 이끌어냅니다. 비행기가 전자처럼 행동한다고 상상해봅시다. 이 비행기가 태평양 위의 어딘가를 날고 있고 몇 시간 후에는 어디쯤을 지날 것인지 예측하려고 합니다. 불확정성 원리 때문에 우리는 비행기의 속도와 위치를 동시에 정확히 알 수는 없습니다. 따라서 적당히 타협을 해야 합니다. 이런 상태라면 우리는 비행기의 위치에 대해서는 1백 킬로미터 정도, 속도에 관해서는 시속 2백 킬로미터 정도의 오차를 두고 말할 수밖에 없

을 것입니다.

두 시간 뒤에 비행기가 어디에 있을지 누가 묻는다면 우리가 할 수 있는 가장 정확한 대답은 '글쎄요'입니다. 비행기가 시속 1천 킬로미터의 속도로 날고 있다면 비행기는 2천 킬로미터 떨어진 곳에 가 있을 것입니다. 게다가 비행기의 출발 지점을 모르기 때문에 마지막 위치에 대한 불확정성은 커질 수밖에 없습니다.

이 문제를 해결하는 방법은 비행기의 마지막 위치를 확률을 이용해 표시하는 것입니다. 피츠버그 상공에 있을 확률이 30%, 뉴욕 상공에 있을 확률이 20%라는 식으로 말이지요. 그러면 우리는 비행기가 있음직한 자리를 표시한 점을 연결해서 그래프를 그릴 수 있을 것입니다. 이런 식으로 확률의 값들을 연결해놓은 그래프를 '파동 함수'라고 부릅니다.

일상생활에서 우리는 비행기와 관련해 파동 함수를 걱정하지는 않습니다. 왜냐하면 일상의 세계에서 측정에 의한 변화는 무시할 수 있을 정도로 너무나 작기 때문입니다. 그러나 소립자의 세계에서는 매번 측정을 할 때마다 대상의 상태가 변화하기 때문에 모든 것은 확률과 파동 함수로 설명할 수밖에 없습니다. 소립자의 세계가 갖는 이런 특성 때문에 아인슈타인은 많은 어려움을 겪으며 이렇게 말했다고 합니다. "신은 우주를 가지고 주사위 놀이를 하지 않는다."(그런데 그와 절친했던 물리학자 닐스 보어는 이렇게 말했다고 전해집니다. "알베르트, 하느님한테 자꾸 이래라 저래라 하지 마세요.")

파동과 입자, 빛의 이중성

전자처럼 작은 입자를 머릿속에 떠올려보기란 힘든 일입니다. 우리가 마음속에 그려볼 수 있는 것들은 일상생활에서 볼 수 있는 것들인데 불행히도 전자는 이러한 이미지 리스트에 올라 있지 않습니다. 특히 소립자의 세계에서 파동과 입자를 다룰 때처럼 이 문제가 심각한 경우는 없습니다.

눈에 보이는 세계에서 에너지는 입자의 형태, 혹은 파동의 형태로 전달됩니다. 볼링을 생각해봅시다. 이제 하나 남은 핀을 쓰러뜨려야 한다고 가정해봅시다. 이 목적을 달성하려면 핀에 에너지를 가해야 할 것입니다. 에너지를 전달하는 방법은 공을 굴려 보내는 것뿐입니다. 그래서 우리는 레인 끝에 서서 어프로치를 한 후 공을 굴립니다. 이것은 입자(공)가 사람의 에너지를 핀까지 전달하는 것입니다. 이번에는 핀이 여러 개 서 있다고 합시다. 공을 굴려서 핀 하나를 넘어뜨리면 그 핀이 다음 핀을, 다음 핀은 그 다음 핀을 차례로 쓰러뜨릴 것입니다. 그러면 에너지는 넘어지는 핀과 핀 사이에서 전달될 뿐이지, 각 편이 저마다 공의 에너지로 넘어지는 것은 아닙니다.

원자 이하의 세계를 연구하면서 과학자들은 자연히 '전자는 파동인가, 입자인가?' 하는 의문에 이르렀습니다. 어쨌든 전자는 에너지도 전달합니다. 에너지는 입자 또는 파동의 형태로만 전달되므로 전자는 입자 아니면 파동일 것입니다.

하지만 안타깝게도 문제는 그렇게 간단하지가 않습니다. 전자를 가지고 실험을 해본 결과, 과학자들은 전자가 어떤 경우에는 입자같이 보이고 어떤 경우에는 파동같이 보인다는 사실을 발견했습니다. 그리고 보통 우리가 파동이라고 생각하는 빛이 어떤 상황에서는 입자로 보이기도 합니다. 20세기 초에 이 수수께끼는 '파동-입자 이중성'이라고 불렸고 소립자의 세계가 얼마나 기묘한가를 보여주는 증거였습니다.

그러나 '이중성'이 특별히 신비스러운 것은 아닙니다. 전자와 빛의 움직임을 보면 소립자의 세계에서는 '입자', '파동'이라는 개념들이 적용되지 않음을 알 수 있습니다. 전자는 입자도 아니고 파동도 아닙니다. 어떤 실험을 하는가에 따라 전자는 입자로 보일 수도 있고 파동으로 보일 수도 있습니다. 즉 입자-파동의 문제는 자연의 법칙이 아닌 바로 우리의 마음에 있는 것입니다.

여러분이 화성인이라고 가정해봅시다. 그리고 지구에서 나오는 방송 전파를 수신했는데 우연히 독일어 방송과 프랑스어 방송을 듣게 되었다고 합시다. 그러면 여러분은 지구상의 모든 언어는 독일어 아니면 프랑스어라고 결론을 내리게 될 것입니다. 그런데 어느 날 지구에 와서 미국의 어느 도시에 착륙했다면 영어를 듣게 될 것입니다. 그리고 어떤 단어는 프랑스어와 비슷하고 어떤 단어는 독일어와 비

숫하다는 사실을 알게 될 것입니다. 이때 여러분은 이제까지 알지 못하던 제3의 언어가 존재한다는 것을 쉽게 생각해낼 수도 있지만, 이미 알고 있던 것들에 손발이 묶여 빠져나오지 못할 수도 있습니다. 그래서 여러분은 아마 '독일어-프랑스어 이중성'이라는 이론을 만들어낼지도 모릅니다.

마찬가지로 우리가 원자 이하의 세계에서는 우리의 일상생활과는 전혀 다른 현상이 일어난다는 사실을 받아들이기만 한다면 전자가 파동인가 입자인가 하는 문제 따위는 생기지 않을 것입니다. 입자인가 파동인가 하는 문제에 대한 올바른 답은 '정답 없음'입니다.

물론 우리는 전자의 모습을 머릿속에 그려볼 수는 없습니다. 인간처럼 시각적 이미지에 의존하는 생물에게 이것은 매우 골치 아픈 일입니다. 물리학자건 아니건 간에 사람들은 현실에 존재하지 않는 대상일지라도 이미지를 그려보려고 몸부림치곤 합니다. 이 책의 저자인 우리도 다를 것이 없습니다. 그래서 우리는 전자가 큰 파도 같은 것이며 입자처럼 어떤 장소에 존재하고 동시에 파동처럼 꼭대기와 골짜기가 있는 것이라고 상상합니다.

이 '파도'의 길이는 입자의 종류에 따라 천차만별입니다. 예를 들어 전자의 파장은 원자 하나보다도 짧고, 가시광선 속에 있는 광자의 파장은 1미터 가까이 됩니다. 이렇게 보면 빛 같은 '파동'이나 전자 같은 '입자'나 모두 같은 기본 구조로 되어 있음을 알게 됩니다. 고전 물리학에서 중요했던 입자와 파동의 구분이 이제 양자의 세계에서는 무의미한 것이 된 것입니다.

양자역학과 원자

양자역학이 이룩한 가장 큰 업적은 원자가 어떻게 이루어져 있는가를 설명한 것입니다. 4장('열쇠 4')에서 우리는 보어의 원자 가설을 통해 전자의 특성을 설명했고 여기서 고정된 전자 궤도를 이용했습니다. 이렇게 궤도가 고정되어 있는 것은 전자가 지닌 에너지의 값이 정해져 있기 때문입니다. 전자는 정확한 값의 에너지만 지니기 때문에 궤도 사이를 이동하려면 각 궤도 에너지의 차이만큼 정확한 양의 에너지를 받아들이거나 내놓아야 합니다. 그래서 전자가 한 번 이동할 때마다 광자가 만들어지거나 흡수되는 것입니다.

궤도 사이를 옮겨 다니는 전자는 계단을 오르내리는 사람에 비유될 수 있습니다. 올라갈 때는 에너지가 필요하고 내려갈 때는 에너지를 내놓습니다. 그리고 계단 위의 사람이 한 계단씩 올라갈 수는 있어도 1.5계단이나 1.7계단을 이동할 수 없는 것과 마찬가지로 전자도 이렇게 한 계단씩 존재합니다. 이 계단이 바로 궤도인 것입니다.

물론 여러분은 궤도상에 있는 전자가 태양 주위를 도는 행성처럼 어떤 작은 물질 덩어리로 된 입자라고 상상하고 싶을 것입니다. 그러나 과학자들은 전자를 파동 함수로 표시합니다. 전자의 '파동' 꼭대기는 전자가 존재할 확률이 가장 높은 지점에 해당합니다. 그리고 이 자리는 전자를 입자로 생각했을 때 그 입자가 놓일 자리가 됩니다.

레이저

슈퍼마켓 카운터, 콤팩트 디스크로부터 첨단 무기에 이르기까지 레이저는 빛을 이용하는 방법을 바꿈으로써 세상을 변화시키고 있습니다.

'레이저'는 '안정된 전자에 활발한 운동을 가하여 빛을 증폭시킨다 (Light Amplification by Simulated Emission of Radiation)'라는 말의 약자입니다. 레이저는 다음과 같은 방식으로 강한 빛을 만들어냅니다. 먼저 에너지 값이 큰 궤도상에 전자가 있는 원자 집단을 하나 만드는데, 빨간색의 레이저에서는 이 역할을 루비 결정 속에 있는 크로뮴 (크롬) 원자가 담당합니다. 운동이 활발해진 전자의 에너지와 똑같은 값의 에너지를 지니는 광자를 이 원자들에 집중합니다. 이 광자들 중 하나가 원자 가까이 접근하면 원자 안에 있는 전자의 운동을 자극하여 아래 궤도로 떨어지게 만듭니다. 이 과정에서 광자 하나가 만들어지는데 이 광자는 처음의 광자와 파장이 똑같을 뿐만 아니라 파동의 형태도 완전히 같습니다. 그리고 이 두 개의 파동은 꼭대기는 꼭대기끼리, 골짜기는 골짜기끼리 정확히 겹칩니다. 그러면 파동의 세기는 더 강해지게 됩니다. 이 두 개의 광자는 물질 속을 통과하면서 다른 원자들을 같은 방법으로 휘저어놓아 앞서 말한 식으로 파동이 정확히 겹치는 광자의 폭포를 만들어내게 됩니다. 이렇게 해서 하나의 광자가 자신을 '증폭'시키는 것입니다.

원자를 활발한 운동 상태로 만드는 데 필요한 에너지와, 광자를 방출한 뒤 원상태로 돌아가는 데 필요한 에너지는 여러 가지 방법으로 공급됩니다. 그 방법은 열을 가하거나, 강한 전자 빔을 쏘거나, 아주 밝은 빛을 비추거나 아니면 다른 레이저를 이용하는 것 등입니다.

레이저 발생 장치 안에는 양쪽 끝에 정확히 서로 마주보게 설치된 거울이 있어서 광자가 이 사이를 수백만 번 왕복합니다. 그리고 이 장치에는 전체 광자의 약 5% 정도가 한 번 왕복 때마다 빠져나가도록 설계되어 있습니다. 이렇게 탈출하는 광자가 레이저 빔을 만들어내는 것입니다.

양자 얽힘

1930년대에 아인슈타인은 확률론으로 세계를 해석하는 데 중점을 두는 양자역학이 아원자의 세계를 설명하는 데 올바른 방식이 아닐 수도 있다는 설을 제시했습니다. 아인슈타인의 생각은 아주 단순했습니다. 어떤 원자가 입자 두 개를 연이어 방출했다고 가정합시다. 이어서 둘 중 한 입자가 시계 방향으로 회전한다면 다른 하나는 반대 방향으로 회전할 수밖에 없음을 우리가 안다고 가정합시다. 둘 중 한 입자의 파동 함수를 써보면 두 가지 회전 방향에 대한 확률의 조합이라는 형태가 될 것입니다. 양자역학의 법칙에 따르면 각각의 입자는 우리가 측정을 하기 전까지는 두 방향 중 한 방향으로 회전하고 있다는 식으로 설명해야 합니다.

그러나 아인슈타인은 두 입자 사이의 거리가 너무 멀어서 빛이 한 쪽에서 다른 쪽까지 도달할 수 없을 정도로 이들을 멀리 떼놓은 뒤 한 입자의 회전을 측정하고 나면 나머지 입자의 회전 방향도 알 수 있을 것임을 지적했습니다. 달리 말하면 이렇습니다. 두 입자 사이에 어떤 신호도 오고 갈 수 없고 두 번째 입자에 대해서는 어떤 측정도 할 수 없다 해도 한 입자의 회전 방향을 측정하면 다른 입자의 회전은 저절로 결정된다는 뜻입니다. 아인슈타인은 자신의 이러한 생각이 양자역학이 물질을 설명하는 최종 이론이 아님을 증명한다고 생각했습니다.

아인슈타인의 이러한 생각으로 인해 몇 가지 이상한 일이 벌어졌습니다. 1964년에 존 벨(John S. Bell, 1928~1990)이라는 아일랜드 물리학자는 아인슈타인이 옳은지 그른지를 분명히 알 수 있는 실험 방법이 존재한다는 이론을 증명했습니다. 그리고 1970년대 과학자들은 실제로 이러한 실험을 실시했고, 겉보기에는 모순인 것 같아도 양자역학이 옳다는 사실을 밝혀냈습니다. 이때쯤 '양자 불가사의(quantum weirdness)'라는 표현이 탄생했습니다.

오늘날에는 어느 시점에선가 입자 두 개가 상호작용하면(앞에서 아인슈타인이 말한 입자 두 개처럼) 이들의 파동 함수는 결코 서로 분리될 수 없다고 알려져 있습니다. 이러한 현상을 설명하는 데 과학자들은 '양자 얽힘(quantum entanglement)'이라는 표현을 씁니다. 양자 얽힘 때문에 입자 두 개 중 하나만을 측정할 수가 없는 것입니다. 하나를 측정하면 나머지도 저절로 측정되니까요. 이론물리학자들의 용어를 빌리자면, 양자역학은 뉴턴 역학과는 달리 '국소적' 이론이 아니며 일부 양자 입자들은 서로 아무리 멀리 떨어져 있어도 결코 분리될 수 없다는 사실도 알려져 있습니다.

새로운 분야

양자 텔레포트

희한하게 보이겠지만 양자 얽힘은 실험실에서 증명되었을 뿐만 아니라 이로부터 몇 가지 실용적인 적용 방식이 나왔습니다. 양자 텔레포트(Quantum Teleportation)도 그중 하나입니다. 양자 텔레포트는 다음과 같이 진행됩니다. 한 쌍의 서로 얽힌 입자가 있다고 합시다. 입자에 확정성을 부여하기 위해 이들이 광자라고 가정합시다. 또한 이 두 개의 입자를 각각 다른 사람에게 나눠준다고 가정합시다. 이 사람들은 보통 1970년대에 나온 〈밥, 캐롤, 테드 그리고 앨리스〉라는 텔레비전 시리즈 주인공들의 이름을 따서 앨리스와 밥이라고 불립니다.

이제 앨리스가 '실험 광자'라는 이름이 붙은 광자를 또 하나 받아서 아까 받은 광자와 상호작용시킨다고 합시다. 그러면 앨리스는 밥에게 측정 결과를 알려줄 수 있을 것이고(전화를 걸면 되겠죠) 밥은 자신이 받은 광자를 이용하여 실험실에서 실험 광자를 다시 만들어낼 수 있습니다. 이렇게 해서 실험 광자는 앨리스의 실험실에서 파괴되었고 (적어도 변화되었고) 같은 광자가 밥의 실험실에서 만들어졌습니다. 이 상황은 광자가 "텔레포트 되었다"라고 표현되는데, 이는 광자가 앨리스로부터 밥에게로 이동한 일이 결코 없음을 강조하기 위해서 씁니다. 1997년에 빈대학의 물리학자인 안톤 차일링거(Anton Zeilinger)는 이를 이용하여 최초로 영상을 텔레포트 시켰습니다.(이 영상은 오스트리아에서 발견된, 다산을 상징하는 석기 시대 조각 작품 〈빌

렌도르프의 비너스〉의 사진이었습니다.)

양자 얽힘은 또한 암호 제작 분야에서도 매우 유용한 현상입니다. 앞에서 밥과 앨리스에게 일어난 일을 생각해보면 이 두 사람 사이의 교신이 완벽하게 안전하다는 점을 알 수 있습니다. 누군가가 앨리스와 밥의 결합을 도청한다 하더라도 얽힌 광자 중 하나가 없으면 앨리스의 실험 광자를 다시 만들어낼 수가 없습니다. 게다가 얽힌 광자 자체를 가로채려 해도 불확정성 원리에 따라 도둑질을 하는 과정에서 광자에 변화를 줄 수밖에 없는데 이는 금방 들통날 것입니다. 그러므로 양자 얽힘 속에는 완벽하게 안전한 교신의 가능성이 숨어 있습니다.

양자 컴퓨터

파동 함수로 설명되는 입자를 생각하려면 그 입자가 동시에 모든 가능한 상태를 띤다고 상상해보면 됩니다.(전문 용어를 쓰자면 파동 함수가 "모든 가능한 상태에 대해 중첩되어 있다"라고 말합니다.) 양자 컴퓨터라는 새로운 분야의 핵심 아이디어는 중첩된 각각의 상태에게 연산의 일부를 수행시키고 나중에 이들을 모두 합치면 기존의 컴퓨터보다 작업을 훨씬 더 빨리 할 수 있는 시스템을 개발할 수 있다는 것입니다.

이렇게도 비유할 수 있습니다. 이 책의 한 페이지에 들어 있는 문장을 하나씩 독자들에게 나눠주고 읽은 결과를 나중에 종합하는 것입니다. 이렇게 하면 한 사람의 독자가 한 문장씩 읽어 가는 것보다 훨씬 시간이 덜 걸릴 것입니다. 마찬가지로 양자 컴퓨터는 예로 든 여러 독자의 비유처럼 여러 개의 상태가 저마다의 역할을 수행하기 때문에 엄청난 성능의 컴퓨터를 개발할 길이 열리는 것입니다.

현재 가동 중인 양자 컴퓨터는 존재하지 않지만 과학자들은 양자 컴퓨터를 만드는 데 필요한 부품(논리 게이트라고 부릅니다)을 일부 만들어내는 데는 성공했고, 앞으로도 계속 성과를 올릴 것으로 기대하고 있습니다.

열쇠 6

원자와 원자가 만날 때

화학 결합의 모든 것

펜실베이니아 사과 소스 빵처럼 맛있는 것도 없을 것입니다.

밀가루 2컵

설탕 4분의 3컵

베이킹파우더 1티스푼

베이킹소다 1티스푼

계피 1티스푼

육두구 2분의 1티스푼

바닐라 1티스푼

쇼트닝 2분의 1컵

사과 소스 1컵

달걀 2개

이 재료들을 큰 그릇에 넣고 잘 섞일 때까지 저어줍니다. 그리고 큰 프라이팬의 바닥에만 기름을 두르고 섞은 것을 붓습니다. 180°C 에서 55분 내지 60분 동안 익힙니다. 이쑤시개로 찔러보아 반죽이 묻어나지 않으면 다 익은 것입니다.

이제 팬에 달라붙은 부분을 떼어내고 큰 접시에 옮겨 적당히 식은 다음에 잘라서 먹으면 됩니다. 과학자들은 새로운 조리법을 만들어내는 것을 좋아합니다. 1986년에 두 명의 과학자들이 그야말로 새 역사를 창조해서 1987년에 노벨상을 탔는데* 그들이 한 일은 이런 것이었습니다.

그들은 구리, 산소 그밖에 흔한 원소 두어 가지를 적당한 비율로 섞고 갈아서 적당한 온도에서 적당한 시간 동안 구워냈습니다. 이들이 만들어낸 것은 아스피린 한 알 크기의 검정색 원판이었습니다. 이 원판은 전혀 새로운 최초의 초전도 물질이었습니다. 초전도 물질은 매우 쓸모 있는 전기적 특성을 지니고 있습니다.

자, 어떻게 밀가루, 달걀, 바닐라, 사과 소스같이 서로 전혀 다른 것들이 합쳐져 맛있는 빵으로 변할까요? 구리나 산소처럼 완전히 다른 원소들이 어떻게 해서 값진 초전도체가 되는 것일까요? 그 답은 우리 주변의 모든 물질을 이루는 기본 요소인 원자 안에 있습니다. 원자는 무수한 방법으로 결합해서 무수한 물질을 만들어냅니다. 그러나 여기에서 예외 없이 적용되는 법칙이 한 가지 있습니다.

---

* 1986년 IBM 취리히 연구소의 베드노르츠(Johannes Georg Bednorz)와 뮐러(Alex Müller)가 새로운 초전도체를 발견한 일을 말한다. 이전의 초전도 물질들이 금속 원소나 금속의 합금인 반면, 새로운 고온 초전도 물질들은 대부분 산소 화합물인 세라믹인 점이 특이하다. 새로운 초전도 화합물의 발견으로 베드노르츠와 뮐러는 1987년 노벨 물리학상을 수상했다.

"원자는 전자를 접착제 삼아 결합한다."

물질의 특성—끈적끈적하든, 단단하든, 질기든, 무르든, 빨갛든 간에—은 원자가 배열되고 결합되는 방법에 의해 결정됩니다. 두 개의 원자는 이들의 전자들이 배열을 바꿔서 서로 인력을 지니게 되면 화학적으로 결합하게 됩니다. 양전기와 음전기가 서로 당기는 힘이 모든 물질을 이루는 것입니다.

원소의 결합

세상을 풍요롭게 만드는 독특한 물질들은 건축 용어로 묘사할 수 있습니다. 여러 가지 벽돌, 그러니까 원소들은 화학 결합이라는 방법을 통해 뭉칩니다. 원소들은 무수한 방법으로 결합해서 원 물질과 특성과 용도 면에서 전혀 다른 화합물들을 만들어냅니다. 자연과 화학자들은 수백만 가지의 화학 물질을 만들어냈습니다. 어떤 화합물은 아주 단순합니다. 물(H_2O)은 두 개의 수소 원자가 한 개의 산소 원자와 결합한 것이고, 소금($NaCl$)은 나트륨과 염소가 일 대 일로 결합한 것입니다. 하지만 대부분의 화합물들은 매우 복잡해서 십여 가지 이상의 원소로 이루어져 있습니다.

자연계에 존재하는 원소의 종류가 1백 가지도 안 되니까 새로운 화합물을 만들어내는 화학자의 작업은 곧 끝나버릴 것이라고 생각할 수도 있습니다. 그런데 그렇지 않습니다. 백만 명의 화학자들이 백만 년 동안 매일 한 가지씩 새로운 것을 만들어내도 이 일은 끝날 기미가 보이지 않을 것입니다. 네 개의 원소가 일 대 일 대 일 대 일의 비율로 결합하는 방법만 해도 7천만 가지나 됩니다. 결합 비율만 조금 바꾸어도 결합 방법의 가짓수는 천문학적으로 늘어날 것입니다. 그리고 구성 요소가 같다 하더라도 이들을 어떻게 혼합하고 처리하는가에 따라 또 완전히 특성이 다른 물질이 탄생합니다. 똑같은 재료를 가지고 요리를 해도 요리를 잘하는 사람은 맛있는 빵을 구워내는데 서툰 사람은 타거나 설익은 반죽 덩어리를 남길 뿐입니다. 훌륭한 화학자는 솜씨 좋은 요리사처럼 새로운 조리법을 만들 때 자신의 기술과 직관을 잘 배합해야 합니다.

화학자의 일은 새롭고 쓸모 있는 원자의 결합체를 만들어내거나 이미 존재하는 화합물의 새로운 용도를 찾아내는 것입니다. 이것은 아주 중요합니다. 음식, 의복, 교통, 통신, 스포츠, 오락에 이르기까지 현재 생활의 거의 모든 측면은 화학자들이 이루는 새로운 발견에 의존하고 있다 해도 지나치지 않을 것입니다.

전자 접착제와 화학 결합

화학은 특히 전자 자체, 그리고 전자들끼리의 상호작용을 다루는 학문입니다. 화학 하면 흔히 시험관, 거품이 이는 비커, 이런저런 희한한 것들을 섞으면 색이 변하는 시약 등을 떠올리게 되지요. 이렇게 머릿속에 떠오르는 것을 생각해보면 방금 한 말은 이상하게 들릴 수도 있습니다. 그러나 이 모든 화학 반응은 전자가 원자 사이를 옮겨 다닌 결과로 나타나는 현상입니다.

두 개의 원자가 서로 가까워지면 각각의 가장 바깥쪽에 있는 전자들이 서로 접촉합니다. 그런데 양쪽의 전자가 모두 똑같은 음전하를 띠고 있어 서로 밀쳐냅니다. 이렇게 서로 가까워져도 대부분의 경우 원자들은 대기 중의 기체가 충돌할 때처럼 서로를 스쳐 가며 그 다음 원자와 만나는 과정을 계속합니다. 그런데 가끔 충돌하는 원자들이 전자를 주고받거나 공유하면서 서로 뭉치는 일이 생깁니다.

우리 주변의 물질이 어쩌면 이토록 다채로운가를 이해하는 첫 걸음은 두 개 또는 그 이상의 원자가 어떤 식으로 결합하는가를 들여다보는 것입니다. 이렇게 뭉치는 과정을 '화학 결합'이라고 합니다. 결합에는 몇 가지 방식이 있는데, 방식이 다르면 결합해서 만들어진 물질의 성질도 판이하게 다릅니다. 두 개의 원자가 서로 접근한 상태에서 어떤 방식을 통하여 뭉치는가를 설명하는 법칙은 아주 간단합니다. 두 개의 원자가 모인 이 집단은 에너지 값이 가장 낮은 상태에 도달하려 한다는 것이 그 법칙입니다. 비탈을 굴러 내려가는 공이 가장 낮은 위치 에너지 값을 향해 가는 것과 마찬가지로, 원자 속의 전자들도 위치를 재배열하여 전기적 위치 에너지와 운동 에너지 값이 가장 낮은 상태가 되도록 합니다.

물질은 거의 모두 이온 결합, 공유 결합, 금속 결합 등 세 가지 중 하나의 방식으로 결합되어 있습니다. 각 방식마다 전자를 재배열하는 모습이 다르기는 하지만 전자로 채워진 궤도가 지극히 안정적으로 된다는 점이 거의 모든 화학 결합의 핵심입니다. 전자의 수가 정확히 2개, 10개, 18개, 36개인 원자(이들 숫자는 각각 1, 2, 3, 4번 궤도가 채워졌을 경우의 전자 수입니다)들은 전자 수가 몇 개쯤 많거나 모자란 원자, 예를 들어 11개나 17개가 들어 있는 원자보다 훨씬 행복합니다. 원자가 행복하다고 말할 수 있다면 말이죠. 그래서 과학자들은 2, 10, 18, 36을 화학 결합의 마법의 수라고 생각합니다. 사실 화학 결합에 관심을 보이지 않는 원소들은 주기율표 오른쪽 끝 세로줄에 있는 원소들입니다. 이들은 원자번호 2, 10, 18, 36으로 모두 제일 바깥쪽 궤도가 전자로 채워진 원소들입니다. 공기보다 가벼운 헬륨과 다채로운 색의 빛을 내는 네온 등을 거느린 이 원소의 집단을 비활성 기체라고 부릅니다.

이온 결합

한 쌍을 이루는 두 개의 원자 중 하나가 전자를 하나 내놓고, 다른 하나가 그것을 영구적으로 빌려서 두 원자가 모두 마법의 수를 갖추는 식으로 이루어지는 결합을 이온 결합이라고 합니다. 예를 들어 먹는 소금(염화나트륨)은 전자 11개를 갖고 있는 나트륨 원자가 가장 바깥쪽의 전자를 염소(전자 17개를 갖고 있는)에게 넘겨준 모습을 하고 있습니다. 그 결과 나트륨 원자는 전자 10개, 염소 원자는 18개를 갖게 되는데, 둘 다 마법의 수입니다. 이뿐만 아니라 전자를 주고받

이온 결합

으면서 나트륨은 양이온이 되고 염소는 음이온이 되어 두 원자는 전기적으로 서로 강력하게 끌립니다. 이것이 이온 결합입니다.

주기율표를 보면 몇몇 원소들이 이온 결합을 한다는 사실을 엿볼 수 있습니다. 주기율표의 왼쪽 끝 두 개의 기둥에 있는 원소들은 가장 바깥 궤도에 전자가 하나 또는 두 개뿐입니다. 이런 원소들은 가장 바깥 궤도의 전자들을 내주고 양이온이 되는 편이 훨씬 쉽습니다. 반대로 주기율표 오른쪽 끝 가까이 있는 기둥들 속에 있는 원소들은 가장 바깥쪽 궤도에 전자가 하나 또는 몇 개 모자랍니다. 그래서 이들은 전자 몇 개를 얻어서 음이온이 되는 쪽이 훨씬 편하죠. 양전하와 음전하는 서로 끌어당기니 자연히 이온 결합이 형성됩니다.

이온 결합으로 이루어진 물질은 셀 수 없이 많습니다. 소금은 이온 결합의 전형적인 예이지만 이온 결합으로 만들어진 화합물 중 흔히 볼 수 있는 것은 지구상에서 가장 풍부한 원소인 규소와 산소가 모여서 만든 모래입니다. 해수욕장의 모래는 석영이라는 광물로 이루어지는데 네 개의 전자를 내놓은 규소 원자 한 개와 이들을 각각 두 개씩 받아들인 두 개의 산소가 모여 궤도를 만원으로 만든 화합물입니다. 규소가 지니는 +4가의 전하와 산소가 지니는 −2가의 전하는 강한 전기적 인력으로 이웃한 원자들을 결합시킵니다. 이것 때문에 석영은 철에 흠집을 낼 수 있을 정도로 단단한 것입니다. 이렇게 견고한 규소와 산소의 이온 결합체는 유리와 도자기의 주성분이며 대부분의 광물과 돌의 주성분이 되기도 합니다.

금속 결합

금속 안의 원자들은 일반적으로 전자각이 다 채워져 있고 남은 하나 혹은 몇 개의 전자가 맨 바깥쪽 궤도를 돕니다. 나트륨은 전자를 11개 갖고 있으며 가장 바깥쪽 전자각에 전자 하나가 있습니다. 마그네슘(원자번호 12번)에는 가장 바깥쪽 전자각의 전자가 둘, 알루미늄(원자번호 13번)은 셋, 이런 식으로 나갑니다. 금속 원자가 결합할 때 이렇게 맨 바깥쪽 궤도에 있는 전자들 중 일부, 혹은 전체가 원자를 떠나 금속 전체를 자유로이 떠다닙니다. 이렇게 되면 전자를 잃은 원자들은 모두 양이온이 되고 이 양이온들은 자유로이 돌아다니는 전자가 만들어내는 음전하의 바다에서 헤엄을 치게 됩니다. 그러니까 각각의 원자는 음전하 바다에 떠 있는 양전하 섬인 셈입니다. 그리고 둘 사이의 정전기적 인력이 금속 물질 전체를 하나로 묶어 두는 것입니다. 금속 결합은 각 원자의 맨 바깥쪽 궤도에 있는 전자를 금속 물질 안에 있는 모든 원자가 공동으로 소유하는 것이라고 생각하면 됩니다. 이것은 어떤 원자가 전자 하나를 다른 원자에게 영원히 제공하는 이온 결합과는 다릅니다.

금속 결합

우린 음전하의 바다에 떠 있는 양전하!

음전하와 정전기적 인력으로 결합되어 있지!

　금속 결합은 이온 결합과는 전혀 다릅니다. 이온 결합으로 된 물질 안에는 항상 두 개의 아주 다른 원자가 존재합니다. 한 가지는 양전하를 띠고 있고 나머지 하나는 음전하를 띱니다. 각각의 이온은 반대 전하를 띤 이온에 둘러싸여 있습니다. 그러므로 순물질(한 가지 원자로만 되어 있는 물질)은 이온 결합으로 이루어질 수 없습니다. 그러나 금속에서는 모든 원자가 같은 역할을 합니다. 모든 금속 원자는 비슷한 금속 원자에 둘러싸여 있습니다. 그러므로 우리가 알고 있는 철, 알루미늄, 구리, 금 같은 순물질들 중 4분의 3 정도가 금속 결합으로 이루어져 있다는 사실은 놀라운 일이 아닙니다. 금속공학자들은 이런 순물질 두세 가지를 섞어서 특수한 성질을 띠는 합금을 만들어냅니다. 놋쇠는 구리와 아연을 섞은 것이고 청동은 구리와 주석을 섞은 것입니다. 강철 합금에는 철과 탄소 등의 기본 원소 외에 십여 가지의 금속 원소 중 한두 가지가 더 들어갑니다.

공유 결합

두 개의 탄소 원자가 서로 만나게 되면 심각한 딜레마에 빠집니다. 왜냐하면 각 탄소 원자는 전자를 6개씩 지니고 있는데, 가장 바깥쪽 궤도에는 4개씩 있습니다. 이렇게 똑같은 상태에서 마법의 수에 도달하려면 전자를 주어야 할까요, 받아야 할까요? 사실 탄소 원자 사이에는 이런 일이 일어나지 않습니다. 두 개의 탄소 원자는 바깥쪽 궤도의 전자를 합쳐서 공동으로 소유하는 것으로 문제를 해결합니다. 여기서 전자들은 결합된 두 원자 사이를 끊임없이 오갈 뿐이며 어느쪽 원자에도 속하지 않습니다. 이렇게 전자를 공동으로 소유하는 것이 두 개의 원자를 묶어 두는 힘이 됩니다. 이런 결합을 공유 결합이라고 합니다. 이 공유 결합은 탄소 원자가 결합할 때 쓰는 가장 흔한 방법이지만 규소, 황, 질소 및 다른 많은 원소들도 이 방법을 쓰고 있습니다.

공유 결합이야말로 모든 생명의 기본입니다. 우리 몸의 조직을 유지시켜주고 DNA가 흩어지지 않도록 묶어 두는 힘이 바로 공유 결합이기 때문입니다. 공유 결합은 플라스틱, 나일론, 다이아몬드, 강력 접착제 등에서도 볼 수 있습니다. 탄소 간의 결합은 이렇게 중요하기 때문에 유기화학자라고 불리는 수많은 과학자들이 평생을 탄소 화합물 연구에 바쳤습니다.

공유 결합이 자연계에서 이토록 흔해진 가장 큰 이유는 공유 결합이 두 개의 원자 간 결합만으로 그치는 일이 거의 없다는 데 있습니다. 두 개의 탄소 원자가 전자를 공유해서 서로 결합하면 다른 탄소 원자들도 그렇게 할 것이고 이들이 합쳐져서 더 길고 더 복잡한 구조를 이룹니다. 우리가 사는 세상은 수천 개의 탄소 원자가 길게 늘어서

공유 결합

거나 무수한 가지를 치거나 고리 모양으로 연결된 거대한 원자 구조로 가득 차 있습니다. 유기 화합물이 결합하는 방법의 수는 한이 없지만, 모든 물질은 탄소 원자들의 공유 결합으로 이루어진 것입니다.

화학 결합과 현실 세계

많은 물질의 화학 결합은 우리가 지금까지 이야기한 이온 결합, 공유 결합, 금속 결합 등의 정의와 꼭 맞지 않는 경우가 많습니다. 전자는 쉴 새 없이 움직이고 있고 이 전자가 어떤 시점에 정확히 어디에 있는지 안다는 것은 항상 가능한 일은 아닙니다. 맨 바깥쪽 전자들이 이온 가까이 있으면 그 결합은 이온 결합입니다. 전자들이 한 쌍의 원자에 의해 공동으로 소유되고 있으면 그것은 공유 결합이고, 이들이 결정 구조 안을 자유로이 떠다니면 금속 결합이 되는 것입니다. 그러나 많은 물질의 전자들은 두 개 혹은 그 이상의 원자들 사이를 왕래합니다. 이렇게 전자들이 변덕스럽기 때문에 많은 물질에서 결합이 한 가지 형태로만 존재하지 않는 것입니다.

흔한 광물인 황철광은 광산업자들 사이에서 '바보의 황금'으로 불립니다. 황철광이 황금과 비슷한 광택을 내는 것은 철과 황의 화합물인 이 광물이 공유 결합, 금속 결합, 이온 결합의 특이하고도 복잡한 혼합으로 이루어져 있기 때문입니다. 1849년 황금을 찾아 캘리포니아로 모여든 미국인들 중에는 이 바보의 황금을 진짜 금으로 착각한 사람들이 많았습니다. 황철광을 쪼개보면 가장자리가 들쭉날쭉하고 부스러지기 쉬운 모양이 되는데 이것은 이온 결합이나 공유 결합으로 이루어진 물질들의 공통적 특성입니다.

판데르 발스 결합과 수소 결합

수많은 화합물에서 원자들은 전자를 내놓지도 않고 결합을 하는데 이것은 이온 결합, 금속 결합, 공유 결합과는 아주 다른 것입니다. 이러한 형태의 결합력이 생기는 것은 두 개의 원자가 접근할 때 쌍방의 전자 사이에 작용하는 전기적 반발력이 두 원자의 전자구름을 뒤틀어놓기 때문입니다. 이렇게 전자구름이 뒤틀린 원자들 사이에서 작용하는 전기적인 힘은 첫째, 두 원자 핵 사이의 반발력, 둘째, 한쪽의 핵과 다른 쪽 전자 사이의 인력, 셋째, 전자 사이의 반발력으로 이루어져 있습니다. 분명한 것은 아니지만 이 상황에서는 두 번째 인력이 우세하게 나타나고 이에 따라 원자들 사이에 느슨한 결합이 생겨납니다. 우리는 이 경우에 작용하는 힘을 '판데르 발스의 힘'이라고 부르는데 이것은 네덜란드의 물리학자 요하네스 판데르 발스(Johannes van der Waals, 1837~1923)의 이름을 딴 것입니다. 양초를 만드는 밀랍에서 활석에 이르기까지 여러 가지 무른 물질들은 판데

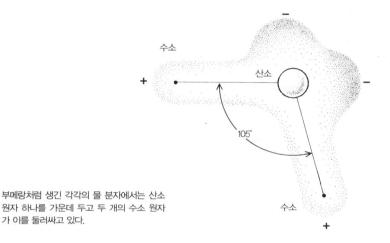

부메랑처럼 생긴 각각의 물 분자에서는 산소 원자 하나를 가운데 두고 두 개의 수소 원자가 이를 둘러싸고 있다.

르 발스 결합으로 구성됩니다.

모든 생명체에서 발견되는 수소 결합은 판데르 발스 결합의 변형입니다. 양성자 하나와 전자 하나로 이루어진 수소 원자는 한 번에 다른 원자(대개의 경우 산소 또는 탄소) 하나하고만 결합하는 경향이 있습니다. 하나뿐인 수소의 전자는 산소나 탄소 원자로 옮겨 가고, 남은 양성자는 이 결합으로 생성된 분자의 양전하 돌기 같은 모습이 됩니다. 이렇게 양전기를 띠는 전하층은 자연히 전기적 인력으로 다른 원자를 끌어당기게 됩니다. 이런 식으로 만들어진 결합을 '수소 결합'이라고 합니다. 즉 변형된 수소 원자가 다른 두 원자를 결합하는 접착제 구실을 하고 있다고 상상하면 이해가 될 것입니다.

예를 들어 물 분자는 두 개의 수소 원자가 하나의 산소 원자에 붙은 모습입니다. 귀가 아주 작아진 미키 마우스의 머리를 생각하면 이해하기 쉬울 것입니다. 여기서 산소는 미키 마우스의 머리에 해당하고, 작은 두 귀는 두 개의 양성자(그러니까 전자를 산소에 흡수당한 수소의 원자핵)에 해당합니다. 수소 결합에 의해 얼음이 얼 때, 반대 전하를 띤 부분들은 서로 마주 닿는 것이 아니라 서로 등을 지고 늘어섭니다. 이러한 수소의 특징은 소금과 설탕을 비롯한 수많은 고체가 물에 녹는 이유를 설명해줍니다. 물 분자에서 양전하를 띤 부분과 음전하를 띤 부분은 다른 이온들에 비해 강력한 힘을 발휘해서 소금처럼 이온 결합으로 된 물질의 이온을 하나하나 떼놓습니다. 그래서 양전하를 띤 나트륨 이온은 물 분자의 산소 쪽에 붙고, 음전하를 띤 염소 이온은 수소 쪽에 붙어 소금이 녹게 되는 것입니다.

반도체와 초전도체의 과학

물질의 전기적 특성 중 가장 중요한 것은 전기 전도성입니다. 즉 전자를 흐르게 해주는 성질입니다. 현대 사회는 저마다 전기적 특성이 다른 다양한 물질에 의존하고 있습니다. 전기를 흘려보내는 양도체, 사용자를 위험으로부터 지켜주는 절연체, 그리고 전자 산업의 중추를 이루는 반도체 등이 그것입니다.

어떤 물질이 전기를 통과시키는가 아닌가는 그 안의 전자들이 어떻게 움직이는가에 달려 있습니다. 그러므로 전기 전도성과 화학 결합 사이에 밀접한 관계가 있는 것은 당연한 일입니다. 즉 서로 다른 결합 방식이 서로 다른 전기적 특성을 만들어내는 것입니다.

일반적으로 전자가 느슨히 결합되어 있는 물질은 좋은 도체가 됩니다. 이런 물질에 힘을 가하면(예를 들어 전지로) 전자들이 떨어져 나와 움직이기 시작하고 이들의 움직임은 물질 내에서 전기의 흐름을 만들어줍니다. 그런데 전자의 결합력이 강하면 외부의 힘이 이들을

떼어내지 못하고 따라서 전기는 흐르지 못합니다.

절연체

절연체는 전자의 흐름에 저항하는 성질이 있는 물질로, 합선이나 감전을 막는 데 중요한 구실을 합니다. 이온 결합으로 된 물질들은 아주 좋은 절연체가 됩니다. 이온 결합에서는 전자의 이동이 한 이온에서 다른 이온으로 단 한 번만 일어나고, 일단 이동이 끝난 다음에는 전자가 원자핵에 단단히 결합합니다. 이런 상태에서는 전자가 쉽게 움직이지 않습니다. 기본적으로 규소와 탄소의 이온 결합으로 이루어진 물질인 유리와 세라믹은 오래 전부터 중요한 고압용 절연체로 쓰여 왔습니다.

탄소-탄소 결합으로 된 긴 고리를 갖고 있는 공유 결합 물질(달리 말해서 플라스틱)들도 값싸고 믿을 만한 절연체 역할을 합니다. 공유 결합 속의 전자들은 원자를 떠나 방황하는 일이 거의 없습니다. 그래서 이온 결합 물질보다 별로 뒤떨어지지 않는 절연체가 됩니다. 게다가 플라스틱은 유연성이 있으므로 깨지기 쉬운 세라믹보다 가공하기도 쉽고 사용하기도 편리합니다. 가정이나 사무실 벽의 스위치나 콘센트가 모두 플라스틱으로 만들어진 것은 이런 이유 때문입니다.

도체

'금속'이라는 단어와 '전기 전도체'라는 단어는 거의 동의어라고 생각해도 좋습니다. 금속 안에 있는 음전하의 '바다'를 헤엄치는 전자들은 외부의 힘에 쉽게 반응합니다. 전기 전도성이 뛰어난 물질들은 모두 금속의 이러한 특징을 갖고 있습니다. 상온에서 가장 좋은 도체는 은이지만, 은과 성능이 거의 비슷한 구리가 값이 훨씬 싸기 때문에 널리 쓰입니다. 금은 접점 표면에 부식을 방지하기 위해 씌우는 코팅 재료로서 중요하며, 가볍고 값이 싼 알루미늄은 강한 전류를 실어 보내는 송전선에 쓰입니다.

반도체

이름으로 알 수 있는 것처럼 반도체는 전류를 통과시키기는 하지만 그렇게 잘 통과시키지는 못합니다. 반도체는 전기 전도성을 띤 절연체라고 할 수 있습니다. 즉, 반도체는 전기적인 힘을 지닌 전하를 실어나를 수 있는 자유전자를 약간 갖고 있는 물질이라고 생각하면 됩니다.

오늘날 지구상 어디에나 있는 규소(실리콘)는 거의 모든 반도체 기기에 사용되고 있습니다. 규소의 맨 바깥쪽 전자각은 반만 채워져 있어서 탄소와 성질이 매우 비슷합니다. 규소 원자끼리는 공유 결합을 하고 있어서 전자들이 서로 단단히 묶여 있으므로 순수한 규소는 전류를 잘 통과시키지 않습니다. 그러나 원자의 진동은 항상 전자 몇 개를 자유로이 풀어주므로 규소의 결정 안에는 언제든 멋대로 돌아다니는 전자가 있습니다. 그래서 규소는 금속보다는 훨씬 못하지만 절연체보다는 훨씬 나은 도체가 됩니다. 이런 이유로 규소는 반도체라고 불리는 것입니다.

그러나 반도체의 전도성이 모두 자유전자에서 나오는 것은 아닙니다. 전자 하나가 궤도를 떠나면 거기에는 언제나 공백이 생깁니다. 이 공백을 물리학자들은 '정공(hole)'이라고 부릅니다. 물리학자들의 입장에서 보면 정공도 전자와 마찬가지로 전류를 통과시키는 능력을 갖고 있습니다. 출퇴근 시간의 도로를 생각해봅시다. 앞의 차가 조금 나아가면 뒤의 차가 들어와서 그 공간을 채우고 이어서 그 뒤의 차가 들어옵니다. 우리는 이럴 때 차들이 앞으로 움직였다고 하지만 공간이 뒤로 이동했다고 해도 옳은 말입니다. 혼잡한 시간에 차를 몰 때 이 공간의 이동 속도보다 더 중요한 것은 없을 것입니다. 물리학자가 전하의 움직임에 대해 생각할 때, 전자와 정공은 똑같은 정도로 중요합니다. 즉, 전하를 움직일 때 음전하를 띤 전자를 한쪽으로 이동시키거나 양전하를 띤 정공을 반대 방향으로 이동시키거나 모두 같은 결과가 된다는 뜻입니다.

결정 구조 안에 약간의 불순물이 섞여 있으면 규소 같은 반도체의 성질은 크게 달라집니다. 예를 들어 규소 원자 수백만 개당 하나의 인 원자를 섞어 반도체를 만들 수 있습니다. 인의 가장 바깥쪽 궤도에는 규소보다 전자가 하나 더 많습니다. 이 전자 이외의 모든 전자들은 결정 구조 내에서 공유 결합을 이루므로 나머지 한 개의 전자는 결정 구조 안을 자유로이 돌아다니면서 전하의 운반체 역할을 합니다. 그래서 반도체는 공유 결합을 이루고 있는 전자를 굳이 끌어내지 않고도 전류를 통과시킬 수 있습니다. 이렇게 극히 적은 양의 인을 첨가하는 것을 '도핑(doping)'이라고 부르며 이렇게 여분의 전자가 극미량 들어 있는 반도체를 'n형 반도체'라고 합니다.

가장 바깥쪽 궤도의 전자 수가 규소보다 하나 적은 알루미늄을 인 대신 써도 비슷한 결과가 나타납니다. 그런데 이번에는 음전하를 띤 여분의 전자가 생기는 것이 아니라 전자가 조금 모자란 상태, 그러니까 양전하를 띤 정공이 존재하는 상태가 됩니다. 이런 반도체는 'p형 반도체'라고 부릅니다.

마이크로 일렉트로닉스

텔레비전, 라디오로부터 자동차의 시동 장치, 가정의 도난 방지 장치와 세탁기, 휴대용 계산기에 이르기까지 모든 전자 기기의 심장부에는 마이크로 일렉트로닉스(microelectronics) 제품이 자리 잡고 있습니다. 이 편리한 도구들은 모두 반도체 소자(Semiconductor devices)에 의존하고 있습니다. 여기서 '소자'란 두 개 또는 그 이상의 n형 반도체와 p형 반도체가 결합하여 뭔가 유용한 일을 하는 것을 뜻합니다.

가장 단순한 형태의 반도체 소자는 다이오드(diode)인데, n형 반도체층 하나와 p형 반도체층 하나로 구성되어 있습니다. 이렇게 두 개의 층을 갖춘 반도체 소자가 만들어지면, 처음에는 전자와 정공이 두 층 사이의 경계선을 넘어 전체로 퍼집니다. 여기서 자유전자가 정공을 만나면 그 공간을 채워서 공유 결합을 이루는 보통의 전자로 돌아갑니다. 이 과정에서 전자와 정공은 모두 '사라져'버리고 따라서 더는 전하를 운반할 수 없게 됩니다. 이렇게 되면 불순물(인 또는 알루미늄) 원자들은 원래의 전자나 정공을 모두 잃고 이온이 되어 경계선 부근의 일정한 공간을 차지하게 됩니다. 그 결과 경계선 양쪽에 전하를 띤 이온층이 생겨납니다. 이때 양이온은 n쪽에, 음이온은 p쪽에 각각 늘어서는 것입니다.

이런 모습으로 일단 반도체 소자가 만들어지면 두 개의 이온층은 반도체 안에 영원히 자리를 잡습니다. 그러면 자유전자는 음이온과는 서로 밀치고 양이온과는 끌어당기기 때문에 경계선을 넘어 양이온층으로 움직이게 됩니다. 이렇게 해서 두 개의 이온층은 전자가 움직이는 방향을 결정해줍니다. 이 경계선이 하찮게 보일지 모르지만 오늘날의 전자 산업은 거의 모두 이 얇은 이온층에 의존하고 있습니다.

다이오드는 정류기로 쓰이는 때가 많습니다. 여기서 다이오드의 역할은 흐름의 방향이 바뀌는 교류를 한쪽 방향으로 흐르는 직류로 1초에 50번 또는 60번씩 바꿔주는 것입니다. 교류가 '바른' 방향으로 흐를 때는 다이오드가 전자를 그대로 통과시킵니다. 그러나 방향이 반대로 바뀌면 전자는 전하를 띤 이온층의 경계를 넘어가지 못합니다. 따라서 일단 다이오드를 통과한 전류는 '바른' 방향으로만 흐르며 더 이상 방향을 바꾸지 않습니다. 퍼스널 컴퓨터(PC)나 텔레비전 안을 들여다보면 벽의 콘센트에서 나온 전선이 제일 먼저 들어가는 곳이 있습니다. 이곳은 간단히 말해 매우 복잡하고 성능 좋은 다이오드가 자리잡은 장소입니다. 그 기능은 교류를 정류해서 전자 제품 안의 각종 부품이 필요로 하는 직류로 바꾸는 것입니다.

다이오드는 또한 앞으로 더욱 중요한 에너지원이 될 태양 에너지

기구에서 핵심적인 역할을 담당합니다. 태양광선은 얇은 n형 반도체 층을 치면서 이 층의 전자 일부를 자유전자로 만들기에 충분한 에너지를 만듭니다. 이 자유전자들은 앞서 말한 고정 이온층과의 전기적 반발력과 인력에 따라 경계선을 넘는데 전자의 이동은 전류의 흐름을 뜻합니다. 달리 말하면 원자 수준의 조그만 전지가 생겨나는 것입니다. 이런 광전지를 전기회로에 연결하면 햇빛이 비치는 한 계속해서 이 회로에 전류를 공급하게 됩니다. 인공위성에 실린 기계를 작동시키기 위해 태양전지를 사용하며, 과학자들은 대규모 태양 에너지 발생 장치들을 건설하여 재래식 화력 발전 혹은 핵 발전을 태양 에너지가 대신할 수 있는 방법을 연구하고 있습니다. 많은 과학자와 엔지니어들은 21세기에 태양 에너지의 역할이 계속 커질 것으로 예측하고 있습니다.

아마 이제까지 발명된 반도체 소자 중 가장 중요한 것은 트랜지스터일 것입니다. 가장 단순한 트랜지스터는 세 개의 층(pnp 또는 npn)으로 이루어진 샌드위치 모양인데 각 층에는 전선이 연결되어 있습니다. 각 층의 경계선 부근에는 다이오드에서와 마찬가지로 반대로 전하화한 두 개의 이온층이 있습니다. 트랜지스터는 빠르고 성능 좋은 증폭 장치, 감지 장치 또는 스위치로 쓰입니다. 트랜지스터가 쓸모 있는 이유는 아주 약한 전기만 사용하여 자유전자로 하여금 경계선 양쪽의 이온층의 전하를 이길 수 있도록 해준다는 것입니다. 이렇게 되면 전자는 경계선을 넘어 반대 방향으로 흘러갑니다. 전기를 끄면 이온층 때문에 전자는 다시 멈춥니다. 이렇게 해서 약한 전압으로 큰 전류를 껐다 켰다 할 수 있으므로 매우 빠른 스위치로 쓸 수 있습니다. 이런 스위치는 컴퓨터에 없어서는 안 될 요소입니다. 전압을 가하는 방법을 약간 바꾸면 트랜지스터는 증폭 장치의 역할을 하여 작은 전류(예를 들어 자동차 라디오의 안테나에서 흘러 들어오는 전류)를 큰 전류로 바꾸어 스피커를 힘차게 울리게 합니다. 트랜지스터는 이 제까지 발명된 기구들 중 가장 다양한 기능을 갖춘 것에 속하며 용도도 수백 가지에 이릅니다.

뭐니 뭐니 해도 현대 전자공학 혁명의 주역은 마이크로칩입니다. 이것은 엄청난 수의 다이오드나 트랜지스터 같은 장치를 서로 연결하여 하나의 규소판(칩) 위에 올려놓은 것입니다. 첨단 기술 덕분에 n층과 p층을 조그만 자리에 수없이 겹쳐놓는 것이 가능해졌습니다. 칩을 만드는 방법은 칩 원료가 되는 판을 규소가 포함된 증기 속에 넣어 이 증기를 판 위에 응축시키는 것입니다. 이른바 집적회로는 이런 식으로 셀 수도 없이 많은 n형과 p형 반도체를 엇갈리게 만들어 결국 엄청난 수의 트랜지스터를 조그만 공간에 집어넣은 것입니다. 집적회로 하나하나는 저마다 고유의 기능, 예를 들어 전압 조정, 연산, 시간 기록 기능 등을 수행하는 모듈입니다. 우리가 쓰는 휴대용 계산기나 PC의 심장부에는 우표 크기만 한 칩이 자리잡고 있습니다.

컴퓨터

이제까지 개발된 모든 전자 기기들 중 사회에 가장 큰 영향을 끼친 것은 컴퓨터입니다. 이제 컴퓨터가 쓰이지 않는 곳은 없습니다. 항공편 예약, 교통신호 제어, 슈퍼마켓에서의 가격 계산, 심지어 자동차 엔진의 작동을 관리하는 데까지 쓰이고 있습니다. 사무실에서 쓰는 PC나 연구소에 있는 슈퍼컴퓨터까지 모든 컴퓨터의 심장부에는 스위치 역할을 하는 트랜지스터가 배열된 마이크로칩이 들어 있습니다. 이들은 켜진 상태, 즉 전류가 흐르는 상태에 있거나 꺼진 상태, 즉 흐르지 않는 상태에 있습니다. 컴퓨터는 1초에 수백만 번씩 이 트랜지스터들을 껐다 켰다 하는 것으로 제 기능을 발휘합니다.

컴퓨터는 이렇게 트랜지스터의 꺼짐 상태(즉 0)와 켜짐 상태(즉 1)를 결합하여 정보를 저장하고 처리합니다. 컴퓨터 기술자들은 정보를 '비트(bit)'라는 단위로 계산합니다. 1비트는 스위치 하나에 저장된 정보, 즉 0 또는 1을 의미합니다. 1바이트(btye)는 8비트인데, 보통 PC는 수백만 비트에서 수십억 비트까지 정보를 저장하고 처리할 수 있습니다.

초전도체

보통의 전도체 안에서 전자들은 이동하면서 원자와 충돌하고 이 과정에서 에너지를 내놓습니다. 그 결과 전도체의 온도가 올라갑니다. 이것을 가리켜 전기 저항이 있다고 합니다. 몇 가지 물질을 아주 낮은 온도에 놓았을 때 생기는 초전도성은 전혀 저항 없이 전류를 통과시키는 특성을 가리킵니다. 물리학에서 저항이 적다는 것과 저항이 없다는 것은 하늘과 땅 차이입니다. 초전도체가 과학적으로 중요한 이유는 이들이 보통의 고체와는 매우 다른 물질의 상태를 나타내는 데 있습니다. 그러나 초전도체가 관심을 끄는 더 큰 이유는 엄청난 기술적 가능성 때문입니다.

초전도체는 열을 내지 않고 대량의 전류를 흘려 보낼 수 있습니다. 따라서 엄청난 힘을 지닌 전자석을 만들 수 있기 때문에 초전도체의 상업적 이용은 많은 사람들의 관심을 끕니다. 재래식 전자석이 별로 크지 않은 초전도자석의 일을 감당하려면 그야말로 몇 톤에 달

하는 구리선과 냉각수가 필요합니다. 의사들은 초전도자석이 내는 강력한 자기장을 이용해서 수술하지 않고 안전하게 사람의 몸 속을 들여다볼 수 있습니다. 이 장치를 자기공명영상장치(MRI)라고 부릅니다. 공장이나 공항에서도 이것을 이용해서 중요한 금속 부품에 금이 가거나 결함이 발생하지 않았나를 점검합니다. 고에너지 물리학 분야에서도 초전도자석을 이용해서 소립자들을 가속시키는 연구를 하고 있습니다.

자기 부상 열차도 초전도자석이 쓰이는 사례 중 하나입니다. 열차에 장착된 초전도자석은 금속으로 된 궤도에 유도 전류를 일으켜 열차를 지면으로부터 띄워 올립니다. 기존의 금속 바퀴를 사용하는 고속열차는 시속 250킬로미터 이상을 내기 힘들지만, 자기 쿠션 위에 떠 있는 열차는 제트기의 속도로 미끄러져 나갈 수 있습니다.

새로운 분야

기본적 화학 결합의 형태와 그에 따른 다양한 전기적 반응은 수십 년 전에 이미 알려졌지만 특별한 전도체의 성질을 지닌 신소재는 계속해서 발견되고 있습니다. 뛰어난 전기적 특성을 지닌 신소재 개발이야말로 과학자들의 주요 과제이며 사실 해마다 새로운 소재들이 뒤를 이어 발견되고 있습니다.

새로운 초전도체

1987년까지만 해도 인류가 알고 있는 모든 초전도체는 절대 온도 0도 근처에서는 초전도성을 드러냈습니다. 상업적으로 사용되는 초전도체는 나이오븀(니오븀)이라는 금속의 합금으로 되어 있었습니다. 값비싼 액체 헬륨에 이 초전도체를 넣어 극도로 온도가 낮은 환경을 만들어줘야 했다는 뜻입니다. 초전도체를 사용하는 의료, 군사, 연구용 장비의 사업 규모는 연간 10억 달러가 넘습니다.

1987년과 1988년에 과학자들이 훨씬 더 높은 온도에서 초전도성을 띠는 몇 가지 물질을 찾아내자 이것은 대단한 뉴스가 되었습니다. 과학자들은 온도 기록을 계속 경신하여 켈빈 온도로 125도(약 영하 150°C)에 도달했는데, 이는 저렴한 냉각재인 액체 질소 온도의 두 배 정도가 됩니다. 전 세계 수많은 연구자들이 새로운 초전도체를 찾는 데 매달려 있지만 1980년대처럼 빠른 속도로 성과를 올리지는 못하고 있습니다. 초전도체 연구의 '성배(聖杯)'라고 불릴 만한 것은 상온에서 초전도성을 띠는 물질입니다. 그러나 빠른 시간 내에 그것을 찾아내기는 어려울 것 같습니다.

새로운 반도체

과학자들이 주력하고 있는 또 다른 분야는 새로운 반도체를 합성해내는 것과 더 작은 전자 기기를 만들어내는 것입니다. 오늘날은 규소가 이 분야를 지배하고 있지만 갈륨-비소 반도체(갈륨과 비소를 일대 일로 결합한 것)와 같은 신소재를 이용하면 더 빠른 회로를 만들수 있을 것입니다.

성능 좋은 전도체

일상생활에서 전기의 중요성을 감안할 때 이 분야의 새로운 발견은 산업계로부터 열렬한 환영을 받게 될 것입니다. 신소재의 장점은 제조와 사용이 간편하다는 사실과 전자의 흐름을 더욱 쉽게 제어할수 있는 가능성에 있습니다.

유기물 전도체는 탄소 골격에 금속 원자가 추가된 긴 분자열에 의해 만들어집니다. 이 금속 원자가 절연체인 플라스틱을 전도체로 변화시킵니다. 이렇게 하면 플라스틱으로 전자 회로를 만들 수 있게 되는데 이것이 성공하면 전자 산업에 혁명적 변화를 몰고 올 것입니다.

또 다른 종류의 신소재는 원자를 적절히 배열해서 전자가 물질 전체에 퍼지지 못하고 2차원의 평면이나 1차원의 선상에서만 이동하게끔 합니다. 예를 들어 이들 신소재 가운데 일부는 마치 종이와 은박지를 교차시켜 놓은 듯한 구조로 되어 있어 전자가 은박지로만 통과합니다. 어떤 소재는 전체적으로 절연체인 물질 내부에 긴 금속 원자고리를 지니고 있어 전자가 이 통로만을 따라 움직입니다. 즉 1차원에서만 이동하는 것입니다. 두 가지 경우 모두 기존의 구리선을 사용하는 것보다는 전류의 흐름을 제어하기가 훨씬 쉽습니다. 이러한 성질을 잘 개발한다면 새로운 전자 기기를 만들 수 있을 것입니다.

양자 와이어

반도체에서는 양자 와이어(quantum wire)라는 방법을 써서 전도성을 얻을 수 있습니다. 이것은 얇고 도핑 처리가 된 어떤 종류의 반도체를 다른 종류의 반도체 두 장 사이에 샌드위치처럼 끼워 넣은 것입니다. 예를 들어 인으로 도핑된 n형 반도체 층을 비소(원자번호 33)로 도핑된 n형 반도체 층 사이에 삽입하는 것입니다. 이렇게 되면 중간층(보통 원자 하나의 두께)이 전자를 포착하는 역할을 합니다. 그러고 나서 이 샌드위치를 가늘게 썰어 연결하면 양자 와이어가 완성됩니다. 양자 와이어는 현재로서는 순수하게 실험 차원에만 머물고 있지만 현대 반도체 기술이 어떤 마술을 부릴 수 있을지 엿보게 해줍니다.

열쇠 7

흑연과 다이아몬드의 화학

원자의 구성

다음 물건들에 대해 다시 한 번 생각해봅시다.

코끼리, 팬티스타킹, 엠파이어 스테이트 빌딩, 모래, 사람의 왼쪽 귀,
태평양, 공기, 두부, 목성, 맥주, 이 책

이들이 모두 몇 가지의 원자로만 이루어져 있다면 왜 서로 모습이
그토록 다를까요? 그 답은 여러분이 쓰고 있는 연필의 심과 아름다
운 여배우의 손가락에서 빛나는 다이아몬드 반지에서 찾을 수 있을
것입니다. 아마 흑연으로 된 연필심과 다이아몬드만큼 차이가 큰 고
체를 찾기도 쉽지 않을 것입니다. 하나는 검고 하나는 투명합니다.
하나는 부드러워서 종이 위에 자국을 남기고, 다른 하나는 워낙 단
단해서 아무것에나 대고 그으면 흠집이 생깁니다. 하나는 단조롭고
멋없이 생긴 반면, 다른 하나는 찬란한 광채를 냅니다. 게다가 흑연

은 아주 싸고 다이아몬드는 값이 어마어마합니다. 그러나 흑연이든 다이아몬드든 100% 탄소로 이루어져 있다는 사실은 같습니다. 둘 사이에 차이가 있다면 탄소 원자가 결합한 방식의 차이뿐입니다. 흑연, 다이아몬드, 그리고 수만 가지 물질의 원자 구조를 연구한 결과 과학자들은 다음과 같은 사실을 알아냈습니다.

"물질의 특성은 원자가
어떻게 배열되어 있는가에 따라 결정된다."

우리가 보고 만지는 모든 것, 그리고 끝없이 다양한 모습과 특성을 보이는 수많은 물질들은 여러 가지 형태로 배열된 원자로 이루어져 있습니다. 원자를 특성에 따라 분류하면 수십 가지밖에 안 되지만 이들이 서로 결합해서 기체, 액체, 고체를 이루는 방법의 수는 무한합니다.

물질의 상태

일상생활에서 우리들이 접하는 물질들은 한 가지 원자로 된 것보다는 여러 가지 원자가 결합된 것이 훨씬 많습니다. 원자 몇 개가 결합해서 분자를 이루고 이 분자가 모여서 우리가 흔히 접하는 물질을 만듭니다. 우리가 입는 옷, 타고 다니는 자동차, 그리고 심지어 먹는 것과 숨 쉬는 공기까지 모두 분자로 이루어져 있습니다. 원자가 어떻게 결합되어 있는가에 따라 이 원자 혹은 분자들의 대규모 집단은 설령 같은 원자로 되어 있을지라도 아주 다른 모습을 띠게 됩니다. 과

학자들은 이렇게 다양한 결합을 가리켜서 물질의 상태라고 부르는데 물질의 상태 중 가장 보편적인 것이 바로 기체, 액체, 고체입니다.

기체

기체는 풍선을 채우고 총알을 날아가게 하고 지구의 대기를 이루고 있습니다. 대부분의 기체는 우리가 숨 쉬는 공기처럼 눈에 보이지 않지만, 우리는 바람이 불면 무엇인가가 있다는 것을 느낄 수 있습니다. 모든 기체의 공통적 특징은 퍼져 나가는 힘입니다. 기체는 어떤 공간에 넣으면 그 공간의 크기가 어떻든 고루 퍼져 나갑니다. 이것은 기체의 원자 구조가 지니는 성질을 보여줍니다.

각 기체의 알갱이는 하나의 원자(예를 들어 네온이나 헬륨)로 되어 있거나 산소(O_2), 이산화탄소(CO_2), 메탄(CH_4)처럼 두 개 이상의 원자가 모인 분자로 되어 있습니다. 만약에 우리가 기체의 원자나 분자를 수억 배로 확대해서 볼 수 있다면 아마 이들은 텔레비전에서 로또

복권 당첨자 발표를 할 때 볼 수 있는 것처럼 멋대로 돌아다니는 조그만 공들의 모임처럼 보일 것입니다. 기체의 알갱이는 서로 달라붙지 않으며 기체를 담고 있는 그릇의 벽과 부딪치기도 하고 자기들끼리 충돌하기도 합니다. 자동차 타이어 속의 공기는 압력이 상당히 높습니다. 조그만 공들이 빠른 속도로 날아다니면서 타이어 안쪽의 벽과 부딪치거나 자기들끼리 끊임없이 부딪치기 때문입니다. 압력솥이나 짓눌린 풍선 안에서는 같은 양의 공기가 더 적은 공간 안에 존재해야 하므로 자연히 압력이 높아지게 됩니다. 기체를 가열하면 분자가 더 빨리 움직이고 서로 부딪치는 힘도 강해져서 압력이 높아집니다. 압력솥 안에서 음식이 익는 것은 바로 이런 원리 때문입니다.

뭔가가 폭발할 때 큰 에너지가 나오는 것은 밀도가 높은 고체나 액체가 갑자기 뜨겁고 팽창하는 기체로 변화하기 때문입니다. 총알, 포탄, 로켓은 이 힘으로 날아가는데 이 힘이 바로 각각의 원자나 분자가 서로 충돌하는 힘인 것입니다.

태양 내부처럼 온도가 매우 높은 곳에서는 기체의 성질이 상당히 달라집니다. 이렇게 기체와 비슷한 물질의 상태를 플라즈마라고 부르는데 이 상태에서는 전자가 원자로부터 떨어져 나갑니다. 낮은 온도에서는 원자에서 떨어져 나오는 전자가 아주 적습니다. 그러나 기체의 온도가 섭씨 수만 도까지 아주 높아지면 전자는 기체의 분자로부터 모두 분리되어 완전한 플라즈마를 형성합니다. 플라즈마는 보통의 기체에서는 볼 수 없는 특이한 성질을 띱니다. 예를 들어 플라즈마는 전류를 통과시키기도 하고 자기장 안에 가둬놓기도 합니다. 플라즈마를 고체, 액체, 기체에 이어 물질의 네 번째 상태라고 부르기도 합니다.

여러분이 실제로 플라즈마의 존재를 느끼지 못한다 할지라도 우주 전체를 놓고 봤을 때 플라즈마는 가장 흔한 물질의 상태입니다. 태양을 포함해서 모든 항성은 수소와 헬륨이 주성분인 고밀도의 플라즈마로 이루어져 있고, 지구를 비롯해 몇몇 행성들의 대기권 바깥에는 플라즈마와 비슷한 기체가 존재합니다. 형광등 안에도 플라즈마가 존재합니다. 물론 원자로부터 떨어져 나온 전자의 수는 매우 적지만 말입니다.

액체

기체와 마찬가지로 액체도 고정된 형태가 없긴 하지만 부피가 정해져 있다는 것이 기체와 다른 점입니다. 액체를 원자 수준에서 보면 통 안에 들어 있는 유리구슬과 비슷합니다. 구슬과 마찬가지로 액체 분자들은 서로 미끄러지기도 하고 빈 공간이 있으면 들어가서 채우기도 합니다. 각각의 분자는 서로 붙어 있지 않기 때문에 모습을 자유로이 바꾸기도 하고 마룻바닥에 쏟아지기도 하는 것입니다.

고체

고체는 어느 정도 형태가 고정된 물질입니다. 고체 속에서 원자들은 제자리에 고정되어 있기에 충분한 힘으로 서로 묶여 있습니다. 결정체, 유리, 플라스틱은 가장 보편적인 고체이고 원자 구조가 얼마나 규칙적인가에 따라 구별됩니다.

금속, 보석, 뼈, 컴퓨터 칩 같은 것들은 결정체입니다. 이들은 규칙적인 3차원의 원자 배열을 갖추고 있고 이 배열이 수없이 반복되어 고체를 이룹니다. 결정체는 상자를 쌓아 올려 만든 거대한 덩어리와도 같습니다. 상자들의 크기와 모습은 모두 똑같고 또한 각 상자들의 원자 구성도 같습니다. 실제로 이 상자 하나의 크기는 4백만분의 1센티미터밖에 되지 않고 상자 하나에 들어 있는 원자의 수도 수십 개에 불과합니다. 결정체의 구조는 질서정연해서 같은 종류의 원자들이 층층이 쌓아 올려진 모습을 하고 있습니다. 이 상자 더미 속에서는 어느 방향으로 가도 같은 모습만이 보입니다.

20세기에 발명된 플라스틱은 아마 우리가 일상생활에서 가장 자주 마주치는 물질일 것입니다. 일반적으로 쓰이는 플라스틱은 자연에는 존재하지 않는 합성 화학 물질이며 탄소 원자로 연결된 사슬 모양의 분자들로 이루어져 있습니다. 이 사슬을 따라 걸어가다 보면

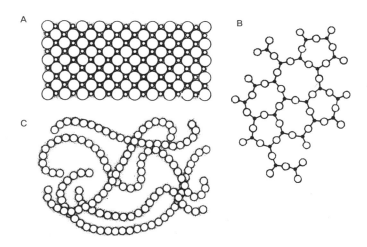

세 가지 종류의 서로 다른 고체가 저마다의 원자 구조를 보여주고 있다. A는 결정체로 똑같은 원자의 '상자'가 질서정연하게 쌓여 있다. 이 상자 수조 개가 모여 조그만 하나의 결정을 이룬다. B는 유리로 무작위적인 구조를 하고 있다. 여기서는 어떤 출발점에서 어느 정도 움직이면 어떤 원자를 만날지 전혀 예측할 수가 없다. C는 플라스틱으로 폴리머(중합체)라 불리는 긴 탄소 원자의 사슬을 이루고 있고 원자들은 사슬을 따라 한 방향으로 배열되지만 사슬을 벗어난 곳에서는 무작위로 놓이게 된다.

마치 실에 꿰인 구슬처럼 탄소 원자들이 늘어선 모습을 보게 될 것입니다. 그런데 이 사슬들이 도저히 풀 수 없을 정도로 뒤엉켜서 덩어리를 이루고 있기 때문에 플라스틱이 단단하고 질긴 것입니다. 열을 가하면 이 사슬들은 서로 약간씩 분리되어 옆으로 미끄러집니다. 그러면 플라스틱은 말랑말랑해지고 따라서 거푸집에 붓거나, 눌러 펴거나, 혹은 다른 방법으로 모습을 바꿀 수 있는 것입니다. 이 플라스틱의 목록을 다 쓰자면 끝이 없지만 대표적인 것으로는 나일론과 폴리에스테르(의복과 섬유), 루사이트(조각), 비닐(바닥 타일과 가구), 에폭시(시멘트와 접착제) 등이 있습니다.

유리의 구조는 결정체나 플라스틱과는 상당히 다릅니다. 유리 속에 있는 원자들은 거의 무작위로 묶여 있지만 원자 구조에는 약간의 규칙성이 있는 것이 보통입니다.

예를 들어서 보통 판유리는 규소와 산소로 되어 있는데 이 안에서 규소 원자는 산소 원자 네 개에 둘러싸여 있고 산소 원자는 규소 원자 두 개와 이웃하고 있습니다. 그러나 판유리에는 우리가 앞서 이야기한 것처럼 곱게 쌓인 상자 같은 것은 없습니다. 어떤 방향으로든 몇 개의 원자를 지나가 보아도 다음에 산소 원자를 만날지 규소 원자를 만날지 전혀 예측할 수가 없습니다. 바로 이웃해 있는 원자를 제외하면 다음에 무엇이 나올지 알 수 없는 것입니다.

상(相)의 변화

얼음 조각이 방바닥에 떨어지면 녹아서 물방울이 생깁니다. 난로에 주전자를 올려놓고 물을 끓이면 수증기가 생깁니다. 페인트를 칠하고 나서 붓을 씻어놓지 않으면 딱딱해져서 쓸 수 없게 됩니다. 이

것들은 물질이 상(相)을 바꾸는 과정의 예입니다. 첫 번째 경우는 고체에서 액체로, 두 번째는 액체에서 기체로, 세 번째는 액체에서 고체로 바뀌는 것입니다. 상이 바뀐 후에도 원자와 분자는 바뀌기 전과 다름이 없지만 이들 사이의 관계에는 변화가 일어납니다.

얼음 조각을 보면, 결정 격자 안의 물 분자는 공기 중에서 열을 흡수함에 따라 점점 빨리 진동하게 됩니다. 속도가 아주 빨라지면 이들은 서로 떨어져 나와 자유로이 돌아다니게 됩니다. 그러면 얼음은 물이 되고 이때 우리는 얼음이 녹았다고 말합니다. 마찬가지로 난로 위의 주전자 속에 있는 물 분자들은 움직임이 점점 빨라져서 서로 분리되고 기체가 되어 대기 속으로 들어갑니다. 반면에 페인트가 굳을 때 원자들은 한 줄로 늘어서서 긴 사슬을 만듭니다. 물리학자들은 이렇게 물질이 형태를 바꾸는 것을 가리켜서 상 전이(轉移)라고 합니다.

그런데 상 전이가 일어나려면 에너지가 필요합니다. 물질이 녹거나 끓을 때는 열을 흡수하는데 처음 한동안은 온도가 올라가지 않습니다. 그때까지의 에너지는 온도를 올리는 데 쓰이는 것이 아니고 원자 간의 결합을 끊는 데 쓰이는 것입니다.

음료수를 시원하게 마시기 위해 얼음 조각을 집어넣는 것은 바로 이것 때문입니다. 냉동실에서 갓 나온 얼음의 온도는 $0°C$보다 훨씬 낮습니다. 얼음을 컵 속에 집어넣으면 음료수로부터 열을 빼앗아 얼음은 따뜻해지기 시작하고 음료수는 차가워집니다. 얼음의 온도가 $0°C$까지 올라가도 이 얼음은 결정 구조를 이루고 있는 물 분자 사이의 결합을 모두 깨뜨릴 만한 에너지를 충분히 흡수하기 전까지는 $0°C$에 머무릅니다. 얼음 조각이 완전히 녹아서 모두 물이 된 다음에야 컵 속의 음료수 온도가 올라가기 시작합니다.

화학 반응

화학에는 결합과 상태의 변화 말고도 아주 많은 것들이 있습니다. 원자와 작은 분자가 모여 큰 분자를 만들고, 큰 분자들이 다시 작은 조각으로 쪼개지는 과정인 화학 반응이 존재하지 않는다면 세상은 상당히 지루할 것입니다. 음식을 한 입 베어 물거나, 성냥을 켜거나, 손을 씻거나, 차를 운전하는 것은 모두 화학 반응에 시동을 거는 일입니다. 매일 매 순간, 음식의 소화부터 혈액이 응고되는 것에 이르기까지 온몸의 세포 하나하나에서 무수한 화학 반응이 일어나 생명을 지탱해줍니다.

모든 화학 반응은 원자가 재배열되기 때문에, 그리고 원자의 제일 바깥쪽에 있는 전자가 자리를 바꿔서 새로운 화학 결합을 형성하기 때문에 일어납니다. 그러니까 은색의 말랑말랑한 금속나트륨이 부식성이 강한 염소 가스와 접촉하면 서로 격렬하게 반응하여 염화나트륨, 즉 소금을 만들어냅니다. 쇠 한 조각이 대기 중에서 산소를 만나면 앞의 예보다는 훨씬 느리지만 서로 반응하여 녹을 만들어냅니다.

산화와 환원

우리를 둘러싼 세상에서는 헤아릴 수 없도록 많은 화학 반응이 일어납니다. 어떤 반응은 자연적으로 일어나고 어떤 반응은 인간이 의도했거나 개입한 결과 일어납니다. 그런데 일상에서는 몇 가지 종류의 화학 반응만 반복해서 눈에 띕니다. 지구 대기의 가장 뚜렷한 특징은 화학적으로 매우 활발한 기체인 산소가 많다는 점입니다. 산소는 일상생활에서 가장 흔하게 나타나는 여러 가지 화학 반응에서 주역을 맡고 있습니다. 어떤 화학 반응이든 산소가 다른 원소와 결합하면서 전자를 받아들이면 '산화'에 해당합니다. 녹이 스는 것은 금속 원소인 철이 산소와 결합하여 흔히 볼 수 있는 붉은 녹(산화철)을 천천히 만들어 가는 과정이며, 연소는 탄소가 많이 들어 있는 연료와 산소가 결합하여 이산화탄소를 만들어내는 산화 과정인데 녹이 스는 것보다 훨씬 빠르게 진행됩니다.

환원은 산화의 반대 과정입니다. 그러니까 어떤 원자에다 전자를 주는 과정이라는 뜻입니다. 과학자들이 산소라는 원소를 발견하기 수천 년 전부터 원시 시대의 대장장이는 철광석을 녹여 환원시키는 방법을 알고 있었습니다. 철을 제련하는 과정에서 대장장이들은 산화철로 된 철광석과 산화칼슘으로 된 석회석을 섞어 아주 뜨거운 숯불로 가열했습니다. 석회석은 혼합물이 녹는 온도를 떨어뜨림과 동시에 산화철과 반응하여 금속으로서 철과 이산화탄소를 만들어냈습니다.

산화 반응과 환원 반응은 생명 유지에 반드시 필요하며 식물과 동물의 주된 차이도 이 두 가지로부터 비롯됩니다('열쇠 15' 참조). 동물은 탄소가 풍부한 먹이를 먹고 세포 안에서 이들을 산화시켜 에너지를 얻은 뒤 이산화탄소를 부산물로 내보냅니다. 식물은 태양광을 에너지원으로 이용하여 자신이 흡수한 이산화탄소를 환원시킵니다. 이 환원 반응을 통해 식물은 포도당과 산소를 생성하는데, 산소는 부산물로 밖으로 배출됩니다.

산–염기 반응

산은 흔한 부식성 화학 물질인데, 물에 넣으면 양전하를 띤 수소이온을 만들어냅니다. 레몬 주스, 오렌지 주스, 식초는 약산의 예이며, 자동차 배터리에 쓰이는 황산과 공업용 세척제로 쓰이는 염산은 강산입니다. 염기도 부식성을 띤 화학 물질인데, 물에 넣으면 음전하를 띤 수산이온(OH)을 만들어냅니다. '마그네시아 밀크'를 비롯한 제산제는 약알칼리이며 세척용 암모니아액이나 막힌 하수구를 뚫는 데 쓰이는 화학 물질은 강알칼리입니다.

산–염기 반응은 산과 염기가 만났을 때 발생합니다. 어떤 사람이 제산제를 먹으면 그 사람의 위산(초과된 수소이온이 들어 있습니다)과 제산제(초과된 수산이온이 들어 있습니다)가 섞입니다. 수소이온과 수산이온이 만나 물(H_2O)이 생겨나면 위산이 중화되었다고 말합니다.

중합과 해중합

단순 당과 아미노산 등 생명체를 이루는 가장 흔한 분자 수준의 기본 단위는 기껏해야 수십 개의 원자로 이루어져 있습니다. 그러나 단백질과 DNA를 비롯하여 생명체에 필수적인 분자들은 한 개가 수백만 개의 원자로 이루어져 있을 정도로 거대합니다. 어떻게 작은 단위가 생명의 기본을 이루는 거대한 구조로 발전할 수 있을까요? 답은 중합(重合, polymerization)이라는 과정에 있습니다.

중합체(폴리머)는 여러 개의 작은 분자가 서로 연결되어 생겨납니다. 생명체는 거미집, 엉긴 피, 근육의 섬유 및 기타 수많은 물질에서 볼 수 있는 것처럼 작은 분자를 중합 반응을 거쳐 긴 사슬로 만들어내는 기술을 터득했습니다. 플라스틱부터 페인트에 이르기까지 인공적으로 만들어내는 여러 가지 폴리머는 보통 액체 상태로 시작합니다. 액체 안에서는 작은 분자들이 자유롭게 움직이며 이웃한 분자들과 서로 비껴갑니다. 이렇게 자유로운 분자들이 서로 끝과 끝을 연결하면서 액체로부터 중합체가 형성되기 시작합니다.

쓰레기 매립지의 면적이 계속해서 줄어드는 오늘날, 수명이 너무 긴 폴리머의 문제가 심각해지고 있습니다. 그러나 시간이 지나면 대부분의 폴리머는 해중합(解重合, depolymerization)이라는 과정을 거쳐 더 짧은 단위로 분해됩니다. 가장 흔한 해중합의 사례는 부엌에서 볼 수 있습니다. 익히지 않은 고기가 질긴 것과 여러 가지 날 채소가 섬유질 때문에 뻣뻣한 것은 모두 폴리머 때문인데, 이들을 양념에 절이거나 익히면 중합이 풀립니다.

해중합 반응이라고 해서 다 바람직한 것은 아닙니다. 해중합으로 인해 박물관에 있는 가죽, 종이, 섬유 및 기타 유기 재료로 만든 역사적 유물이 손상되어 학예관들을 곤란하게 만들곤 합니다. 서늘하고 건조한 환경에 두면 해중합 과정을 늦출 수는 있지만 이미 분해된 물질을 다시 중합시키는 방법은 아직 발견되지 않았습니다.

물리적 성질

가게에 가면 우리는 종종 먹을거리를 시험해봅니다. 무슨 말인가 하면 토마토는 무르지 않았나 살짝 눌러보고, 고기는 신선한가 색을 보고, 상추는 싱싱한가 살펴보고, 빵은 딱딱하지 않나 만져본다는 것입니다. 이러한 행동은 우리가 사려고 하는 것의 물리적 성질을 시험해보는 것입니다.

물리적 성질이란 물질의 여러 가지 측면 중에서 우리가 측정해볼 수 있는 부분을 말합니다. 측정을 하려면 세 가지 요소가 필요합니다. 샘플, 에너지원, 감지 장치가 그것입니다. 샘플은 측정 대상이 되는 물질입니다. 샘플은 저마다 크기와 특성이 아주 다릅니다. 샘플은 소립자일 수도 있고, 과일 한 조각, 지구 전체, 은하계 전체일 수도 있습니다. 측정은 샘플과 어떤 형태의 에너지 사이의 상호작용에 의존합니다. 색은 물질과 빛 사이에서 일어나는 상호작용의 결과입니다. 전기 전도성은 물질과 전기장 사이의 상호작용입니다. 어떤 물질이 깨지기 쉬운 정도를 알려면 그 물질과 망치의 상호작용을 관찰하면 됩니다. 방금 이야기한 것처럼 에너지가 없으면 이런 성질들을 측정할 수가 없습니다.

감지 장치(센서)는 샘플과 에너지 사이의 상호작용을 측정합니다. 인간은 눈과 귀처럼 놀랄 만큼 민감한 감각 센서를 항상 휴대하고 다닙니다. 과학자들은 필름, 속도계, 온도계, 방사능 측정 장치 등 인간의 감각 능력을 뛰어넘는 센서들을 만들어냈습니다. 이들은 모두 물질과 에너지의 상호작용을 기록하는 장치들입니다.

우리는 수없이 많은 물질에 둘러싸여 있고 각각의 물질은 그 기능에 가장 적합한 성질을 갖고 있습니다. 책은 얇고 하얗고 부드러운 종이 위에 검은 잉크로 글씨를 써서 종잇장들을 강력한 접착제로 묶어놓은 것입니다. 지금 이 순간 여러분은 합판, 질긴 플라스틱, 가벼운 합금, 합성 섬유 같은 것으로 만들어진 편안한 의자에 앉아 이 책을 읽고 있을 것입니다. 저자들은 반도체 집적회로, 초박형 LCD 스크린, 구리로 된 전선, 다양한 플라스틱 절연체로 만든 PC로 이 책을 썼습니다.

방금 쓴 몇 개의 형용사—부드러운, 강력한, 가벼운—들은 우리가 측정할 수 있는 물리적 성질들을 말해줍니다. 과학자들은 수많은 서로 다른 물리적 성질들을 기계적, 자기적, 광학적 성질을 포함해 몇 개의 기본적인 범주로 분류해놓았습니다. 그런데 이 모든 성질은 원자의 종류, 그리고 원자들이 어떻게 결합되어 있는가에 따라 결정되는 것입니다.

기계적 성질

기계적 성질은 어떤 물질이 잡아당기거나 누르는 외부의 힘에 견디는 특성과 관련되어 있습니다. 쉽게 흠집이 나는가, 비틀거나 잡아당기면 부러지는가 하는 것들 말입니다. 기계적 특성은 일용품을 만드는 데 아주 중요합니다. 방바닥은 단단해야 하고 매트리스는 부드러워야 하며 칫솔은 탄력이 있어야 합니다. 그래서 어떤 과학자들은 유용한 기계적 특성을 지닌 '새롭고 개선된' 제품을 만들기 위해 일생을 바칩니다.

탄성과 강도

어떤 물질은 강하고 또 어떤 물질은 약합니다. 어떤 나뭇가지는 부드럽게 휘고 어떤 것은 부러집니다. 이 모든 차이는 원자 구조의 차이에서 비롯되는 것입니다. 두 가지 물질, 예를 들어 우리의 발과 방바닥이 접촉하면 두 개의 힘이 작용합니다. 중력은 우리를 아래로 끌어 내립니다. 그러나 우리가 땅속으로 빨려 들어가지 않는 것은 우리의 발바닥을 구성하는 물질의 전자와 방바닥 표면의 전자 사이에 전기적 반발력이 작용하기 때문입니다. 어떤 경우든 두 개의 물질이 서로 힘을 주고받게 되면 둘 다 미미하게나마 변형이 일어납니다. 눈에 보이지 않을 정도로 사람의 발은 좀 납작해지고 방바닥은 구부러집니다. 가해진 힘이 그리 크지 않으면 대부분의 고체들은 탄력성 있게 변형됩니다. 힘이 제거되면 원래 모습으로 돌아온다는 뜻입니다. 그러나 너무 강한 힘이 가해지면 물질은 탄성 한계에 도달하고 이렇게 되면 원래 형태로 돌아가지 못합니다. 금속은 구부러지고 종이는 구겨지고 유리는 깨집니다.

탄성과 강도는 모두 원자 구조에서 비롯됩니다. 앞서 화학 결합의 상대적 강도에 대해서 이야기할 때 이것을 잠깐 언급했습니다. 확실히 결합이 약한 물질은 강할 수 없습니다. 그러나 구성 요소 간의 결합력이 강한 물질도 원자가 적절히 배열되어 있지 않으면 약할 수도 있습니다. 결합이 어떤 식으로 조립되어서 3차원 구조를 이루는가에

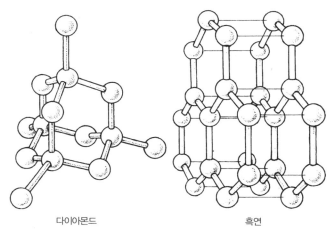

다이아몬드   흑연

다이아몬드와 흑연은 둘 다 100% 탄소로 이루어진 결정체이다. 그러나 이들의 원자 구조는 서로 판이하게 다르다. 다이아몬드에서 각 탄소 원자는 이웃하는 네 개의 탄소 원자와 함께 견고한 3차원 구조를 이루고 있다. 반면 흑연은 탄소 원자가 세 개씩만 서로 이웃하는 층 구조로 되어 있다.

따라 강약이 크게 달라지는 것입니다. 이것을 좀 더 잘 이해하려면 앞서 이야기한 다이아몬드와 흑연을 생각해보면 됩니다. 다이아몬드는 현재 알려진 자연계 물질 중에서 가장 단단하고 강한 물질입니다. 다이아몬드 결정체 안에서는 각각의 탄소 원자가 이웃한 네 개의 탄소 원자와 견고한 공유 결합을 이루고 있습니다. 그래서 다이아몬드는 치밀한 3차원 구조를 이루고 있는 것입니다.

흑연도 탄소 간의 결합이라는 점에서는 같지만 각각의 원자는 이웃하는 세 개의 탄소 원자와 결합해서 층을 이루고 있습니다. 흑연층들은 판데르 발스 결합으로 연결되어 있는데 그 결합이 매우 약하기 때문에 흑연은 아주 무른 것입니다. 연필로 글씨를 쓸 때마다 연필심 끝의 흑연층이 떨어져 나와 종이에 붙습니다. 달리 말하면 사람 손가락의 작은 힘만으로도 흑연층을 떼어낼 수 있다는 뜻입니다. 고리로 연결되어 있는 사슬을 잡아당기면 가장 약한 고리가 끊어집니다. 흑연도 마찬가지입니다.

탄소 간의 결합은 세상에서 가장 강한 섬유질을 만들어냅니다. 거미줄, 나일론 실, 나무, 여러 가지 플라스틱 등에서 탄소 원자의 긴 사슬은 없어서는 안 될 구조적 요소입니다. 이 분자의 사슬은 중합체(폴리머)라고 불리는데 만일 이 탄소의 사슬이 접히거나 엇갈린 모습을 하고 있어서 힘을 가했을 때 늘어나는 경우 아주 좋은 탄성체가 됩니다.

깨지기 쉬운 것과 그렇지 않은 것

망치를 들고 세라믹 도자기를 있는 힘껏 내리쳐봅시다. 그러면 무수한 파편이 생기면서 박살이 날 것입니다. 같은 방법으로 납덩이를 때려봅시다. 그러면 납은 움푹 들어가면서 충격을 흡수할 것입니다. 이런 차이는 원자 간 결합의 탄력성 차이에서 오는 것입니다.

세라믹 재료는 주로 이온 결합을 하고 있어서 양이온과 음이온이 서로 교차하면서 일정한 방향으로 비탄력적인 결합을 만들어냅니다. 결합력은 원자쌍이 배열된 방향과 똑같은 방향으로 배열됩니다. 이온 결합으로 이루어진 결정체는 단단한 공과 막대기로 쌓아 올린 모형과도 같습니다. 막대기 몇 개만 빠져나가면 전체가 무너집니다. 이런 물질을 힘껏 구부리면 막대기가 부러지고 본래의 모습으로 돌아오기 어렵습니다.

그런데 금속의 결합은 자유전자 때문에 방향성이 훨씬 적습니다. 금속 원자는 꿀통 속에 집어넣은 구슬과도 같습니다. 동그란 구슬은 이웃하고 있는 구슬들에 둘러싸여 제자리에 얌전히 앉아 있습니다.

그리고 꿀은 금속의 자유전자들이 만드는 전자 바다처럼 이 구슬들을 서로 달라붙어 있게 합니다. 꿀통을 기울이면 구슬들은 서로 미끄러지며 천천히 움직여서 새로운 배열을 이룹니다. 구슬이 배열된 모습은 전과 같지만 각 구슬의 위치는 달라졌습니다. 금속을 망치로 때리거나 구부리면 이와 똑같은 현상이 일어납니다. 원자의 층은 서로 미끄러지며 움직여서 새로운 형태를 만들어내지만 결합 자체는 유지되는 것입니다.

고무공을 때리면 전혀 다른 반응을 볼 수 있습니다. 고무에서 탄소 간 공유 결합은 강력하지만 방향성이라는 측면에서 매우 유동성이 큽니다. 공을 방망이로 치거나 발로 차면 변형되어 원자들이 한순간 서로 가까워집니다. 이 과정은 스프링을 누르는 것과도 같습니다. 사람이 스프링을 누르면 스프링에는 탄성 에너지가 생깁니다. 스프링에서나 고무공에서나 결합이 구부러지긴 해도 끊어지진 않습니다. 이렇게 저장된 에너지가 구부러진 결합이 제자리로 돌아갈 때 운동 에너지로 바뀌면서 공은 본모습으로 돌아오면서 튀어 나갑니다. 만약에 모든 공이 금속이나 도자기로 만들어진다면 스포츠는 얼마나 무미건조해질까요?

복합 재료

조립식 가구나 책장을 스스로 조립해본 사람이라면 누구나 복합 재료(composite material)들을 본 적이 있을 것입니다. 복합 재료는 현대 재료공학의 꽃입니다. 복합 재료는 여러 가지 재료를 결합해서 각각의 재료가 지니는 결점을 극복한 것입니다. 깨지지 않는 차 유리, 집적회로, 철근 콘크리트 같은 것들은 이러한 기술의 예입니다.

합판은 가장 고전적인 복합 재료 중 하나입니다. 합판은 얇은 나무의 층을 접착제로 붙이고 압축한 것으로 이웃한 층끼리 나뭇결을 서로 엇갈리게 해놓습니다. 이렇게 하면 결을 따라 쪼개지는 일이 없게 됩니다. 그래서 두께가 같을 경우 보통의 나무판보다 합판이 튼튼합니다. 게다가 작은 나무로도 넓은 합판을 만들 수 있는데 그것은 두루마리 휴지를 풀어내는 것처럼 한 그루의 나무에서 얇은 나무판을 벗겨낼 수 있기 때문입니다.

에폭시 수지에 강하고 탄력 있는 끈을 심어놓은 섬유 합성물은 가벼우면서도 강한 소재를 만들어냅니다. 유리를 머리카락처럼 가늘게 뽑아서 합성수지에 담근 후 굳힌 섬유유리는 이러한 재료의 대표적인 예입니다. 기술자들은 항공기를 만드는 데 탄소 섬유 합성물을 점점 더 많이 쓰고 있습니다. 탄소 섬유 합성물은 더욱 강력한 테니스 라켓과 골프채를 만드는 데도 쓰입니다.

자기 특성

모든 자기장은 전하의 움직임에 의해 만들어집니다. 하지만 냉장고 벽에 붙어 있는 자석을 보면 뭔가 움직이고 있다는 생각은 들지 않습니다. 이것은 그 자석의 자기적 특성이 다른 물질 특성들과 마찬가지로 원자 수준에서 나타나기 때문입니다.

모든 전자는 핵의 주위를 돕니다. 만약에 여러분이 전자의 궤도 옆에 서 있을 수 있다면 전자가 계속해서 옆을 스쳐 가는 것을 볼 수 있을 것입니다. 움직이고 있는 하나의 전자는 아주 적은 양의 전류입니다. 이렇게 궤도를 도는 전자들은 다른 전류와 마찬가지로 자기장을 만들어내며, 그들이 내는 순 효과는 그 원자에 자기장을 형성하는 것입니다. 그러니까 물질을 구성하는 원자 하나하나를 S극과 N극을 지닌 아주 작은 막대 자석으로 바꿔놓는 일을 상상할 수 있다는 뜻입니다. 거의 모든 물질에서 이 원자 자석이 무질서하게 배열되어 있어서 각각의 주위에 생성되는 자기장이 서로의 자기장을 상쇄해버립니다. 때문에 보통 물질은 자성이 없는 것입니다.

그런데 어떤 물질, 예를 들어 철, 니켈, 코발트 같은 것들은 원자가 배열된 방식이 그렇게 무질서하지만은 않습니다. 이런 물질 안에서 원자 자석들은 줄을 지어 늘어서 있습니다. 이런 배열은 한 면에 수천 개의 원자가 늘어선 블록 단위로 이루어지는데, 이러한 블록을 영역(domain)이라고 부릅니다. 각 영역 안에서 각각의 원자가 만들어내는 자기장은 전체 자기장을 더욱 강하게 만듭니다. 영구자석 안에서는 각 영역이 이웃하고 있는 영역의 자기장을 보강해줍니다. 그래서 자석 전체에서 큰 자기장을 만들어내는 것입니다. 그런데 자석을 가열하면 이 영역들의 배열이 흐트러져서 자석은 보통의 쇳조각으로 돌아가버립니다. 물론 이때도 각 영역 안의 질서는 계속 유지되지만 자석 전체로서는 자성을 잃게 되는 것입니다.

철이 지니는 자성이 이렇게 원자 수준에서 생겨난다는 것을 생각해보면 왜 모든 영구자석에는 S극과 N극이 꼭 함께 있는지, 그리고 왜 자석의 극이 독립된 N극, 독립된 S극으로 존재하지 못하고 항상 쌍을 이루는지를 알 수 있습니다. 자석을 자르면 항상 S극과 N극이 같이 존재하는 조각으로 잘립니다. 이것은 궤도상의 전자는 마치 전류로 만들어진 고리와 같으며, 이러한 고리들이 언제나 쌍극자장(dipole fields)을 만들어내기 때문입니다. 이 원칙은 자기장의 가장 작은 단위, 그러니까 원자까지만 적용됩니다. 원자를 더 작게 쪼개면 자성은 사라져버립니다.

광학적 특징

우리 인간들은 전자파 중에서 아주 좁은 영역을 차지하는 특정한 전자파, 즉 가시광선과 만났을 때의 물질이 움직이는 방식에 큰 흥미를 느낍니다. 사실 빛과 다른 영역의 전자파 사이에는 본질적인 차이가 없습니다. 그래서 우리는 물질과 라디오파 혹은 감마선의 관계를 같은 방법으로 다룰 수 있는 것입니다. 그러나 가시광선이 우리에게 특별한 의미를 지니는 것은 우리의 광선 감지 장치(눈)가 우리에게 어떤 물체의 광택, 투명도, 색, 그밖에 여러 가지 광학적 특성을 알려주기 때문입니다.

우리의 눈이 빨강, 노랑, 녹색, 파랑 등을 감지하는 것은 결코 우연이 아닙니다. 태양의 에너지 방출량은 가시광선의 파장 근처에서 최대가 되고 지구의 대기는 이들을 모두 통과시킵니다. 그런데 빛 에너지는 화학 결합을 이루는 여러 가지 전자들의 에너지와 비슷합니다. 따라서 우리가 색과 광택을 본다는 것은 사실은 화학 결합의 세계를 더듬고 있는 것과 같습니다.

빛이 물질과 반응하는 방법은 여러 가지입니다. 어떤 파장은 바다에서 물결이 배를 스치듯 물질에 거의 영향을 미치지 않고 그 물질의 결정 격자를 통과합니다. 어떤 파장은 물질의 원자와 반응을 하기는 하지만 변화는 일으키지 않고 흡수되었다가 방출되기도 합니다. 이 두 가지 과정을 통해 빛 에너지는 물질 속을 이동하고 이러한 과정을 투과라고 부릅니다. 창문 유리, 물, 대기 등은 모두 빛을 투과시킵니다.

빛은 물질 속(원자가 있는 곳)에서는 진공 속(원자가 없는 곳)보다 약간 느린 속도로 움직입니다. 그래서 투과된 빛은 물질의 표면에서 방향이 약간 달라지는데 이것이 굴절입니다. 여름에 뜨겁게 달아오른 아스팔트 위의 공기가 흔들리는 것, 물에 다리를 담그면 다리가 짧게 왜곡되어 보이는 현상, 볼록렌즈로 빛을 모을 수 있는 것 등은 모두 굴절의 흔한 예입니다. 현미경, 망원경과 우리가 항상 쓰는 안경, 카메라 같은 것은 렌즈로 빛을 굴절시켜 기능을 발휘합니다.

어떤 빛의 파장은 배를 치고 나오는 물결처럼 고체의 표면에서 튕겨 나옵니다. 그런데 빛이 평평한 면 위를 치는 각도와 튕겨 나오는 각도는 정확히 똑같습니다. 대부분의 물체는 표면이 울퉁불퉁하기 때문에 빛이 저마다 다른 각도로 반사되어 상(像)이 맺히지 않습니다. 그러나 아주 매끄러운 표면, 예를 들어 잘 닦인 금속면이나 거울의 표면에서는 훨씬 고르게 반사됩니다.

또 어떤 파장은 결정체에 에너지를 주고는 사라져버립니다. 이것이 흡수입니다. 보통의 햇빛(혹은 백색광)은 모든 파장의 빛(모든 색의 파장)을 한데 섞어놓은 것입니다. 우리가 어떤 물질의 색을 알아보는 것은 이 물질이 어떤 특정한 파장을 다른 파장보다 더 잘 흡수하기 때문입니다. 나뭇잎은 빨간색을 흡수하므로 녹색으로 보이고, 파란색을 흡수하는 색유리는 주황색으로 보입니다. 모든 파장을 흡수하는 물체를 우리는 까맣다고 말합니다.

빛의 각 뭉치, 그러니까 각 광자는 투과, 반사, 흡수 중 한 가지 현상을 일으킵니다. 이 현상들은 빛과 원자 사이에서 일어나는 상호작

용의 모습이며 따라서 모든 광자가 같은 방법으로 반응하는 것은 아닙니다. 진열장 앞에 서면 우리의 모습이 희미하게 비칩니다. 이것은 빛의 일부가 반사되고 있다는 사실을 증명해줍니다. 그러나 동시에 우리는 진열장 안의 상품을 볼 수 있습니다. 이것을 보면 빛이 투과되어 상품까지 도달했다가 다시 반사되어 나온다는 것을 알 수 있습니다. 물은 대부분의 빛을 투과시키지만 물 속으로 30미터만 들어가면 상당히 어두워집니다. 이것은 깊어질수록 물이 흡수하는 빛의 양이 늘어나기 때문입니다.

색이 있고 불투명한 물체, 예들 들어 염색한 옷감, 포스터 종이, 꽃 같은 것들은 자신이 흡수하지 않는 파장을 반사합니다. 투명하고 색이 있는 물체, 예를 들어 색유리나 보석, 칵테일 같은 것들은 흡수하지 않는 파장을 투과시킵니다. 사람의 몸도 빛의 일부를 흡수하지만 일부는 반사시킵니다. 반사는 두 군데, 그러니까 피부 표면과 표면 약간 안쪽에서 일어납니다. 이것 때문에 건강한 피부에는 '윤기'라는 것이 흐르게 됩니다. 물체는 저마다 독특한 광택을 지니는데 이것은 물질에 따라 빛이 투과, 흡수, 산란되는 방법이 다르기 때문입니다. 번들거리거나, 금속성 광택이 나거나, 윤이 나거나 아니면 밋밋한 모습을 띠게 되는 것입니다. 가시광선의 파장마다 광자들이 투과, 흡수, 산란되어서 무한한 종류의 색상과 광택을 만들어냅니다.

그러면 왜 특정한 물체는 빛에 대해 특정한 방식으로 반응할까요? 이것을 설명하자면 매우 복잡하지만 간단히 말하면 이 현상은 원자와 원자에 속해 있는 전자가 어떤 식으로 연결되어 있는가에 달려 있습니다. 원자 속에 빛이 들어오면 전자에 충격을 주고 따라서 이 전자는 바다의 물결이 물 위에 떠 있는 나뭇조각을 미는 것처럼 광자에 밀려서 가속됩니다. 가속된 전자는 흡수한 에너지를 다른 형태의 전자파로 전환시켜서 방출합니다. 이 전자파는 안테나에서 라디오 전파가 나가듯 전자로부터 튀어나옵니다. 흡수된 에너지와 방출된 에너지의 양은 전자를 제자리에 묶어 두는 데 작용하는 복잡한 힘에 좌우되고 따라서 물질의 구성이 조금이라도 변하면 함께 변화하게 됩니다.

밝은 색깔

화려한 색상을 만들어내는 것은 어려운 일이 아닙니다. 루비, 에메랄드, 사파이어 등은 모두 아름다운 색을 띤 보석이지만 기본 구성 물질은 색이 없는 광물입니다. 이 무색 광물의 원자 천 개당 몇 개의 다른 원자만 집어넣으면 색깔이 생깁니다. 핏빛처럼 붉은 루비는 아주 적은 양의 크로뮴(크롬)이 보통의 산화알루미늄 속에 섞여 있는 것에 불과합니다. 루비 속에 들어 있는 크로뮴은 상당히 넓은 범위의 녹색 파장을 흡수합니다. 이렇게 녹색 파장이 빠진 물체를 우리의 눈과 뇌는 '빨간색'으로 감지하는 것입니다. 찬란한 색을 지닌 물체의 대부분은 루비와 비슷한 방법으로 특정한 파장을 흡수합니다. 그러므로 우리 눈에 '보이는' 색은 흡수된 색의 보색인 것입니다.

어떤 경우에 화려한 색은 다른 방법으로 만들어지기도 합니다. 이른바 형광 물질에서는 전자가 에너지가 강한 파동(일반적으로 자외선)을 흡수해서 에너지 수준이 더 높은 바깥쪽 궤도로 옮겨 갑니다. 이렇게 에너지를 지닌 전자는 곧 몇 단계를 거쳐 더 낮은 에너지 상태로 내려갑니다. 이 과정에서 좀 더 에너지 값이 낮은 광자, 즉 '가시광선의 광자'를 방출하는 것입니다. 이렇게 방출된 광자는 아주 좁은 범위의 파장대 안에 집중되어 있기 때문에 물체가 생생하고 화려한 색을 띠는 것입니다. 파란 네온사인, 형광 페인트 같은 것들을 볼 때 이렇게 좁은 파장 범위의 광자들을 보고 있는 것입니다.

새로운 분야

상 전이

고체가 녹거나 액체가 끓는 것만이 상 전이는 아닙니다. 뜨거운 철 속의 자석이나, 극저온 속의 물체가 초전도성을 띨 때 좀 더 복잡한 형태의 상 전이가 일어납니다. 오늘날 많은 이론물리학자들이 여기에 관심을 쏟고 있습니다. 이들은 이렇게 다양한 상의 변화를 지배하는 몇 개의 단순한 법칙들을 하나씩 발견하고 있습니다. 이들에 따르면 물질이 좀 더 질서 있는 형태(얼음이 얼 때) 또는 무질서한 형태(얼음이 녹을 때)로 옮겨 갈 때는 아직 알려지지 않은 어떤 일반적인 법칙을 따른다는 것입니다. 이 법칙을 알면 우리는 어떻게 원자가 주어진 물질 구조 안에 자리잡는가를 아주 정확히 알 수 있을 것입니다.

새로운 물질을 찾아서

과학자들은 자연 속에서 어떤 패턴을 찾으려고 노력합니다. 우리가 우주를 이해하는 데 도움을 줄 수 있는 패턴을 찾는 것입니다. 셀 수 없을 만큼 수많은 물질이 합성되었고 또 이것을 연구한 재료공학자들은 원자의 구조가 물질의 특성을 결정한다는 사실을 거듭 발견했습니다. 예를 들어 강한 섬유를 만들려면 탄소 원자의 긴 사슬을 이용합니다. 유연한 전기 전도체가 필요하면 금속을 쓰면 됩니다. 강력한 절연체를 원한다면 답은 세라믹입니다. 원자 구조에 대한 지식을 이용해서 우리는 새로운 페인트, 새로운 플라스틱, 새로운 골프채, 창 유리, 컴퓨터 칩을 만들 수 있을 것입니다.

주변을 둘러봅시다. 여러분이 가정, 직장, 학교에서 항상 쓰는 물건들은 이러한 물질 연구의 결실입니다. 아무도 미래를 예측할 수는 없지만 한 가지 분명한 것은 앞으로 몇 달 혹은 몇 년 안에 원자의 구조를 연구하는 과학자들이 세상을 바꿔놓을 만한 새로운 물질을 발견할 것이라는 사실입니다.

원자핵의 힘

핵 에너지와 핵물리학

전등 스위치를 올리거나 텔레비전을 켤 때, 지금 쓰고 있는 이 전기가 어디서 오는지를 잠깐 생각해봅시다. 미국에서 생산되는 전력의 약 20%는 원자로에서 나오며, 원자로 한 가운데에서는 원자핵 속에 숨어 있는 가공할 에너지가 인간의 필요에 따라 조금씩 풀려 나오는 과정이 진행됩니다.

전 세계의 병원에서는 같은 에너지를 이용해서 암 환자의 종양 부위를 파괴하는가 하면 환자의 몸에 방사선 물질을 주입한 후 몸 속의 이런저런 분자가 어떻게 움직이는가를 살펴본 뒤 진단을 합니다.

실험실에서는 과학자들이 붕괴하는 원자핵에서 나오는 미약한 신호를 바탕으로 삼아 이 원자핵이 들어 있는 물질이 언제 처음으로 생겨났는지를 알아보려고 합니다. 혹시 박물관에서 미라를 보거나 누군가가 공룡 화석에 대해 이야기하는 것을 들으면, 과학자들이 원자핵의 비밀을 이용하여 이들이 언제 만들어지고 태어났는지를 알아냈다고 생각하면 됩니다.

핵 에너지가 어디에 쓰이든 그 원리는 아주 단순합니다.

"원자핵의 질량이 변하면 에너지가 발생한다."

이렇게 보면 질량이라고 하는 것이 고도로 농축된 형태의 에너지임을 알 수 있습니다. 원자핵은 밀도가 높고 무거워서 원자 무게의 거의 대부분을 차지하지만 부피에서 차지하는 부분은 거의 없습니다. 핵 에너지와 방사능의 원천인 원자핵은 화학 결합을 수행하는 전자들과는 별도로 움직입니다.

대부분의 물질에서 원자핵은 안정되어 있고 따라서 변하지 않습니다. 그러나 어떤 원자핵들은 부스러지면서 강한 에너지 입자를 내놓는데 이 입자의 흐름이 방사선입니다. 이 과정에서 핵의 질량 중 일부가 에너지로 변합니다. 에너지는 핵이 분열할 때에도 나오지만 융합할 때도 나옵니다. 어떤 경우든 원자핵에서 얻는 에너지는 질량의 변환으로부터 비롯되는 것입니다.

핵이란 무엇인가?

원자의 속은 거의 텅 비어 있습니다. 우라늄 원자핵이 볼링공이라면 궤도상의 전자는 서울 크기만 한 면적 위에 흩어져 있는 92개의 모래알입니다. 그러나 핵은 크기는 작지만 원자의 질량 중 거의 대부분을 차지합니다. 거칠게 말하자면 원자의 크기를 결정하는 것은 전자이고 무게를 결정하는 것은 핵입니다. 그렇게 거대한 질량이 작은

부피 안에 채워져 있으므로 핵 안에 갇혀 있는 에너지는 상상을 초월하는 정도입니다. 이런 이유 때문에 원자핵에 변화를 일으켜 그 에너지를 이용하는 원자 폭탄이 일반적인 화학적 폭발물보다 훨씬 더 파괴력이 큽니다. 보통의 화학 폭발은 궤도상의 전자를 재배열하는 것입니다.

핵과 원자의 크기 차이를 보면 물질의 중요한 특성을 이해할 수 있습니다. 핵 안에서 일어나는 일은 전자에서 일어나는 일과 별로 관계가 없고 그 반대도 마찬가지입니다. 변두리에 있는 전자들은 도시 한복판에서 핵이 무슨 일을 하든 관심이 없습니다. 핵도 전자에게 관심이 없기는 마찬가지입니다. 화학은 외곽의 전자를 다루기 때문에 화학 반응은 핵 안에서 일어나는 변화에 별로 영향을 받지 않습니다. 마찬가지로 전자가 일으키는 여러 가지 반응은 핵에 거의 영향을 끼치지 않습니다. 이런 특성들로부터 매우 독특한 실용적인 결과가 나타나게 됩니다.

원자핵의 기본 요소는 양전하를 띤 양성자와 전기적으로 중성을 띠는 중성자로 구성됩니다. 핵 속에 들어 있는 양성자의 수에 따라 궤도상에 존재하는 전자의 수가 결정되는데, 이에 따라 원자의 화학적 성질도 결정됩니다. 예를 들어 탄소 원자핵 안에는 항상 양성자 여섯 개가 들어 있습니다. 그러나 핵 속에 있는 중성자의 수는 원자의 화학적 성질을 바꾸지 않고도 달라질 수 있습니다. 예를 들어 양성자 여섯 개와 중성자 여섯 개로 된 핵을 보유하고 있는 탄소는 탄소-12라고 불리는데 양성자가 여섯 개이고 중성자가 여덟 개인 것은 탄소-14라고 불립니다. 그러나 둘 다 탄소 원자입니다. 양성자의 수는 같고 중성자의 수가 다른 원자들은 서로 동위원소의 관계에 있습니다. 우리가 알고 있는 원소들은 모두 여러 가지 동위원소를 보유하고 있습니다.

핵분열과 핵융합

핵을 이루는 두 개의 주요 입자, 즉 양성자와 중성자는 핵의 구조 안에서 강한 힘으로 결합되어 있습니다. 이런 핵의 구조를 바꾸려면 엄청난 양의 에너지가 필요합니다. 변두리의 전자는 한 궤도에서 다른 궤도로 이동할 때 가시광선을 내보냅니다. 그런데 핵 안에서 양성자나 중성자가 변화하면 가시광선의 백만 배에 이르는 에너지를 지닌 감마선을 내놓습니다. 핵에서 얻을 수 있는 에너지는 핵 이외의 부분으로부터 얻을 수 있는 에너지보다 훨씬 큰 것이죠.

거의 모든 핵 에너지는 질량의 변환으로 생겨납니다. 일반적으로 핵의 질량은 핵을 구성하는 양성자와 중성자의 무게를 다 더한 것보

다 약간 작습니다. 예를 들어, 탄소 원자핵 안에는 양성자 여섯 개와 중성자 여섯 개가 있습니다. 그런데 이 탄소 원자핵의 질량은 양성자 여섯 개와 중성자 여섯 개의 질량을 합친 것보다 1% 정도 작습니다. 탄소 원자핵이 형성될 때 질량의 일부가 $E=mc^2$ 방정식에 따라 에너지로 변환되고 이 에너지가 핵을 하나로 묶어 두고 있기 때문입니다.

핵이 지닌 에너지를 이용하는 데는 핵분열과 핵융합 두 가지 방법이 있습니다. 양쪽 다 질량의 변환을 거쳐 에너지가 얻어지며, 두 경우 모두 핵 구조의 마지막 상태에서 질량이 원래 상태의 질량보다 작습니다.

핵분열

핵이 두 조각 또는 여러 조각으로 쪼개지는 것이 핵분열입니다. 일반적으로 이 파편들의 질량을 합하면 최초의 핵의 질량보다 큽니다.

핵을 분열시키려면 에너지를 투입해야 합니다. 이것은 사람이 장작을 팰 때 도끼를 휘둘러서 장작에 에너지를 가하는 것과 같습니다. 그런데 어떤 경우에는 파편들의 총 질량이 원래 원자핵의 질량보다 작을 때가 있습니다. 이 경우 분열은 에너지를 방출하는데, 이것이 우리가 흔히 '핵 에너지'라고 부르는 것입니다.

분열할 때 에너지를 내는 것으로 가장 널리 알려진 핵은 92개의 양성자와 143개의 중성자를 보유한 우라늄-235라고 불리는 우라늄 동위원소입니다. 이 동위원소는 자연에 존재하는 우라늄에서 차지하는 비율이 1%도 안 됩니다. 자연적으로 존재하는 가장 흔한 형태는 우라늄-238입니다. 우라늄-238은 235에 비해 자연 상태에서 훨씬 안정적입니다. 속도가 느린 중성자가 우라늄-235와 충돌하면, 핵이 거의 같은 파편 두 개로 쪼개지면서 중성자가 두세 개 이상 튀어나옵니다. 그런데 이 조각들 전체의 질량은 원래 원자핵의 질량보다 작습니다. 즉, 이 질량의 차이만큼 에너지로 변환된 것입니다. 이 에너지는 결국 열 에너지의 형태로 방출되는데 이 열이 원자로를 움직여 전력을 만들어냅니다. 지금 여러분이 읽는 이 책을 비춰주는 빛도 거기서 나온 빛일지 모릅니다. 여러분이 이 책을 읽는 순간에도 우라늄 원자들은 여러분에게 빛을 제공하기 위해 죽어 가고 있는 것입니다.

원자로의 심장은 노심(爐心)입니다. 노심은 수백 개의 연료봉이 들어 있는 커다란 스테인리스 스틸 그릇입니다. 연료봉은 연필 굵기의 우라늄 막대기로 우라늄-235를 많이 함유하고 있으며 액체(일반적으로 물)에 의해 서로 분리되어 있습니다. 이 액체의 원자들은 중성자와 충돌하여 중성자의 속도를 떨어뜨리는 역할을 합니다. 한 개의 연료봉에서 핵분열이 일어나면 속도가 빠른 중성자가 연료봉에서 나

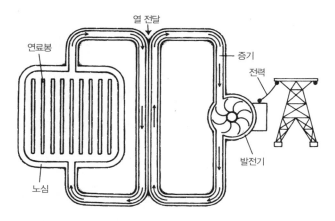

열 전달

연료봉

증기

전력

노심

발전기

원자로 안에는 연료봉이 들어 있는 노심이 있다. 여기서 일어나는 핵분열이 노심을 둘러싼 물을 데워 수증기로 바꿔 이 수증기로 발전기를 돌린다.

오고 물(감속재)과 충돌해서 속도가 떨어진 후 다른 연료봉으로 들어가서 핵분열을 더 많이 일으킵니다. 원자핵 하나가 분열할 때마다 두개 또는 세 개의 중성자가 나오는데 이 중성자들은 다른 연료봉에서 또 다른 핵분열을 일으킵니다. 이 과정을 반복하면 분열을 일으키는 핵의 수는 급속도로 늘어납니다. 이것을 연쇄 반응이라고 부릅니다. 원자로에서는 중성자를 흡수하는 물질로 만들어진 제어봉을 연료봉 사이에 집어넣어 이 연쇄 반응의 속도를 조절합니다.

핵분열에서 나오는 열 에너지는 물을 데우고 그렇게 데워진 물은 펌프에 의해 노심 밖으로 내보내집니다. 이 물은 다음 단계로 들어가서 수증기를 만들어내고 이 수증기가 발전기를 돌려서 전력을 만들어냅니다. 결국 핵 발전소가 석탄이나 석유를 연료로 사용하는 재래식 화력 발전소와 다른 점은 열 에너지를 만들어내는 방법에 있습니다. 일단 열 에너지로 수증기를 만들면 그 이후의 과정은 마찬가지입니다.

핵 발전소와 관련해 가장 자주 대중의 관심을 끄는 부분이 있다면 그것은 사고의 가능성입니다. 스리마일 섬이나 체르노빌 같은 이름들은 이제 원자로 사고의 대명사처럼 되어버렸습니다. 가장 무서운(그리고 가장 발생 가능성이 희박한) 원자로 사고는 냉각재로 쓰이는 액체가 빠져나가버리는 경우입니다.(스리마일 섬에서는 펌프 고장 때문에 액체의 일부가 새어 나갔습니다.) 원자로는 원자 폭탄처럼 폭발할 수 없습니다. 연료로 쓰이는 우라늄-235의 농도가 매우 낮기 때문입니다. 감속재인 액체가 사라져버리면 어떻게 될까요? 그러면 중성자는 속도가 줄지 않게 되고 속도가 너무 빠르면 핵과 충돌하여 핵분열을 일으키기 어렵습니다. 따라서 연쇄 반응이 멈춰버립니다. 그러나 냉각 장치에 이상이 생겨 노심이 계속 뜨거우면(온도와 핵의 차원 모두에서) 고온 때문에 노심의 금속이 녹기 시작합니다. 이 현상을 차이나 신드롬(China Syndrome)이라고 부르는데 이것은 녹은 핵 연료가 너무 뜨겁기 때문에 땅속을 뚫고 지구 반대편의 중국까지 도달한다는 과장된 생각에서 붙여진 이름입니다.*

우리가 직면한 문제는 핵 발전에서 얻을 수 있는 이익을 위해 여기 수반되는 위험을 무릅쓸 의사가 있는가 하는 것입니다. 이것은 과

---

* 스리마일 섬, 체르노빌에 이어 2011년 일본 후쿠시마에서 역사상 최악의 원자로 사고가 발생했다. 2011년 3월 13일, 일본 도호쿠(東北) 지방에서 진도 9.0 규모의 대지진이 발생했다. 지진에 이어 거대한 지진 해일이 덮치면서 엄청난 인명 피해를 냈다. 더 큰 문제는 그 다음날인 3월 12일 후쿠시마 제1 원자력 발전소에서 발생했다. 원자로 1, 2, 3, 4호기 건물에서 수소 폭발이 일어나 방사능이 공기 중으로 누출된 것이다. 지진 혹은 지진 해일의 여파로 냉각 장치에 이상이 생겨 원자로의 온도가 올라가 노심의 핵 연료봉이 녹는 노심 용융(melt down)이 일어났고, 녹아버린 핵 연료가 원자로를 뚫고 밖으로 흘러내려(이것을 '멜트스루melt through'라 한다) 콘크리트를 뚫고 땅속으로 파고 내려가는 사태에 이르렀다. '차이나 신드롬'이 실제로 일어난 것이다.

학의 문제가 아니라 가치의 문제입니다. 즉 이익과 대가를 저울질해 보는 것입니다. 그러나 이런 결정을 하려면 모든 시민이 원자로와 방사선에 대한 기본 지식을 갖추고 있어야 합니다. 1970년대에 미국인들 사이에는 원자로 건설의 위험이 그로부터 얻는 이익보다 크다는 공감대가 형성되었고 그 때 이후 20세기 말까지 단 하나의 원자로도 추가로 건설되지 않았습니다. 그런데 석탄 같은 화석 연료 사용에서 비롯되는 지구 온난화와 환경 오염에 대한 우려가 점차 커지면서 사람들은 1970년대에 내린 결정에 대해 다시 생각하기 시작했고 몇몇 업체들은 차세대 원자로 건설을 목표로 허가를 받는 과정을 밟기 시작했습니다.**

핵융합

작은 원자핵 두 개가 합쳐져 좀 더 큰 원자핵 하나를 이루는 것이 핵융합입니다. 핵분열과 마찬가지로 때때로 최종 융합물의 질량이 융합하기 전 원래 질량보다 더 작습니다. 이 경우에 핵융합 과정은 에너지를 생산해낼 수 있습니다. 태양과 다른 별들은 네 개의 양성자(네 개의 수소 원자핵)가 몇 단계를 거쳐 헬륨 원자핵과 몇 개의 다른 입자들을 만들어내는 핵융합을 거쳐 엄청난 에너지를 만들어냅니다.

1950년대 이래 미국을 비롯한 각국에서 핵융합을 이용한 발전을 여러 가지로 연구하고 있습니다. 일반적인 방법은 강력한 자기장 안에 원자핵들을 가두어놓고 온도를 올려서 별의 내부와 비슷한 조건

** 미국은 1979년 이후 새로운 원전을 건설하지 않았다. 그 이전에 건설을 시작한 원전들이 모두 완공된 1990년에 108기의 원전을 보유하게 되어 세계 최대 원전 보유국이 되었다. 그리고 2013년부터 5기의 건설이 새로 시작되었다.

을 만드는 것입니다. 그런데 안타깝게도 과학자들은 아직 상업적 발전은커녕 통제된 조건에서 핵융합을 진행하는 실험도 제대로 해내지 못하고 있습니다. 핵융합 연구의 현주소에 관해서는 이번 장 맨 끝의 '새로운 분야'에서 다시 다루겠습니다.

1989년 봄 미국 유타대학의 과학자 두 명이 핵융합 실험에 성공했다고 해서 잠시 화제가 된 적이 있습니다. '저온 핵융합', '병 속의 핵융합' 등으로 이름 붙여진 이 방법은 무한 에너지를 싼 값으로 얻을 수 있다는 기대를 불러일으켰지만 다른 과학자들이 이들이 발표한 방법으로 실험을 해본 결과 한 번도 성공하지 못해 곧 기억에서 사라졌습니다.

핵무기

핵분열 연쇄 반응은 경우에 따라 걷잡을 수 없게 될 수도 있습니다. 약 10킬로그램 정도의 우라늄-235를 어딘가에 놓아 두면 이 우라늄 덩어리는 열과 중성자를 내뿜으며 그 자리에 그대로 있을 것입니다. 그런데 이 10킬로그램짜리 우라늄 덩어리 두 개를 한데 붙여놓으면 중성자의 수가 갑자기 늘어나서 통제할 수 없는 중성자의 홍수를 이룹니다. 우리는 이것을 핵 폭발이라고 하지요. 원자 폭탄은 이 원리를 이용해서 정교하게 깎은 두 개의 반구형 우라늄-235 덩어리를 따로 떼서 재래식 폭약으로 감싸놓은 것입니다. 이 폭약이 폭발하면 그 힘으로 두 개의 반구가 합쳐지고 우라늄 덩어리는 임계 질량(핵분열 물질이 연쇄 반응을 일으킬 수 있는 최소의 질량)을 넘어서게 됩니다.

수소로 헬륨을 만드는 융합에서는 더욱 강한 폭발이 일어납니다.

194 과학의 열쇠

이것이 바로 수소 폭탄입니다. 수소 폭탄은 원자 폭탄을 기폭제로 씁니다. 핵융합을 시작하는 데 필요한 열과 압력을 얻으려면 원자 폭탄을 먼저 폭발시켜야 하기 때문입니다. 이렇게 해서 원자 폭탄은 태양과 같은 종류의 에너지를 뿜어냅니다. 원자 폭탄은 임계 질량보다 훨씬 크게 만들 수 없지만, 수소 폭탄의 크기에는 거의 제한이 없습니다. 수소의 양이 많을수록 폭발력도 강해집니다.

'철학자의 돌'과 방사능

대부분의 원자핵은 안정적입니다. 우리 몸 속의 조직과 뼈에 들어 있는 탄소나 칼슘의 원자핵은 수십억 년 전에 이들이 초신성 속에서 만들어졌을 때나 지금이나 똑같지요. 그러나 몇몇 원자핵은 안정적이지 못합니다. 이런 원자핵은 저절로 붕괴되면서 수많은 파편을 쏟아냅니다. 이렇게 붕괴되는 데 걸리는 시간은 수백만분의 1초부터 수십억 년에 이르기까지 각양각색입니다. 이러한 원자핵들은 방사성이 있어 이 붕괴 과정을 가리켜 방사성 붕괴라고 합니다. 그리고 이 붕괴 과정에서 방출되는 입자들의 흐름을 방사능이라 합니다. 우라늄의 모든 동위원소는 방사능을 지니고 있고 탄소-14나 스트론튬-90 같은 동위원소들도 방사능을 지니고 있습니다.

반감기

방사성을 지닌 원자핵의 움직임을 이해하려면 난로 위에서 팝콘이 튀는 장면을 상상해보면 됩니다. 옥수수 알들이 한꺼번에 다 튀지는 않지요? 몇 개가 먼저 튀고 그 다음에 몇 개가 튀고 이렇게 해서 몇

분에 걸쳐 팝콘 한 봉지가 만들어집니다. 방사성 붕괴의 모든 측면을 완전히 예측할 수 있는 이론은 아직 존재하지 않습니다. 그러나 붕괴 과정을 정밀하게 측정하는 것은 가능합니다.

반감기는 어떤 방사성 물질의 원자핵들 중 2분의 1이 붕괴(입자와 에너지를 방출하고 자발적으로 좀 더 안정된 다른 원자핵으로 변하는 것) 하는 데 걸리는 시간을 말합니다. 지금 우리 눈앞에 반감기가 1분인 원자핵 200개가 있다고 합시다. 그러면 1분 후에는 100개만 남을 것이고 2분 뒤에는 50개, 3분 뒤에는 25개가 남을 것입니다.

반감기는 핵의 종류에 따라 크게 다릅니다. 우라늄-238의 반감기는 지구의 나이와 거의 같은 45억 년입니다. 플루토늄의 동위원소들은 반감기가 가장 짧아서 십억분의 1초밖에 안 됩니다. 그래서 아주 민감한 전자 센서가 아니면 측정할 수가 없습니다. 다른 방사성 원소들의 반감기는 이 두 개의 극단 사이에 위치합니다.

알파, 베타, 감마 붕괴

방사선은 19세기 말에 처음으로 발견되었습니다. 이것은 당시의 물리학자들과 화학자들에게는 신비스런 현상이었습니다. 그들은 각각 다른 형태의 붕괴로부터 나오는 세 가지의 방사선이 있다고 생각했습니다. 과학자들은 이 신비스런 방사선을 그리스 알파벳의 첫 세글자를 따서 알파선, 베타선, 감마선이라고 이름 붙였습니다. 오늘날 우리는 이 세 가지 방사선에 대해 당시 과학자들보다 훨씬 더 많은 것들을 알고 있지만 아직도 이 이름을 그대로 씁니다.

어떤 원자핵이 알파 붕괴를 하면 양성자 두 개와 중성자 두 개로 이루어진 입자(헬륨 원자핵)의 흐름을 방출합니다. 이것은 알파 입자라고도 불립니다. 알파 붕괴가 끝나고 나면 원래의 원자핵은 양성자 두 개와 중성자 두 개가 빠져나간 상태가 되는데, 이렇게 되면 이 원자핵은 자신이 지닌 전기력으로는 현재의 전자 전체를 유지할 수가 없습니다. 그래서 다시 전자 두 개가 떨어져 나갑니다. 그 결과 양성자 두 개와 전자 두 개가 줄어든 원자가 생깁니다. 즉 화학적으로 완전히 새로운 원자가 탄생하는 것입니다. 이렇게 알파 붕괴는 핵의 질량뿐 아니라 원자의 본질까지 바꿔버립니다. 예를 들어, 우라늄-238은 알파 입자를 방출하면서 붕괴되고 마지막에는 토륨-234로 변해버립니다. 알파 붕괴(그리고 이제 곧 이야기할 베타 붕괴)는 현대판 '철학자의 돌'이라고 할 수 있습니다. 중세의 연금술사들은 '철학자의 돌'이 납을 금으로 바꿀 수 있다고 믿었습니다.

베타 붕괴에서는 핵 속의 중성자가 전자를 방출하는데, 이 과정에서 중성자 자신은 양성자로 변환됩니다. 이렇게 되면 핵은 질량은 거의 똑같지만 양성자를 하나 더 얻고 중성자를 하나 잃은 셈이 됩니다. 베타 붕괴는 핵의 본질을 바꾸지만 질량은 바꾸지 않는 것이지요. '베타 입자'라는 이름은 그것이 흔한 전자의 흐름이라는 것을 과학자들이 아직 깨닫기 전에 붙여진 이름입니다. 요즘도 가끔 전자의 흐름을 가리켜 '베타 선(beta rays)'이라고 합니다.

베타 붕괴에서 한 가지 알 수 없는 것은 핵과는 전혀 관계없이 독립된 중성자가 붕괴하는 현상입니다. 중성자는 혼자 놔두면 양성자와 전자, 그리고 반감기가 약 8분인 뉴트리노(neutrino)라는 입자로 붕괴합니다. 핵 속에 있는 중성자들은 이런 식으로 붕괴하지 않습니다. 그러니까 중성자는 우주가 창조된 이래 수십억 년 동안 이렇게 핵 속에 숨어 있었던 것입니다.

마지막으로 감마 붕괴는 핵 속의 양성자와 중성자가 배열을 바꾸는 것으로서, 그 결과 감마선의 형태로 전자파가 방출됩니다. 감마 붕괴는 핵의 질량이나 원자의 본질에 영향을 끼치지 않습니다. 다만 에너지가 줄어들어 좀 더 안정된 형태가 되는 것뿐입니다.

붕괴 사슬

핵의 붕괴는 한 번으로 끝나지 않습니다. 일반적으로 방사성 원자핵은 한 번 붕괴해서 다른 원자핵이 되고 이러한 붕괴 사슬은 안정된 원자핵이 될 때까지 계속됩니다. 좋은 예가 우라늄-238입니다. 우라늄-238은 지각 속에서 흔히 발견되는 물질입니다(금, 은, 수은보다 훨씬 더 많습니다). 우라늄-238은 우선 알파 붕괴를 통해 토륨-234가 되고, 이어서 베타 붕괴를 거쳐 24일의 반감기로 프로탁티늄-234(양성자 91개, 중성자 123개)가 됩니다. 프로탁티늄-234의 반감기는 1.2분입니다. 이 원자핵은 다시 베타 붕괴를 거쳐 우라늄-234가 되고 우라늄-234는 약 24만 년의 반감기로 알파 입자를 방출하고 반감기가 8만 년인 토륨-230으로 변합니다. 이러한 일련의 변화 과정은 안정된 원소인 납-208로 변할 때까지 계속됩니다.

우라늄-238의 붕괴 사슬에서 반드시 생성되는 방사성 기체가 있는데 바로 라돈-222입니다. 라돈은 알파 붕괴를 하며 반감기는 약 4일입니다. 이 라돈 가스는 땅속으로부터 지상으로 올라와 붕괴 과정에서 인체에 해를 끼칠 수 있습니다. 이 라돈 문제가 발생한 것은 근본적으로 수십억 년 전 초신성이 폭발할 때 우라늄-238이 대량으로 생성되었기 때문입니다.

동위원소를 이용한 연대 측정

원자가 일으키는 화학 반응이 핵과 거의 관계없다는 사실은 유물이나 화석의 연대를 측정할 수 있는 길을 열어주었습니다. 그중 가장 흔히 쓰이는 방법은 탄소-14를 이용한 연대 측정입니다. 이 방법은 정상적이고 안정적인 탄소-12뿐만 아니라 방사성 동위원소인 탄소-14도 항상 존재한다는 사실에 기초를 두고 있습니다.(탄소-14는 대기권 상층부에서 우주선cosmic rays과 질소 원자가 충돌할 때 생깁니다.) 탄소-12와 탄소-14의 화학적 성질이 똑같기 때문에 탄소-14는 모든 생물체 안에 포함되어 있습니다. 생명체가 죽으면 탄소-14를 더는 흡수하지 않게 됩니다. 그러나 몸 안에 남아 있던 탄소-14는 붕괴를 계속하므로 사체 속의 탄소-14의 양은 줄어들게 됩니다. 지구상에 있는 탄소-14의 양은 이미 알려져 있는 값이므로 그 생명체가 죽을 때 어느 정도의 탄소-14를 지니고 있었는지 알 수 있습니다. 탄소-14의 반감기는 5,730년이므로 우리는 이 생명체가 탄소-14의 대사를 멈춘 시기를 알 수 있는 것입니다.

예를 들어 어떤 나뭇조각이 알려진 값의 반 정도의 탄소-14를 포함하고 있다면 그 나무는 5,730년 전에 죽은 것입니다. 발굴된 물체가 무덤에서 나온 가죽 조각이라면 이 가죽을 만든 문명이 얼마나 오래된 것인지 알아낼 수 있습니다. 오늘날 탄소 연대 측정 방법은 인류학의 중요한 도구가 됩니다.

동위원소를 이용한 연대 측정은 암석의 나이를 알아내는 데도 쓰입니다. 광물의 원자 구조를 살펴보면, 어떤 동위원소가 최초에 얼마나 포함되어 있었는지 알 수 있습니다. 이 최초의 양과 현재 남아 있는 양(그러니까 붕괴된 양)을 비교해보면 그 암석이 생성된 후 반감기가 몇 번이나 지났는지 알 수 있겠지요.

암석 연대 측정에서 흔히 사용되는 기술은 칼륨-40이 베타 붕괴를 거쳐 아르곤-40이 되는 과정(반감기 13억 년)을 추적하는 것입니다. 칼륨은 많은 광물에서 필수적인 원소이지만 아르곤은 기체로서 암석이 생성될 당시에는 들어 있지 않았던 원소입니다. 어떤 암석 샘플을 분쇄해서 가열할 때 여기서 탐지되는 아르곤 원자는 모두 암석 형성 이후에 칼륨-40이 붕괴되어서 생긴 것이라는 뜻이지요. 원래 암석에 칼륨이 얼마나 많이 들어 있었는지, 우리는 그 암석이 생성된 시기를 알 수 있습니다. 이 칼륨-아르곤 측정 기술은 아폴로 우주선이 40억 년 된 달 암석을 지구로 가져왔을 때 그 나이를 측정하는 데 쓰였을 뿐만 아니라 지구 암석의 나이를 재는 데도 흔히 쓰이는 방법입니다.

방사성 추적 물질(트레이서)

원자의 화학 반응과 핵 반응이 서로 독립적이라는 사실 덕분에 과학자들은 농업, 지질학, 의학 등 광범위한 분야에서 방사성 추적 물질인 트레이서를 쓸 수 있습니다. 원리는 간단합니다. 어떤 방사성 동위원소를 극미량 포함하는 샘플을 생물체에 집어넣고 그 진로를 추적하면 됩니다. 생물체의 몸은 정상적인 방법으로 그 동위원소와 화학 반응을 일으키지만 핵은 방사선을 내면서 계속 붕괴하기 때문에 이 동위원소가 화학 반응을 일으키면서 움직이는 과정을 볼 수 있는 것입니다. 동위원소에서 방출되는 방사선이 과학자들이 추적할 '표지'가 되는 것이지요.

생물학자들은 먹이 연쇄를 따라 영양소가 어떻게 움직여 가는가를 알기 위해 트레이서를 사용합니다. 의사들은 아이오딘(요오드)이나 토륨이 몸 안에 축적되는 것을 관찰하고 종양의 유무를 진단합니다. 원소에 따라 생체의 특정 부위에 잘 모이는 성질이 있는데 아이오딘은 특히 갑상선에 잘 모입니다. 이를 이용해 갑상선의 상태를 확인할 수도 있습니다. 갑상선 질환을 앓는 환자의 몸에 방사선 아이오딘을 투입하면 그 아이오딘이 갑상선으로 모이는데, 갑상선 상태에 따라 모이는 아이오딘의 양이 달라집니다. 지구과학자들은 비슷한 방법을 써서 빗물이 지하수가 되어 호수, 강, 우물로 유입되는 과정을 추적합니다. 같은 방법으로 해양학자들은 조류(潮流)의 방향과 속도를 측정합니다. 언제든 동위원소를 포함한 화학 물질이 한 장소에서 다른 장소로 이동하면 트레이서는 그 움직임을 어김없이 기록합니다.

방사능 조사량

방사능 조사량(또는 피폭량)은 다음 두 가지 기준으로 측정됩니다. 첫째, 어떤 방사성 물질이 얼마나 많은 입자를 방출하는가 하는 것이고, 둘째, 여기서 나오는 방사능이 얼마나 많은 파괴적 에너지를 지니고 있는가 하는 것입니다. 첫 번째 것은 퀴리(Curie, 기호는 Ci)라는 단위로 측정되는데, 이것으로 방사성 물질이 어떤 것인지를 알 수 있습니다. 1초에 3.7×10^{10}개의 원자핵 붕괴가 일어나는 물질의 양을 1퀴리라고 합니다. 두 번째 기준은 건강의 측면에서 볼 때 아주 중요합니다. 이것은 방사선에 노출되는 대상물이 받은 영향을 측정하는 것입니다. 널리 쓰이고 있는 가이거 계수기(Geiger Counter)는 이 값을 측정하기 위해 고안된 장치로 방사선이 통과할 때마다 삑 하는 소리를 냅니다.

방사선을 측정하는 데는 여러 가지 방법이 있습니다. 어떤 방사성 물질에서 방출된 에너지를 측정할 수도 있고 인간을 비롯한 생명체가 흡수한 에너지를 측정할 수도 있으며 아니면 방사선이 생명체에 대해 만들어낸 생물학적 효과를 가늠해볼 수도 있습니다. 생물학적 효과를 측정하는 단위는 렘(rem) 또는 국제 표준에 따라 시버트(Sv)라고 불립니다(참고로 1Sv는 100렘입니다). 보통 치과에서 쓰는 엑스레이에서는 10밀리렘(1밀리렘은 1,000분의 1렘)인데 750렘이면 치명적인 수준입니다. 치사량에 노출되는 경우는 중대한 핵 사고가 발생하거나 핵무기가 폭발했을 때 등입니다.

한편으로 지구상의 모든 생명체는 살아 있는 동안 줄곧 자연 방사선에 노출됩니다. 으스스한 이야기로 들리겠지만 이 자연 방사선은 인간이 핵물리학을 발견하기 이전부터 그리고 인간이 나타나기 훨씬 전부터 존재하고 있었습니다. 우주선(cosmic rays)에 의해 만들어지는 방사성 동위원소는 지상과 대기 중에 퍼져 있고 우리 몸 안에도 있습니다. 세계적으로 평균치를 보았을 때 보통 한 사람이 자연에서 1년에 받는 평균 조사량은 240밀리렘 정도입니다. 관찰이나 치료를 위해 엑스선에 가끔 노출되는 것까지 계산하면 연평균 조사량은 310밀리렘에서 360밀리렘쯤 됩니다. 살아 있는 세포는 이 정도의 방사선에 대처하는 치유 메커니즘을 개발해놓았다는 증거가 있습니다.

새로운 분야

핵융합 발전

핵융합으로 인류의 에너지 수요를 충족시키려는 것은 과학계의 오랜 꿈입니다. 여기서 핵심적인 과제는 어떻게 해서 충분한 시간 동안 충분히 높은 온도를 유지해서 핵융합에 시동을 걸 것인가입니다. 일반적으로 뜨거운 기체는 팽창하므로 핵융합 반응이 시작될 때까지 이 기체를 한 자리에 붙잡아 두는 것이 관건입니다. 오늘날 ITER(International Thermonuclear Experimental Reactor)라는 국제적 핵융합 실험로 사업이 핵융합 연구를 이끌고 있는데, 이 핵융합로는 프랑스 남부의 카다라슈라는 곳에 건설되고 있습니다. 이 사업은 국제원자력기구(IAEA)의 지원을 받아 미국, 일본, 한국, 유럽연합, 인도, 러시아, 중국이 참여하는 대규모 국제 협력 사업입니다. 이 사업의 목표는 강력한 자석으로 수소 동위원소로 된 기체를 가둬서 온도를 1억 도까지 올릴 수 있는 장치를 만드는 것입니다. 이 핵융합로는 500메가와트 규모로 설계되어 있는데, 이는 대형 화력 발전소, 또는 핵분열식 원자로가 만들어내는 전력의 절반 정도입니다. 이 핵융합로가 완성되면 핵융합을 위해 인간이 투입하는 에너지보다 이로부터 얻는 에너지가 더 크도록 만들 수 있다는 최초의 증거가 될 것입니다.

열쇠 9

소립자 세계

입자물리학과 '만물의 이론'

알프스 산기슭, 제네바 근처 스위스와 프랑스 국경 근처 땅속 깊은 곳에서 과학자들이 거대한 장비를 이용해서 과거에는 결코 할 수 없었던 실험을 통해 물질의 기본 구조를 파헤치고 있습니다. 2008년에 완성된 이 대형 강입자 가속기(LHC)는 최첨단 시설물의 건설 공사로는 역사상 최대 규모였습니다. 지름 8킬로미터, 길이 27킬로미터의 원형 터널 속에서 양성자들이 서로 반대 방향으로 가속됩니다. 수조 전자볼트에 해당하는 에너지 수준까지 끌어올린 뒤 이 양성자들을 충돌시킵니다. 그 결과 아주 짧은 순간이기는 하지만 충돌한 자리에서 에너지 값은 우주가 탄생하던 순간 이후 가장 높은 수준까지 올라갑니다. 충돌의 잔해를 관찰하면 '우주는 무엇으로 되어 있는가?'라는 해묵은 의문에 답을 찾을 수 있으리라고 과학자들은 생각합니다.

물질의 본질을 알아내는 것은 양파 껍질을 벗기는 것과도 같습니다. 원자는 핵과 전자로 이루어져 있습니다. 핵은 물론 기본적으로 양성자와 중성자로 이루어져 있지만 수백 가지의 소립자들이 끊임없이 생겨나고 흡수되며 돌아다니는 매우 복잡한 장소입니다. 그러나 이런 '기본 입자'들도 진정한 의미의 기본 입자들은 아닙니다. 왜냐하면 이들은 또 더 작은 입자들로 이루어져 있기 때문입니다.

지금 우리는 만물의 이론(Theory of Everything)이라고 불리는 궁극적 이론을 발견하기 직전에 와 있습니다. 2천 년에 걸친 연구 끝에 인간은 가장 근본적인 수준에서 이 우주가 어떻게 만들어졌고 어떻게 질서가 잡혔는지 상세히 이해할 수 있는 시점에 다가선 것입니다. 이 이론의 기초는 간단합니다.

"모든 것은 쿼크와 렙톤으로 이루어져 있다."

더 쪼갤 수 없는 입자를 찾아서

양성자와 중성자는 모든 원자의 핵 안에서 발견되는 수십 개의 입자 중 두 개에 불과합니다. 1950년대 초부터 물리학의 초점은 핵의 성질에 관한 연구에서 핵을 구성하는 입자들에 관한 연구로 옮겨졌습니다. 이 분야는 소립자 물리학 혹은 고에너지 물리학이라고 불립니다. 지금 우리는 이 입자들에 대해 그때보다는 훨씬 더 많은 것을 알고 있지만 아직도 소립자 물리학은 미개척 분야로 남아 있습니다.

핵 안에 있는 입자에 관한 연구는 1930년대에 물리학자들이 우주선(cosmic rays)을 관찰하면서 시작되었습니다. 주로 양성자인 이 고에너지 입자들은 별에서 태어나 우주 공간을 가로질러 날아와 지구로 쏟아집니다. 우주선이 핵과 충돌하면 두 가지 일이 일어날 수 있습니다. 첫째, 핵이 붕괴되어 구성 입자들이 밖으로 튀어나와 과학자들이 이것을 볼 수 있게 되거나, 둘째, 우주선의 운동 에너지가 질량으로 변환되어 새로운 입자가 만들어질 수 있습니다.

간단히 이야기하자면 1950년대까지 과학자들은 우주선이 핵과 충돌할 때 태어나는 새로운 입자들을 십여 가지 발견했습니다. 이들은 매우 불안정해서 마치 방사성 원소의 원자핵처럼 잠깐 동안만 존재하다가 붕괴해서 다른 입자들로 변했습니다. 오늘날 과학자들은 입자 가속 장치라고 하는 거대한 기계를 만들어서 우주선을 대신하는 양성자나 전자의 흐름을 인공적으로 만들어 충돌시킵니다. 그 결과 수백 개의 새로운 소립자가 발견되었습니다.

많은 수의 소립자가 발견되면서 한 가지 일반 원칙이 분명해졌습니다. 즉 이 입자들은 두 가지 그룹으로 나누어 볼 수 있다는 것입니다. 하나는 구조에 관련된 것(압도적 다수가 이쪽에 속합니다)이고, 다른 하나는 힘과 관련된 것입니다. 양성자, 중성자, 전자 같은 것은 원자의 기본 구성 요소로서 첫 번째 그룹에 속하는 입자들입니다. 그러니까 이들은 물질이라는 집을 이루는 벽돌인 셈이지요. 쌓는 방법에 따라 성질이 다른 물질을 얼마든지 만들어낼 수 있습니다.

가시광선의 양자(量子)인 광자(光子, photon)는 두 번째 그룹에 속합니다. 이제 곧 이야기하겠지만 전기를 띤 물질 사이에서 광자가 이동함으로써 전자기력을 낳고 전자를 궤도에 묶어 둡니다. 광자를 비롯해서 두 번째 그룹에 속하는 입자들은 시멘트, 모르타르 같은 것이어서 벽돌을 제자리에 붙여놓는 구실을 합니다. 소립자 물리학 용어로는 이들을 게이지 입자(gauge particles)라고 부릅니다.

그런데 벽돌 그룹 안에도 어떤 구분이 있습니다. 양성자와 중성자 같은 입자들은 핵 안에 존재하면서 핵의 여러 가지 작용에 직접 관여합니다. 이러한 입자들을 하드론(hadron)이라고 부르는데 이 단어는 그리스어로 '강하게 상호작용을 하는 것들'이라는 뜻입니다. 그에 비해 전자 같은 입자들은 핵에서 멀리 떨어져서 핵이 하는 일에 직접 관여하지 않습니다. 이런 입자들을 렙톤(lepton)이라고 부르는데 그리스어로 '약하게 상호작용하는 것들'이라는 뜻입니다.

물리학자들은 자연에 대해 한 가지 강한 편견을 지니고 있습니다. 이들은 자연이란 깊이 들어가면 단순한 것이라고 믿습니다. 그러나 원자 수준 이하의 '기본 입자'들이 연이어 발견됨에 따라 자연의 모습은 점점 복잡해지는 것 같습니다.* 물리학자들은 적어도 게이지 입자 네 가지(광자, W입자와 Z입자, 글루온, 중력자)와 렙톤 여섯 가지(전자, 뮤온, 타우, 그리고 이들 세 가지와 각각 관련이 있는 뉴트리노 세 가지), 그리고 핵 안에서 소용돌이치는 하드론 수백 가지의 존재를 발견했습니다. 그러나 이 입자 수백 가지가 모두 '기본 입자'일 리는 없습니다. 이들이 모두 기본 입자라면 자연은 단순해야 한다는 물리학자들의 믿음과는 어긋나는 것이기 때문입니다.

그런데 1960년대 말에 수백 가지의 하드론 사이에서 규칙적인 패턴이 발견되면서 과학자들은 하드론 자체가 기본 입자가 아니라 더

---

* 2012년 7월, 스위스의 유럽입자물리연구소(CERN)가 대형 강입자 가속기를 사용해 양성자끼리 충돌시키는 실험에서 "힉스 입자를 사실상 발견했다."고 발표했다. 이로써 물질을 구성하는 17번째 기본 입자의 존재가 실험을 통해 증명되었다. 영국의 이론물리학자 피터 힉스(Peter Higgs)는 1964년에 입자에 질량이 부여되는 과정에 대한 가설('힉스 메커니즘')을 발표하면서 그 과정에서 생겨나는 힉스 입자의 존재를 예측하였다. CERN의 발표 이후 힉스는 2013년 노벨 물리학상을 수상했다.

기본적인 것들의 모임이라는 사실을 깨달았습니다. 이렇게 한 단계 아래의 기본 요소를 쿼크(quark)라고 부릅니다(이 이름은 제임스 조이스의 소설 《피네건의 경야》의 한 구절에서 따온 것입니다).

드디어 소립자 물리학자들은 안도의 한숨을 내쉬었습니다. 쿼크라는 개념은 단순한 것이기 때문입니다. 과학자들은 여섯 가지의 쿼크가 있다고 가정했습니다. 이 쿼크라는 벽돌을 쌓아 올리는 방법에 따라 수백 가지의 하드론이 탄생하는 것입니다. 양성자와 중성자는 각각 세 개의 쿼크로 되어 있습니다.

여섯 가지 쿼크는 둘씩 세 개의 쌍을 이루고 있고 다음과 같은 이름이 붙어 있습니다. '위(up)', '아래(down)', '이상한(strange)', '귀여운(charm)', '바닥(bottom)', '꼭대기(top)' 등입니다. 쿼크 여섯 개가 모두 들어 있는 입자는 미국, 유럽, 일본의 모든 실험실에서 발견되었습니다.

결국 모든 것은 쿼크와 렙톤으로 되어 있습니다. 쿼크가 결합해서 하드론이 되고 하드론이 모여서 원자핵을 이룹니다. 렙톤 그룹에 속해 있는 전자는 궤도에 들어앉아 원자를 완성하고 이 원자들이 결합해서 우리 주변의 무수한 물체를 만들어냅니다. 이번 장 뒷부분에서 다룰 '통일장 이론'을 이용하여 과학자들은 최근 쿼크 자체가 '끈'이라고 불리는 더욱 기본적인 물질로 이루어질 수도 있다는 생각을 내놓았습니다. 각각의 쿼크에 상응하는 여러 가지 형태의 진동값을 갖는 고무 밴드 모양의 조그만 끈을 상상해봅시다. 현재로서는 이 끈 이론(매우 어려운 수학으로 설명하는)은 실험적 결과가 어떠하리라는 분명한 예측을 내놓지 못하고 있어서 과학자들은 이 이론을 시험을 거쳐야 할 이론적 추측으로 생각하고 있습니다.

자연을 움직이는 네 가지 힘

우리는 직관적으로 힘이라고 하면 무언가를 끌거나 미는 데 드는 근육의 작용을 떠올립니다. 그러나 현대 물리학자들은 힘을 상당히 다른 관점에서 보고 있습니다. 이들은 모든 힘은 입자의 교환으로부터 나온다고 생각합니다. 비유를 써서 설명하자면 이렇습니다. 스케이트 선수 두 명이 서로 접근하는데 한쪽 선수가 물 한 동이를 손에 들고 있습니다. 갑자기 물동이를 든 선수가 그 물을 상대편에게 끼얹는다고 해봅시다. 그때 두 선수 모두 방향을 바꾸게 될 것입니다. 한쪽은 물을 끼얹는 동작 때문에, 그리고 다른 한쪽은 물벼락의 충격 때문에 방향을 바꾸게 된다는 뜻입니다.

뉴턴의 운동 제1법칙에 의하면 어떤 물체의 방향이 바뀌기 위해서는 힘이 작용해야 합니다. 예로 든 경우에 힘은 선수 두 명이 교환한 물 때문에 발생한 것은 틀림없습니다.(현대 물리학자라면 이 힘이 물에 의해 '매개되었다'라고 말할 것입니다.) 이 비유와 마찬가지로 물리학자들은 기본 입자 사이에 작용하는 모든 힘이 게이지 입자의 교환에 의

해 매개된다고 믿고 있습니다.

예를 들어 두 개의 전자가 서로 접근할 때 일어나는 현상을 물리학자들은 이렇게 상상합니다. 물동이를 든 스케이트 선수처럼 한쪽 전자가 광자를 내놓습니다. 다른 전자는 물벼락을 맞는 스케이트 선수처럼 광자를 흡수합니다. 그 결과 두 전자는 서로 물러나고 이때 우리는 '힘이 작용했다'고 합니다. 자석과 못처럼 큰 물체들 사이에 작용하는 끌어당기는 힘도 이 두 개의 금속 덩어리 사이에서 엄청난 양의 광자가 교환되기 때문이라고 생각됩니다.

자연을 움직이는 힘은 네 가지뿐입니다. 이중 두 가지는 일상생활에서 흔히 느낄 수 있는 우리와 매우 친숙한 힘입니다. 바로 중력과 전자기력입니다. 나머지 두 힘은 핵의 수준에서 작용합니다. 하나는 강력(強力, 강한 핵력)이라고 하는데 양성자들 사이의 전기적 반발력을 누르고 이들을 핵 안에 한데 묶어놓는 역할을 합니다. 다른 하나는 약력(弱力, 약한 핵력)이라고 하는데 핵과 중성자의 베타 붕괴 같은 현상과 관계가 있습니다. 세상에서 일어나는 모든 일은 이 네 가지 힘 중 하나 또는 몇 가지가 작용하는 결과입니다. 이 네 가지의 힘은 서로 다른데 그것은 각각 작용할 때 교환하는 게이지 입자의 종류가 다르기 때문입니다.

어떤 사물을 보거나 따뜻한 햇살이 피부에 와 닿는 것을 느낄 때 우리는 광자의 존재를 인식할 수 있습니다. 광자는 전자기력의 작용에 관계하는 게이지 입자로서 질량도 없고 전하를 띠지도 않으며 빛의 속도로 날아다닙니다.

쿼크 사이에 작용하는 강력은 그 이름에 걸맞은 글루온(gluon, 'glue'는 접착제라는 뜻)에 의해 매개됩니다. 즉 쿼크들을 풀로 붙여놓는 것입니다. 글루온에는 여덟 가지가 있으며 모두 질량은 없습니다. 쿼크도 글루온도 효과를 측정한 적은 있지만 실험실에서 직접 본 적은 없습니다. 오늘날의 이론은 "쿼크와 글루온이 들어 있는 입자에서 이들을 분리해낼 수는 없다."입니다.

약력은 W와 Z라는, 서로 관련이 있는 두 개의 게이지 입자에 의해 매개됩니다. 이들이 처음 관찰된 것은 1983년 스위스에 있는 유럽입자물리연구소(CERN)의 입자 가속 장치에서였습니다. 이들의 질량은 양성자의 80배가 넘습니다. 이 두 입자에 대한 연구는 오늘날 고에너지 물리학에서 중요한 자리를 차지하고 있습니다.

중력을 매개하는 게이지 입자(중력자)를 본 사람은 아직 없지만 물리학자들은 그것이 어떤 모습을 하고 있을지 예상하고 있습니다. 궁극적인 중력 이론은 결국 중력자라는 입자의 존재를 필요로 할 것입니다. 중력의 특성으로 보아 중력자는 광자처럼 질량도, 전하도 없고 빛의 속도로 움직일 것이라고 물리학자들은 주장합니다.

소립자 동물원

기본 입자는 워낙 여러 종류라서 출석부가 없으면 누가 누군지 알기 어렵습니다. 이제 여러분이 자주 마주치게 될 입자들을 정리해보겠습니다.

• 뉴트리노(중성미자): 뉴트리노는 질량도 없고 전기적으로 중성인 입자로서 방사성 붕괴 시에 방출되는 경우가 많습니다. 예를 들면 이들은 중성자가 붕괴할 때 나오는 부산물입니다. 뉴트리노는 렙톤에 속하며 핵 상호 간의 작용에 관여하지 않습니다. 뉴트리노에는 세 가지가 있습니다. 하나는 항상 전자를 동반하고 나머지 둘은 각각 뮤온과 타우를 동반합니다.

• 반(反)물질: 모든 입자에 대해 반입자를 만들어내는 것이 가능합니다. 반입자는 입자와 질량은 같지만 다른 모든 면에서 반대입니다. 전자에 대한 반입자를 포지트론(positron)이라고 부르는데 이것은 양전하를 띠고 있습니다. 입자와 반입자가 만나면 둘은 서로를 완전히 파괴하고 이들의 질량은 모두 에너지로 변환됩니다.

• 뮤온과 타우: 이들은 전자와 같지만 조금 무겁습니다. 그리고 핵의 반응에 관여하지 않습니다. 뮤온은 1938년에 우주선(cosmic rays)에서 발견되었고 타우는 1975년에 스탠퍼드선형가속기연구소에서 발견되었습니다. 앞서 말한 대로 이들과 관련된 뉴트리노에는 두 가지가 있고 전자와 관련된 '보통의' 뉴트리노가 있습니다.

입자 가속 장치

고에너지 물리학을 연구하는 데 드는 비용은 대부분 입자 가속 장치라는 시설을 만드는 데 쓰입니다. 이름으로 짐작할 수 있듯이 이 장치는 전자나 양성자 같은 입자를 광속도 가까이까지 가속하는 일을 합니다. 가속된 고에너지 입자들은 과녁을 향해 방향이 맞춰지는데, 이 과녁은 양성자 아니면 원자핵입니다. 이들이 충돌할 때 나오는 파편들에서 물리학자들은 물질의 구조에 대한 의문을 풀어줄 열쇠를 찾습니다.

1930년대에 처음 나온 가속 장치는 지름이 몇 미터밖에 안 되었지만 오늘날의 가속 장치는 지름이 수 킬로미터에 이르는 거대한 시설로 탈바꿈했습니다. 일반적인 가속 장치에서 가장자리에 자석이 줄이어 박힌 큰 고리 안에 양성자를 투입합니다. 양전하를 띤 양성자는 원형의 통로를 지나가면서 이 자석의 힘으로 정기적으로 에너지를 얻습니다. 현대식 가속 장치에서는 두 그룹의 입자들을 고리 안에서 반대 방향으로 운동시켜서 결국 충돌하게 만들어 실질적인 에너지 값을 높입니다. 여러분이 관심을 둘 만한 가속 연구소는 다음 세 군데입니다.

• 유럽입자물리연구소(CERN): 이 연구소는 서유럽 여러 나라가 공동으로 운영하고 있습니다. 스위스 제네바에 있는 이 연구소는 고에너지 물리학 연구에서 세계적으로 가장 중요한 장소라는 명성을 누려 왔습니다. CERN이 운영하는 대형 강입자 가속기는 2008년에 세계에서 가장 강력한 가속기의 자리에 올랐습니다.

• 페르미랩(FERMILAB): 페르미국립가속연구소는 미국 시카고 근교에 있습니다. CERN의 대형 강입자 가속기 준공 전까지 수십 년간 이곳은 세계 최강의 가속기를 보유한 시설이었습니다. 이곳에 있는

지름 1.6킬로미터의 고리 모양 가속 장치는 양성자와 반양자를 서로 충돌시킵니다. 페르미랩은 초전도 자석을 가속 장치에 이용하는데 처음으로 성공했고 세계에서 가장 큰 초전도 가속 시설을 보유하고 있습니다.

• **스탠퍼드선형가속기연구소(SLAC):** 샌프란시스코 반도의 스탠퍼드 대학 안에 있는 이 연구소는 세계적으로 손꼽히는 고에너지 전자 가속 장치를 보유하고 있습니다. 지름 3.2킬로미터의 고리 모양 튜브 안에서는 전자들이 파도타기 선수처럼 전자파의 물결을 타고 있습니다.

• **국제선형가속기(ILC):** 이 장치는 물리학자들이 차세대 가속기로 손꼽습니다. 현재 설계도만 나와 있는 상태지만 이것은 대형 강입자 가속기의 후속 시설이 될 것입니다. 선형 가속기(linear collider)라는 이름에서 알 수 있듯이 이 가속기는 원형이 아니라 전자를 가속하기에 적절한 직선으로 만들어질 것입니다.(기술적인 이유 때문에 에너지 값이 아주 높으면 과학자들은 선형 설계를 선택합니다.) 미국 물리학자들은 이 시설이 페르미랩 안에 들어서기를 바라고 있습니다.

통일장 이론

통일장 이론(unified field theory)은 겉보기에 전혀 다른 두 개의 힘이 기본적으로는 똑같은 것임을 보여주는 이론입니다. 어떤 의미에서 뉴턴의 중력 이론과 맥스웰의 방정식은 모두 일종의 통일장 이론이라고 할 수 있습니다. 뉴턴의 이론은 천체 간에 작용하는 중력과 지구상의 물체 사이에서 작용하는 중력이 같은 성질임을 보여주었고, 맥스웰의 방정식은 전기와 자기가 똑같은 것임을 보여주었습니다. 오늘날 '통일장 이론'이라고 하면 앞서 말한 네 개의 힘 중 둘 혹은 그 이상이 같은 것이라고 주장하는 새로운 이론을 가리킵니다.

스케이트 선수와 물동이의 비유를 생각해보면 어떻게 해서 겉보기에 다른 힘들이 같은 것이 되는지 좀 더 쉽게 이해할 수 있을 것입니다. 두 그룹의 스케이트 선수들이 있습니다. 한 그룹은 얼음이 든 물동이를 들고 있고 다른 그룹은 물이 담긴 물동이를 들고 있다고 합시다. 이 스케이트장의 온도는 영하라고 합시다. 이들이 교환하는 것은 서로 아주 다른 것으로 비칠 것입니다. 한쪽은 고체인 얼음이고 다른 쪽은 액체인 물일 테니까요. 그런데 스케이트장의 온도를 올리면 물동이 안의 얼음이 녹아서 물이 될 것이고 우리는 얼음과 물이 본질적으로 같은 것임을 알게 될 것입니다. 앞서의 경우는 다만 기온이 낮았기 때문에 이 동일성이 보이지 않았던 것뿐입니다.

마찬가지로 물리학자들은 지금 스케이트장의 기온이 낮기 때문에 우리가 네 가지의 힘을 서로 다르게 인식하는 것이라고 주장합니다.

나아가 아주 높은 속도로 입자들을 충돌시키면 충돌하는 순간의 고온 때문에 서로 다른 힘들이 하나가 되는 것을 볼 수 있을지도 모른다고 주장합니다. 이렇게 힘의 통일이 어떤 식으로 이루어질지를 예측하려는 것이 오늘날의 통일장 이론입니다.

현재의 이론에 따르면 통일은 에너지와 온도가 올라가는 데 따라 단계적으로 이루어질 것입니다. 먼저 두 개의 힘이 결합하고 세 번째 힘이 합세하고 마지막으로 네 번째 힘도 따라온다는 것입니다. 첫 번째 통일에서는 약력과 전자기력이 결합하는데 이 결합은 이미 입자 가속 장치에서 관찰된 바 있습니다. 이 두 힘의 통일을 설명하는 이론은 W나 Z입자의 질량과 산출률을 아주 잘 예측해냈습니다. 그래서 우리는 통일장 이론의 이 부분에 대해서는 상당한 신뢰감을 보이고 있습니다.

강력과 전자기약력(약전자기력)이 통합되는 두 번째 단계의 통합에는 다소 평범한 '표준 모형'이라는 이름이 붙어 있습니다. 이 이론은 실험도 거쳤고 결과도 매우 좋았기 때문에 물리학자들은 자신감을 보이고 있기도 합니다. 마지막 단계의 통합에서는 드디어 중력이 합류하여 단일하고 통합된 힘을 이루는데 이 마지막 단계가 이론 개발의 새로운 분야이며 이제 곧 다루겠습니다.

새로운 분야

중력 다시 생각하기

중력은 강력, 전자기력, 약력과는 근본적으로 다릅니다. 우선 중력은 나머지 셋보다 훨씬 약합니다. 중력이 일상생활에 많은 영향을 끼치고 있음을 생각하면 이 말이 이상하게 들릴 수도 있지만, 다음과 같은 것을 생각해봅시다. 손바닥 안에 쏙 들어갈 정도로 작은 자석이라도 전자기력을 통해 지구 전체가 중력을 통해 끌어당기는 힘을 이기고 못을 공중에 매달아 놓습니다.

'열쇠 12'에서 다시 한 번 보겠지만 현재 중력에 관해 가장 뛰어난 이론은 일반 상대성 이론인데, 이 이론은 중력을 공간적 용어로 설명하고 있습니다. 그러니까 물질의 존재 때문에 시간과 공간이 왜곡된 결과로 중력이 발생한다고 보고 있다는 뜻입니다. 그러나 나머지 세 가지 힘은 앞에서도 본 것처럼 게이지 입자의 교환에 의해 설명됩니다. 이 두 가지 시각을 융합하는 일은 매우 어렵지만 모든 힘을 통일하려면 해결해야만 할 과제입니다. 인간은 수천 년에 걸쳐 물질의 본질을 탐구해 왔는데, 이 최후의 통일이야말로 이러한 탐구 과정의 최첨단에 서 있습니다. 여기에 대한 연구가 진척됨에 따라 마주칠 만한 용어 몇 가지를 정리해봅니다.

- **끈 이론**: 끈 이론은 쿼크가 끈이라는 작은 물체가 드러난 모습이며 각각의 쿼크는 저마다 진동 방식이 다르다고 보는 몇 가지 이론의 모임입니다.
- **힉스 입자**: 1960년대 영국의 물리학자 피터 힉스(Peter Higgs)가 처음으로 제안한 입자입니다. 힉스 입자를 통해 표준 모형이 완성되었습니다. 힉스 입자의 상호작용을 통해 서로 다른 입자가 질량이 저마다 다른 것을 설명할 수 있다고 알려져 있습니다.
- **양자 중력**: 중력을 시공간의 왜곡이라기보다는 입자의 교환이라는 측면에서 들여다보는 여러 이론을 총칭하는 용어. 이러한 이론

은 모든 힘의 궁극적 통일과 관계가 있을 수도 있고 없을 수도 있습니다.

• **초대칭**: 몇몇 끈 이론이 예측한 자연계 속의 대칭 중 한 가지. 초대칭이 실제로 존재한다면 알려진 입자 하나하나마다 거울에 비친 듯한 짝이 하나씩 있어야 하는데 단 이 짝은 좀 더 무거울 것입니다. 이러한 초대칭 입자들은 보통 앞에 s를 붙이는데, 예를 들어 전자(electron)의 초대칭 입자는 셀렉트론(selectron)입니다.

별의 삶과 죽음

천문학과 우주 탐사

　맑고, 싸늘하고 달 없는 밤에 도시를 멀리 벗어나 하늘을 올려다봅시다. 신비스런 별의 바다가 눈앞에 펼쳐질 것입니다. 수천 개의 별(항성), 대여섯 개의 행성들이 가끔씩 꼬리를 끌며 사라지는 유성들과 함께 보일 것입니다.

　이런 광경을 보고 감탄하는 것은 과학자들도 마찬가지입니다. 다만 그들은 이 모든 것의 의미를 과학적 방법으로 캔다는 것이 다를 뿐입니다. 맨눈으로 보면 별은 모두 밝은 빛의 점으로 보입니다. 어떤 것은 밝고 어떤 것은 어둡고 어떤 것은 불그스름하고 또 어떤 것은 푸르스름합니다. 그런데 망원경을 통해 들여다보면 우리는 이 비슷해 보이는 빛의 점들이 서로 매우 다르다는 것을 알 수 있습니다. 어떤 별은 뜨겁고 밀도가 높아서 믿을 수 없을 정도의 속도로 핵융합 연료를 소비합니다. 또 어떤 것은 온도가 낮아서 핵융합 속도가 느립니다. 갓 태어난 별이 있는가 하면 늙어 가는 별들도 있습니다.

어쩌다 한 번씩 우리는 별이 엄청난 폭발로 화려한 임종을 맞는 장면도 봅니다. 이렇게 별들의 여러 가지 모습은 우리에게 한 가지 사실을 가르쳐줍니다.

> ## "다른 모든 것들과 마찬가지로
> ## 별도 태어나고 죽는다."

별은 일생 동안 중력과 끊임없이 싸웁니다. 별을 구성하는 물질을 별 자체의 중심부로 자꾸 끌어당기는 힘과의 싸움인 것이지요. 이 무자비한 중력과 싸우면서 별들은 여러 가지 작전을 구사합니다. 이를 통해 어떤 별들은 파국을 잠시 피하기도 합니다. 그러나 아주 큰 별들은 궁극적으로 블랙홀로 전락할 운명을 어떤 방법으로도 피할 수가 없습니다. 이것은 중력이 물질에 대해 거두는 최후의 승리입니다.

별의 일생

별의 탄생

모든 별은 우주 깊숙한 곳에 있는 먼지구름에서 태어납니다. 구름 속 어디엔가 우연히 물질이 다른 곳보다 더 많이 모인 곳이 있습니다. 이 부분은 자신의 중력으로 주변에 있는 물질들을 끌어들이는데, 질량이 커지면서 중력도 커져서 더 많은 물질들이 끌려오게 됩니다. 그 결과를 예측하는 것은 어렵지 않습니다. 주변의 먼지구름이 이 덩어리로 걷잡을 수 없이 빨려 듭니다.

이런 식으로 수축이 진행되면 중심 부분의 압력과 온도가 올라갑니다. 먼저 전자가 원자에서 떨어져 나가 플라즈마를 형성합니다. 수축이 계속되면서 플라즈마 속의 원자핵은 점점 더 빨리 움직이게 되고 나중에는 이 핵들의 속도가 너무 빨라져서 핵 사이에 존재하는 전기적 반발력을 이기고 서로 합쳐집니다. 여기서 핵융합이 시작되는 것입니다. 핵융합으로부터 나오는 에너지는 중심 부분에서 쏟아져 나오면서 주변 물질에 압력을 가해 모든 것을 중심 쪽으로 끌어들이는 중력과 균형을 이룹니다. 이 에너지가 표면에 도달하면 전자파의 형태로 우주 공간으로 방출되고 균형을 이룬 먼지구름은 빛을 내기 시작합니다. 마침내 별이 탄생한 것입니다.

이 핵융합 반응의 일차적 연료는 수소입니다. 양성자 두 개, 그러니까 수소 원자핵 두 개가 합쳐져서 중수소(양성자 하나와 중성자 하나를 가진, 수소의 동위원소)와 몇 가지 다른 입자를 만들어냅니다. 이 중수소가 다른 양성자들과 몇 번의 충돌을 거쳐 결국은 양성자 두 개와 중성자 두 개로 된 헬륨-4를 형성합니다. 연쇄적으로 일어나는 이 핵 반응을 간단히 표현하면 다음과 같습니다.

네 개의 양성자 → 헬륨 + 에너지 + 몇 개의 다른 입자

여기서도 네 개의 양성자가 지니는 질량의 일부가 전환되어서 핵 반응 에너지를 만들어냅니다.

별이 수축하면서 안정되어 가는 과정에서 별의 가장자리에서는 재미있는 현상이 나타납니다. 최초의 먼지구름은 일반적으로 미약한 회전 운동을 하고 있습니다. 그런데 수축이 시작되면 회전 속도가 빨라집니다. 피겨 스케이트 선수가 회전 묘기를 할 때 팔을 안쪽으로

당기면 몸의 회전이 빨라지는 것처럼, 별에서도 아무 방해 요소가 없다면 수축으로 인해 회전 속도는 더 빨라질 것이고 마지막에 가서는 별이 산산조각 날 것입니다.

갓 태어난 별이 이 비극을 피하는 데는 두 가지 방법이 있습니다. 첫째는 두 개로 갈라져서 다중성계(double star system 또는 multiple star system)를 만드는 방법이고, 또 하나는 행성들을 분가시키는 방법입니다. 어느 쪽이든 떨어져 나간 부분들은 어머니 별의 회전력을 떼어 가지고 나옵니다. 대부분의 별들은 첫 번째 방법을 택하는 것 같습니다. 우리가 밤하늘에서 볼 수 있는 별의 3분의 2 가량이 다중성계를 이루고 있기 때문입니다. 다른 별 주변의 행성계를 탐색해본 결과 몇 개의 별이 여러 개의 행성으로 이루어진 행성계를 거느린 것으로 나타났으며, 과학자들은 오늘도 우리 태양계와 비슷한 행성계를 찾고 있습니다.

별의 일생

수소에 대한 별의 식욕은 끝이 없습니다. 예를 들어 태양은 매초 7억 톤의 수소를 소비하는데 그중 5백만 톤은 감마선 형태의 에너지로 전환됩니다. 태양은 지난 46억 년 동안 이런 식으로 수소를 소비해왔고 앞으로도 50억 년이 넘도록 연료가 다 떨어질 때까지 이 일을 계속할 것입니다.

그러면 별은 얼마 동안이나 살 수 있을까요? 그것은 물론 별이 수소를 얼마나 갖고 있는가, 그리고 그것을 얼마나 빨리 소비하는가에 달려 있습니다. 그런데 이상하게도 별의 크기가 클수록 수명은 짧습니다. 언뜻 보면 모순인 것 같지만 이유는 간단합니다. 별이 클수록

입자들을 안쪽으로 잡아당기는 중력의 힘이 크고 따라서 평형을 유지하기 위해 더 많은 수소를 소비하게 되는 것입니다.

태양은 보통 별이라서 1백억 년 정도 중력과 맞서 싸울 연료가 있지만 질량이 태양의 30배쯤 되는 별은 중력도 강해서 수소를 워낙 빨리 써버리기 때문에 수백만 년밖에는 지탱하지 못합니다. 반면에 태양보다 훨씬 작은 별은 수백억 년도 살 수 있습니다. 우주의 나이보다도 훨씬 긴 시간입니다. 이런 별은 구두쇠처럼 수소를 조금씩 아껴 쓰면서 검소하게 긴 일생을 보냅니다.

별의 죽음

낭비가든 구두쇠든 모든 별은 결국은 수소를 다 태우고 중심에 헬륨으로 된 재만 남게 됩니다. 수소가 다 떨어지면 핵 반응으로 인해 밖을 향해 뻗어 나가던 힘은 사라지고 중력이 모든 것을 무자비하게 안쪽으로 잡아당기기 시작합니다. 이렇게 별의 중심 부분에서 수축이 일어나면 온도가 올라갑니다. 그 뒤 중심 바깥에서 수소가 연소되면서 핵융합 반응이 일어나 별의 바깥쪽 부분은 외부로 확장되어 커집니다. 이렇게 해서 천문학자들이 적색 거성(red giant)이라고 부르는 별이 탄생하는 것입니다. 지금부터 50억 년이 지나면 태양은 금성 궤도 바깥쪽까지 부풀어 오를 것입니다. 그리하여 수성과 금성을 삼킨 뒤 이미 생명이 사라져버린 지구 표면을 바짝 그슬려버릴 것입니다.

적색 거성 단계에서도 변신은 계속됩니다. 바깥쪽이 부풀어 오르는 데도 불구하고 중심은 계속 수축을 해서 아주 뜨거워집니다. 그러면 수소가 타고 남은 재인 헬륨이 핵융합을 시작합니다. 몇 단계의 반응을 거쳐 세 개의 헬륨 원자핵이 합쳐져서 탄소 원자핵을 형성합니다. 헬륨이 모두 소비되면(태양 같은 별에서는 이것이 몇 분 만에 끝나버립니다) 수축이 다시 진행됩니다. 부풀어 오른 외부는 밖으로 날아가버리고 안쪽은 수축을 계속합니다. 그런데 이제 연료가 떨어졌으므로 수축을 저지할 어떤 힘이 필요합니다. 이 어떤 힘은 태양이나 다른 많은 별들의 전자와 관련되어 있습니다. 별 속의 전자들은 합쳐지지 않습니다. 단지 어떤 부피 안에 많은 전자가 몰려 있을 뿐입니다. 중심부가 지구 정도의 크기로 수축하면 더는 전자를 몰아넣을 공간이 없어집니다. 이렇게 되면 안으로 잡아당기는 중력의 힘과 밖으로 밀어내는 전자의 힘이 맞서 이 별은 영원히 안정됩니다. 이런 식으로 평형을 유지하는 별을 백색 왜성(white dwarf)이라고 합니다. 이 별은 연료가 없으므로 에너지를 만들어내지 못하고 단지 점점 식어 가면서 빛을 낼 뿐입니다. 학자들은 태양 질량의 8배 이하의 질량을 지닌 별들이 백색 왜성이 된다고 믿고 있습니다. 전체가 탄소 원자핵으로 된 이런 별들은 그야말로 '하늘의 다이아몬드'입니다.

별의 질량이 매우 크면 이 별의 장례식은 대단한 구경거리가 됩니다. 앞서 말한 대로 별의 크기가 클수록 수소를 매우 빨리 소비합니다. 잠시 수축 기간이 있은 후 헬륨이 융합되기 시작해서 탄소가 됩니다. 헬륨이 다 떨어지고 나면 어김없이 수축이 다시 시작되고 내부의 온도가 크게 올라가서 탄소마저 융합 반응을 시작합니다. 앞선 물질이 타고 남은 재가 그 다음 융합 연료가 되는 과정이 반복되고 이 과정에서 별은 중력의 사형선고를 피하기 위해 몸부림칩니다.

이제 별의 일생 중 마지막 단계입니다. 핵융합의 마지막 단계에서 철이 생성되기 시작합니다. 이 철이야말로 마지막으로 생기는 재입니다. 이 단계에 이르면 철 원자핵을 다른 원자핵과 융합시켜서 에너지를 얻는 것이 불가능하고, 핵분열로 에너지를 얻을 수도 없습니다. 별의 중심 부분에 철이 쌓여 감에 따라 에너지를 만들어낼 방법은 점점 없어집니다. 다시 수축이 시작되면 이번에는 전자의 힘도 중력의 힘을 이겨 내지 못합니다. 결국 전자는 중심부에 있는 양성자로 밀려들어가 중성자가 되고 마지막에 이 별은 중성자로 덩어리진 공이 돼 버립니다. 이런 별을 중성자성(neutron star)이라고 하는데, 지름은 약 15킬로미터 정도입니다. 여기서는 중력의 힘과 중성자의 압력이 서로 균형을 이루어 별을 안정시킵니다. 대부분의 연구자들은 초신성 폭발 뒤에 중심에 남는 것이 중성자성이 된다고 믿고 있습니다.

초신성과 그 종말

중심부의 수축이 시작되면 별의 바깥 부분에 있는 입자들은 이제

더는 기댈 곳이 없다는 것을 깨닫고 안쪽으로 떨어지기 시작합니다. 이 과정에서 핵융합의 산물로 밖으로 쏟아져 나오는 중성자의 홍수와 마주치게 되는데 그 결과 별은 문자 그대로 산산이 부서집니다. 약 30분 동안 충격파가 별의 몸체를 휩쓸고 지나가고 온도가 상상할 수 없을 정도로 올라가 이 속에서 우라늄, 플루토늄에 이르는 모든 무거운 원소들이 마구잡이로 형성된 후 우주 공간으로 흩뿌려집니다. 그리고 며칠 동안 이 별은 은하계 전체보다 더 큰 에너지를 냅니다. 이 현상을 초신성(supernova)이라고 부르는데 이제까지 알려진 별의 최후 중에서 가장 웅장한 것입니다. 폭발의 먼지가 사라지고 나면 뒤에 남는 것은 중성자성 아니면 블랙홀입니다.

1987년 2월 23일 우리 은하 부근에서 별이 폭발해서 초신성이 되었습니다. 그 덕분에 천문학자들은 링사이드에서 권투 시합을 구경할 기회를 얻었습니다. 그리고 이들의 이론은 당당하게 입증되었습니다.

초신성의 불꽃놀이가 끝나면 남는 것은 중성자로 된 핵, 그러니까 지름 약 15킬로미터의 중성자 공입니다. 중성자성은 보통 회전축을 중심으로 하여 1초에 30번에서 50번 회전합니다. 수축 때문에 처음에는 천천히 돌던 별이 점점 빨리 돌게 됩니다(피겨 스케이트 선수를 생각해보세요).

별이 처음에 지니고 있던 자기장도 수축에 따라 밀도가 높아져서 지구 표면 자기장의 몇 조 배에 달하는 강력한 자기장이 만들어집니다. 이 자기장의 S극과 N극을 향해 끌려 들어가는 전자들은 라디오파의 형태로 에너지를 방출합니다. 마치 이 별이 지닌 자기장의 N극과 S극을 초점으로 하는 전파원에서 강력한 라디오파가 발사되는 것처럼 보입니다.

이 전자파가 우리를 스쳐 갈 때마다 우리는 라디오파의 펄스 (pulse, 맥박처럼 짧은 순간에 생기는 진동 현상)를 수신하게 되고 잠시 조용하다가 또 하나의 펄스가 지나갑니다. 처음에 이 라디오파 신호가 탐지되었을 때 관측자들은 이것을 녹색 외계인이라고 불렀습니다. 마치 누군가가 암호로 송신을 하는 것 같았기 때문입니다. 이제 우리는 이 전파가 펄서(pulsar)라고 불리는 중성자성으로부터 나온다는 것을 압니다. 이제까지 발견된 펄서의 수는 약 1천 개이며 앞으로도 수천 개가 더 발견될 것임은 분명합니다.

별의 질량이 매우 크면 중성자의 압력도 중력의 힘을 이기지 못해서 수축이 계속 진행되고 마지막에는 블랙홀이 됩니다. 블랙홀은 중력이 거두는 최후의 승리, 그리고 별의 궁극적인 패배의 상징입니다.

이제까지 이야기한 것을 종합해보면 우주의 초기에 큰 별들이 형성되었고 짧은 생애를 마친 후 초신성이 되었습니다. 숨을 거두기 직전에 이들은 모든 화학 원소를 합성하여 우주 공간으로 돌려주었습니다. 여기서 이 원소들은 전 우주에 걸쳐 무거운 원소의 양이 증가함에 따라 다음 세대의 별에 흡수되었습니다. 헬륨보다 무거운 모든 원소, 이를테면 우리 혈액 속의 철과 뼈 속의 칼슘 같은 것들도 별에서 만들어졌습니다. 그러니까 우리는 모두 별의 잔해로 만들어진 존재입니다.

태양계에 대하여

우리의 태양은 천천히 회전하는 성간물질의 구름으로부터 만들어졌습니다. 이 구름의 거의 대부분은 태양에 흡수되었지만 아주 조그마한 부분이 따로 독립해서 행성들과 여러 소행성, 그리고 위성들을 만들어냈습니다. 이들 모두는 안정된 궤도상에서 태양 주위를 돌고 있습니다. 이렇게 만들어진 작고 온도가 낮은 천체들의 집단을 '태양계'라고 부릅니다.

회전하면서 수축하고 뜨거워지는 가스 덩어리로부터 행성들이 생성되었다는 사실을 통해 우리는 이들에 공통적으로 적용되는 몇 가지 특성을 이해할 수 있습니다. 우선, 모든 행성의 궤도는 태양의 적도를 연장했을 때 생기는 평면상에 있습니다. 그리고 모든 행성은 같은 방향으로 공전합니다. 이런 규칙성이 생긴 것은 수축하는 먼지구름이 회전하면서 물질을 밖으로 내던질 때 그 회전 평면상으로 내던지는 경향이 있기 때문입니다. 갓 태어난 태양계는 호떡 한가운데 탁구공(태양)이 들어 있는 모습과 같았을 것입니다. 나중에 이 호떡 안에 행성들이 들어앉게 된 것입니다. 천체로서 모습을 갖추는 과정은 앞서 별의 탄생에서 다룬 것처럼 중력에 의한 수축이었을 것으로 생각됩니다.

원시태양 가까이에서 먼지구름의 온도는 메탄이나 암모니아 같은 물질들을 증발시킬 정도로 충분히 높았습니다. 태양이 뿜어내는 입자들이 이런 기체들을 우주 공간으로 날려버렸고 고체들만 남아 행성들을 이루었던 것입니다. 그래서 태양 가까이에 있는 행성들(수성, 금성, 지구, 화성을 가리키며 '지구형 행성'이라고도 부른다)은 크기가 작고 주로 암석으로 이루어져 있습니다. 한편 바깥쪽에서는 메탄, 물, 암모니아 같은 것들이 얼어서 고체가 되었고 처음부터 있던 수소와 헬륨은 원시태양의 영향을 크게 받지 않았습니다. 태양계의 바깥 부

분에 주로 고체로 얼어붙은 수소, 헬륨, 메탄 암모니아 등으로 이루어진 큰 가스 행성들(목성, 토성, 천왕성, 해왕성 등 '목성형 행성'을 가리킨다)이 존재하는 것은 이런 이유가 있기 때문입니다.

태양계 건설이라는 큰 공사가 끝나고 남은 부스러기들은 태양계 전체에 흩어져 있습니다. 이들은 어떤 이유로 주변 천체에 흡수되지 못한 것들입니다. 화성과 목성 사이에 있는 소행성대(小行星帶)는 미처 행성을 이루지 못한 바위의 잔해들로 되어 있습니다. 이들이 집 짓기에 실패한 것은 아마 목성의 중력 때문이었을 것으로 추측됩니다. 명왕성의 궤도 바깥쪽에는 초기 태양계의 잔해로 생각되는 두 가지의 구조가 존재합니다. 하나는 '카이퍼 벨트'라고 불리는 납작한 원반 모양의 것이며, 다른 하나는 그 바깥쪽에 있는 공 모양의 혜성 무리로 '오르트 구름'이라고 불립니다. 이들은 네덜란드 출신 미국 천문학자 제라드 카이퍼(Gerard Kuiper, 1905~1973)와 네덜란드 천문학자 얀 오르트(Jan Oort, 1900~1992)의 이름을 따서 명명되었습니다. 오르트 구름 안에서는 가끔 충돌을 비롯한 변화가 일어나고 그 결과로 태어난 새로운 혜성들이 태양계 안쪽으로 들어옵니다. 이들 중 몇 개는 핼리혜성처럼 중력에 의해 태양계에 잡혀 안정된 궤도를 이루고 태양 주위를 돕니다.

이 모든 천체들은 태양 내부 깊숙한 곳에서부터 시작해서 은하계의 자기장에까지 뻗어 있는 얇고 가는 자기장의 그물로 연결되어 있습니다. 각 행성의 자기장은 팥죽 속의 새알심처럼 행성 간 자기장 속에 뭉쳐 있으며 태양 표면으로부터 나오는 지속적인 입자의 흐름(태양풍)은 이 자기장의 선(자력선)을 따라 이동합니다.

달의 탄생

생명체도 없이 홀로 지구의 주위를 도는 달은 생기로 넘치는 지구와 극단적인 대조를 이룹니다. 달의 기원은 지구의 형성과 관련된 이론에서 오랫동안 골칫거리였습니다. 달의 화학적 조성이 지구의 맨틀과 비슷한 것으로 보아 지구에서 떨어져 나간 것 같기도 합니다. 오늘날 가장 널리 받아들여지는 이론에 따르면, 지구가 생겨나고 나서 수백만 년 뒤 크기가 달 정도 되는 거대한 소행성이 지구와 충돌하여 물질을 궤도상으로 흩뿌렸고 이들 물질이 지구가 형성된 것과 비슷한 과정으로 서로 뭉쳐 달이 되었다고 합니다.

태양계 생명 탐사 프로젝트

지구형 행성

수성, 금성, 지구, 화성과 달은 보통 지구형 행성이라고 불립니다. 이들은 크기가 비교적 작고 암석으로 되어 있습니다. 수성과 달은 너무 작아서 표면에 대기를 붙들어 두지 못하지만 나머지 세 개의 행성에는 대기가 있습니다.

금성은 두터운 구름에 싸여 있지만 궤도상에 발사된 레이더에 의해 표면의 모습이 상당히 알려져 있습니다. 미국 과학자들은 레이더를 통해 금성 표면의 지도를 만드는 데 성공했습니다. 1967년 10월 소련의 우주선 베네라 4호가 최초로 금성 표면에 연착륙했을 때 측정한 온도는 약 250°C였습니다.(나중에 다른 우주선들을 통해 재관측한 결과, 금성의 표면 온도는 약 470°C인 것으로 알려졌습니다.) 금성은 다른 어떤 행성보다도 지구와 크기가 비슷합니다.

화성의 직경은 지구의 반 정도입니다. 화성에는 대부분 이산화탄소로 이루어진 얇은 대기가 존재합니다. 화성 표면이 붉은 색을 띠는 것은 바위와 흙 속에 있는 산화철 때문입니다. 화성 표면에는 생명이나 물이 존재한다는 증거도 없고 전설에 나오는 것 같은 '운하'도 없습니다. 지난 수십 년간 인간은 화성에 많은 탐사선과 착륙선을 보내 화성을 관찰했고, 이제 우리는 상당히 많은 지식을 얻었습니다. 이중 가장 중요한 것들을 정리해봅니다.

• 생성 초기에 화성 표면에는 상당 기간 동안 액체 상태의 물이 존재했습니다.
• 현재 화성에는 생명이 존재했다는 증거가 없지만 많은 과학자들은 수십억 년 전에 화성에서 생명이 발생했을 가능성이 있다고 봅니다.
• 미항공우주국(NASA)는 화성 탐사선을 통해 화성 암석 샘플을 지구로 가져올 목표를 세워놓았습니다.* 암석 안에 화석이 있다면 우주 안에서 생명은 흔한 것이라는 뜻이 됩니다.

목성형 행성

목성, 토성, 천왕성, 해왕성은 목성형 행성이라고 불립니다. 이들 중 가장 큰 행성인 목성은 로마 신화에서 신들의 우두머리로 나오는 주피터 신의 이름을 따서 붙여졌습니다. 목성의 질량은 지구 질량의 3백 배가 넘습니다. 이들은 아마 지구형 행성보다 조금 크고 암석으로 된 핵을 지니고 있을 것으로 생각되지만 이 핵은 수천 킬로미터나 되는 액체 및 고체 수소, 헬륨, 메탄, 물, 암모니아층 밑에 묻혀 있습니다. 모든 목성형 행성에는 여러 개의 위성과 고리가 존재하는데 토성의 고리가 가장 아름답고 잘 알려져 있습니다. 이들은 태양으로부터 멀리 떨어져 있기 때문에 온도가 낮습니다. 이들의 위성 중 몇 개는 수성보다도 커서 행성으로 대접받을 수 있을 정도입니다. '파이어니어'와 '보이저' 등의 탐사선이 목성형 행성들을 가까이서 관찰했고, 계속해서 탐사 계획이 진행되고 있습니다. 목성 주변을 돈 '갈릴레오' 탐사선은 목성의 위성인 유로파에서 표면을 뒤덮고 있는 두꺼운 얼음 밑에 지구의 모든 물을 합친 것보다 많은 양의 액체 상태의 물이 있다는 증거를 발견했습니다. 물이 얼지 않는 이유는 목성의 중력으로 유로파가 당겨질 때 발생하는 열 때문입니다. 어떤 과학자들은 이러한 환경에서 생명이 발생하지 않았나 추측하기도 합니다. 미항공우주국은 유로파에 있을지도 모르는 생명체를 확인하기 위해 2020

---

* 미국은 2004년에 탐사 로봇 '오퍼튜니티'와 '스피릿'을 화성에 착륙시킨 데 이어 2012년에 '큐리오시티'를 무사히 착륙시켰다. 태양 전지를 장착했으며 자체 이동 능력이 있는 오퍼튜니티와 스피릿은 화성의 실제 사진과 수많은 자료를 지구로 보내왔다. 스피릿은 2011년에 공식적으로 활동을 중단했지만, 오퍼튜니티와 큐리오시티는 2015년 3월 현재 광물 채집을 비롯한 다양한 탐사 활동을 벌이고 있다. 오퍼튜니티는 토양을 채취해 화성에 적철석이 존재한다는 사실을 밝혀냈으며, 큐리오시티는 생명체의 가능성을 보여주는 메탄가스를 탐지했다.

년대에 우주 로봇을 보낸다는 계획을 세웠습니다.

명왕성

명왕성은 1년 중 한때 해왕성 궤도 안쪽으로 들어오기는 하지만 이제까지 행성으로 불리던 천체 중 태양에서 가장 멀리 있습니다. 명왕성은 크기도 작고 암석으로 되어 있으며 큰 위성을 하나 지니고 있습니다. 오늘날 과학자들은 명왕성이 태양계의 마지막 행성이라기보다는 카이퍼 벨트의 첫 번째 천체라고 생각합니다. 실제로 천문학자들은 카이퍼 벨트에서 명왕성보다 큰 천체를 몇 개 발견하기도 했습니다. 2006년에 국제천문연맹(IAU)은 행성의 정의를 수정하여 이런 현실을 반영하기로 결정했고 이에 따라 명왕성은 왜행성(dwarf planet)으로 격하되고 플루토이드(plutoid)라는 이름으로 불리게 되었습니다. 그러나 일부 천문학자들은 새로운 정의에 이의를 제기하고 있습니다.

다른 태양계들

1980년대 말부터 천문학자들은 다른 항성의 주변을 도는 행성들을 발견하기 시작했으며 이제까지 수백 개의 외계 행성계가 발견되었습니다. 행성은 너무 작아서 직접 관찰할 수는 없지만 이들은 자신의 항성 주변을 돌면서 중력으로 항성에 영향을 끼치므로 이를 포착해서 행성을 발견할 수 있습니다. 방법은 이렇습니다. 행성이 자신의 항성과 지구 사이에 자리잡으면 행성은 항성을 우리 지구 쪽으로 끌어당기고, 이에 따라 그 항성에서 나오는 빛이 도플러 효과(Doppler effect)로 인해 파란색 쪽으로 약간 이동합니다. 마찬가지로 행성이 항성의 반대쪽으로 가면 이 항성이 우리로부터 멀어지므로 빛이 빨간색 쪽으로 이동합니다. 어떤 경우에는 위치만 정확하면 행성이 항성 앞을 통과하는 바람에 빛이 가려져 별빛이 약간 어두워지는 것도 관찰할 수 있습니다.

이제까지 발견된 행성은 거의 다 지구와는 다릅니다. 너무 크거나 (목성보다 크기도 합니다) 너무 항성에 바짝 붙어 있거나(수성보다 가깝기도 합니다) 합니다. 게다가 우리 태양계의 행성은 모든 궤도가 거의 원형인데 반해 이들은 심한 타원 궤도를 형성하고 있습니다. 천문학자들은 이른바 '뜨거운 목성(hot Jupiter)'으로 불리는 행성들이 그들 태양계의 먼 곳에서 태어났다가 지금의 궤도로 이동했다고 생각합니다.

모여 사는 별의 무리, 은하

우리 눈에 보이는 것과 달리 별들은 아무렇게나 제멋대로 우주 공간 안에 흩어져 있는 것이 아닙니다. 모든 별들은 은하라는 덩어리를 이루면서 존재합니다. 예를 들어 태양은 약 1천억 개의 별이 모여 있는 '우리 은하'에 속해 있습니다. 우리 은하의 지름은 12만 광년이고 대부분의 은하(전체의 4분의 3 정도)와 마찬가지로 회전하는 원판 모양이며 여기서 팔들이 나선상으로 뻗어 나가 있습니다. 맑은 날 밤에 우리가 맨눈으로 볼 수 있는 2,500개 정도의 별들은 모두 우리 은하 안에 있는 별들입니다. 그리고 주변이 흐릿한 빛의 덩어리도 보이는데 이들은 성운이라고 부르는 것들입니다. 별 특징이 없는 빛의 점으로만 보일지 몰라도 성운에는 저마다 수십억 개의 별과 행성이 존재하고 있으며 우리 같은 생명체가 살고 있을지도 모르는 독립된 은하입니다.

우리 은하 외에 다른 은하가 존재한다는 사실은 1923년 미국의 천문학자 에드윈 허블(Edwin Hubble, 1889~1953)이 알아냈습니다. 당시에 그가 사용한 망원경은 로스앤젤레스 근처 윌슨 산 천문대에 있는 지름 100인치 망원경이었습니다. 이 망원경이 만들어지기 전까지 천문학자들은 안경 없이 조그마한 글자를 들여다보는 사람처럼 하늘을 뚫어져라 열심히 관찰했지만 별 성과가 없었습니다. 윌슨 산 망원경이 그 모든 것을 바꾸어놓았습니다. 허블은 천문학자들이 우리 은하 내에서의 상호 간 거리를 측정할 때 이용한 별들을 찾아낼 수 있었습니다. 이 별들을 기준으로 측정한 결과, 허블은 안드로메다 성운이 우리 은하로부터 아득하게 먼 2백만 광년 저쪽에 존재한다는 것을 증명했습니다. 허블의 연구 덕분에 우리는 이제 우리 은하가 온 우주에 흩어져 있는 수십억 개의 은하 중 하나에 불과하다는 사실을 알고 있습니다.

우리 은하와 마찬가지로 대부분의 다른 은하들도 상당히 안정되어 있습니다. 그러나 몇몇 은하는 평화로운 대부분의 은하와는 달리 격렬하게 변화하는 별들이 있습니다. 엄청난 폭발이 이들 은하의 중심부를 뒤흔들고 물질을 수십만 광년이나 되는 길이로 우주 공간을 향해 뿜어댑니다. 이렇게 활동적인 은하들은 보통 많은 양의 에너지를 라디오파의 형태로 방출합니다. 그래서 이들은 전파 망원경(radio telescope)으로 본 하늘에서 아주 밝게 빛납니다.

이런 유형의 은하들 중 가장 재미있는 것들은 퀘이사(quasar)입니다. 이 이름은 '항성과 비슷한 라디오 전파원(quasi-stellar radio source)'이라는 영문 이름의 약자입니다. 퀘이사는 태양이 일생에 걸쳐 내놓는 에너지보다 더 많은 양의 에너지를 단 1초 만에 내놓습니다. 이제까지 관측된 수천 개의 퀘이사들은 지구로부터 아주 멀리 있습니다. 사실 우리가 알고 있는 천체들 중에서 가장 멀리 떨어져 있는 것은 바로 이 퀘이사입니다. 오늘날 통용되고 있는 이론 중 하나는 퀘이사가 은하의 진화 초기, 즉 격동기를 지나고 있다고 주장합니다. 이 학설에 따르면 퀘이사에서 나온 빛은 지구를 향해 수십억 년을 날아왔고 따라서 어떤 경우 우주의 탄생 초기부터 날아왔을 수도 있습니다. 우리 은하도 과거에는 퀘이사였을 수도 있습니다. 어쩌면 수십억 광년 떨어진 우주 반대쪽에 있는 천문학자들에게 우리 은하가 퀘이사로 보일지도 모르지요.

망원경

허블이 거둔 연구 성과는 천문학 분야에 대해 중요한 사실을 하나 알려주었습니다. 우주에 대한 우리의 지식은 먼 우주 공간으로부터 흘러나오는 방사선을 탐지하고 기록할 수 있는 크고 비싼 망원경을 만드는 능력과 직결되어 있다는 것입니다. 일반적으로 지구상에 설치된 첨단 망원경의 값은 대규모 고속도로 인터체인지 하나를 건설하는 비용과 맞먹습니다. 그것은 20세기 초에 윌슨 산 망원경이 준공되었을 때도 그랬고, 1930년대에 직경 200인치짜리 망원경이 팔로마 산에 건설되었을 때도 그랬고, 인플레이션을 고려할 때 아마 다음 세대의 망원경이 완성될 때도 그럴 것입니다.

오늘날 망원경 제작은 크게 두 분야로 나누어집니다. 하나는 지상에 설치되는 것이고, 또 하나는 인공위성에 탑재되는 것입니다. 팔로

마 산 망원경은 유리판을 모아서 만든 하나의 커다란 '빛을 모으는 물동이'입니다. 요즘은 망원경 제작에 전자공학 기술이 도입되어 같은 결과를 좀 더 쉬운 방법으로 얻을 수 있습니다. 캘리포니아공대에서 하와이의 마우나케아 산에 건설한 케크 망원경은 이 새로운 기술을 보여주고 있습니다. 이 망원경은 여러 개의 작은 거울로 되어 있어서 표면을 보면 마치 쟁반에 포테이토칩을 깔아놓은 것처럼 보입니다. 이 작은 거울들은 저마다 컴퓨터와 연결되어 있는데 컴퓨터는 거울들 전체가 항상 한군데로 초점을 맞추도록 끊임없이 조절합니다. 이렇게 해서 거대한 단일 유리판은 조그마한 거울들의 모임에 자리를 내주게 되었습니다. 작은 거울들로 구성된 망원경은 빛을 모으는 능력에 있어서 어떤 망원경보다도 뛰어납니다.

전파 망원경도 가정용 위성방송 수신 안테나를 엄청나게 확대한 하나의 접시 안테나로 만들어지지 않습니다. 그 대신 저마다 컴퓨터로 제어되는 여러 개의 수신 장치를 모아서 만듭니다. 이런 전파 망원경들 중 널리 알려진 것으로 뉴멕시코 주 소코로 근처 사막에 있는 VLA(Very Large Array)가 있습니다.*

가시광선과 라디오파만이 지구의 대기를 뚫고 지상에 있는 망원경까지 도달할 수 있습니다. 이들 외의 다른 대역의 전자파를 측정하려면 수신 장치를 대기권 밖으로 띄워 올려야 합니다. 지난 수십 년간 천문학자들은 인공위성에 설치된 관측 장치들을 통해 전자파 대

---

* 지름 25미터짜리 접시 안테나 27개로 이루어진 VLA(초대형간섭전파망원경군) 외에도 칠레 아타카마 사막에 설치된 알마(ALMA) 전파 망원경, 푸에르토리코의 아레시보에 건설된 전파 망원경이 유명하다. 알마는 2013년 3월에 완성되어 관측을 시작했는데 지름 7~13미터에 이르는 안테나 66대가 외계에서 오는 라디오파를 분석하고 있다. 아레시보 전파 망원경은 안테나 직경이 305미터에 이른다.

역 전체에 걸쳐 우주를 관찰할 수 있게 되었습니다('열쇠 3' 참조). 이를 통해 인류는 우주에 대해 훨씬 더 많은 지식을 얻었습니다.

위성에 설치된 망원경 중 가장 유명한 것은 1990년 4월에 발사된 허블 우주 망원경입니다. 허블은 가시 광선과 자외선을 감지하도록 설계되어 있으며 태양계 안의 행성으로부터 시작해서 멀리 있는 은하에 이르기까지 다양한 천체를 이제까지 볼 수 없었던 고해상도로 촬영하여 지구로 전송했습니다. 허블은 지상의 망원경보다 더 멀리 볼 수는 없지만 빛을 왜곡하는 대기권 위에 있기 때문에 세부적으로 더 선명한 사진을 얻는 경우가 많습니다. 허블이 수명을 다해 가고 있는 만큼 천문학자들은 이미 후속 우주 망원경을 궤도에 올릴 계획을 세우고 있습니다.

새로운 분야

새 행성을 찾아서

외계 행성이 속속 발견되고 있지만 지구와 비슷한 행성은 아직 등장하지 않았습니다. 이 탐사가 잘 이루어지지 않는 데는 이유가 있습니다. 행성이 항성에게 미치는 중력이 이 행성을 찾아내는 방법이라면, 지구처럼 작은 행성은 목성처럼 큰 행성보다 찾기가 어려울 것입니다. 마찬가지로 항성에 가까운 행성들은 그 항성에 더 강한 중력을 미칠 것이고 따라서 더 뚜렷한 도플러 효과를 낼 것입니다. 그러므로 이제까지 발견된 행성들이 거의 다 '뜨거운 목성'임은 놀랄 일이 아닙니다. 우리의 의문은 관측 기술이 진보함에 따라 궤도가 거의 원형인 지구형 행성들이 존재하는 우리 태양계가 은하 안에 유일한가(혹

은 거의 유일한가)를 알게 될 것인가 입니다. 여기에 대한 답이 나온다
면 그 답은 우리가 인류와 우주, 생명을 바라보는 시각에 깊은 영향
을 끼칠 것입니다.

외계인

외계에 존재하는 지능 있는 생물, 거기까지는 아니더라도 생명체
를 찾으려는 노력은 많은 사람들의 상상력을 자극했지만 천문학에
서는 그리 중요하게 다루어지고 있지 않습니다. 이제까지 탐사선들
이 여러 행성을 관측한 결과를 보면 태양계 내에서 생명체가 발견될
가능성은 지극히 희박하다는 것을 알 수 있습니다. 가까이 있는 항성
(행성계가 있을 수도 있고 아닐 수도 있는)으로부터 외계인들이 보내오
는 전파(라디오파) 메시지를 수신하려는 계획도 있지만 이 사업의 규
모도 그리 크지 않습니다. 우리 은하 안에 지능 있는 생명을 탄생시
키는 데 필요한 모든 조건을 갖춘 장소가 다른 곳에도 있을 가능성

은 거의 없으므로 인류가 은하 내에서 유일하게 지능 있는 생물이라고 주장하는 학자들도 있습니다. 그러나 이 연구는 계속되어야 할 것 같습니다. 만약에 외계인이 있다는 것이 확인되면 그 결과는 엄청날 것입니다. 그러나 완전히 없다는 것이 확인된다면 그 결과는 더욱 엄청날 것입니다.

열쇠 11

코스모스

빅뱅 이론에서 암흑 물질까지

우주는 어디에서 와서 어디로 가고 있을까요? 우주는 어떻게 해서 만들어졌을까요? 그리고 어떻게 지금의 이런 모습이 되었을까요?

이것들은 '큰 의문들'입니다. 다른 분야의 큰 의문들과 마찬가지로 묻기는 쉽지만 대답하기는 아주 어려운 질문이지요. 우리가 이 의문들의 해답을 찾는 것은 심오한 철학적 이유 때문입니다. 그 이유는 기술의 즉각적인 응용과는 거의 관계가 없습니다. 우주의 구조를 밝혀냈다고 해서 부자가 되는 것은 아니니까요(물론 여기에 대해서 책을 쓴다면 모르지만). 과학에서는 이 '큰 의문들'을 풀려고 노력하는 분야를 가리켜 우주학(cosmology)이라고 부릅니다. 현대 우주학은 다음과 같은 사실에서부터 출발하고 있습니다.

"우주는 과거 특정 시점에 탄생했고,
그 이후로 계속 팽창하고 있다."

열쇠 11 • 코스모스 243

허블의 팽창하는 우주

에드윈 허블은 다른 은하들이 존재한다는 것을 밝혀냈지만 이것이 그의 업적 중 가장 중요한 것은 아닙니다. 다른 은하로부터 오는 빛들을 관찰하면서 허블은 이 빛이 빨간색 쪽으로 옮겨져 있다는 사실을 발견했습니다. 무슨 뜻인가 하면 그 빛의 파장이 실험실에서 똑같은 원자를 가지고 만들어낸 빛의 파장보다 길었다는 뜻입니다. 게다가 은하가 멀리 떨어져 있을수록 치우치는 정도가 커진다는 사실도 발견했습니다. 허블은 이 적색 편이 현상이 도플러 효과 때문이라고 생각했습니다.

큰길가에 서 있을 때 차가 빠른 속도로 지나가면 이때 우리는 도플러 효과를 경험하게 됩니다. 음파는 일정한 주파수를 가지고 있고 우리의 고막은 그 주파수를 특정한 음높이로 인식합니다. 자동차의 경적이나 엔진처럼 시끄러운 소리를 내는 물체가 우리를 향해 다가올 때 우리는 1초 동안에 더 큰 주파수의 소리를 듣게 됩니다. 가까이 다가올수록 소리의 원천과 우리 사이의 거리가 줄어들기 때문입니다. 그래서 우리의 귀는 더 높은 소리가 들리는 것으로 인식합니다. 그런데 일단 이 차가 우리 앞을 지나 멀어져 가면 상황이 달라집니다. 우리의 귀는 정확히 반대의 이유로 1초 동안에 더 적은 주파수의 소리를 듣게 됩니다. 그러니까 소리가 낮아진 것처럼 느껴지는 거지요. 다음번에 시끄러운 차가 옆을 지나가거든 소리가 점점 높아졌다가 낮아지는 현상에 주의를 기울여봅시다.

도플러 효과는 빛이나 소리에서 마찬가지로 나타납니다. 우리로부터 멀어져 가는 별에서 나온 빛은 주파수가 더 낮은 것으로 보입니

다. 그래서 스펙트럼이 빨간색 쪽으로 옮겨 갑니다. 이 현상을 통해 허블은 거의 모든 은하가 지구로부터 멀어져 가고 있고 우주 전체는 팽창하고 있다고 결론을 내릴 수 있었습니다. 현대식 관측기구로 관찰해본 결과, 이러한 허블식 팽창은 관측이 가능한 우주 전체에 걸쳐 실제로 존재한다는 것이 확인되었습니다. 그리고 이 사실은 현대 우주관의 핵심이 되었습니다.

건포도가 박힌 빵 반죽이 오븐 안에서 부풀어 오르는 모습을 상상해봅시다. 건포도 하나하나는 은하에 해당하고 반죽은 은하 사이의 공간에 해당합니다. 여러분이 어떤 건포도 위에 서 있다고 한다면 반죽이 부풀어 오를수록 옆에 있는 건포도가 여러분으로부터 점점 더 멀어지는 것을 볼 수 있을 것입니다. 그 건포도보다 두 배 정도 멀리 떨어져 있는 건포도는 두 배의 속도로 멀어져 갈 것입니다. 왜냐하면 사이에 있는 반죽의 양도 두 배일 테니까요. 건포도는 멀리 떨어져 있을수록 더 빨리 멀어져 갈 것입니다. 바로 이것이 허블의 관측 결과입니다.

빵 반죽의 비유는 우주의 팽창에 대해 중요한 점 몇 가지를 보여줍니다. 첫째, 지구가 이 팽창의 중심에 있다고 생각하는 것은 무의미하다는 사실입니다. 빵 반죽을 한번 생각해보지요. 어느 건포도 위에 서 있든 우리는 가만히 있는데 다른 것들이 우리로부터 멀어져 가는 것으로 느껴질 겁니다. 이렇게 모든 천체는 자신이 우주 팽창의 중심에 있는 것처럼 느낄 것이므로 지구에서의 관측 결과 모든 천체가 지구로부터 멀어져 가는 것처럼 보인다 해도 그것이 우리를 특별한 존재로 만들어주는 것은 아닙니다.

둘째, 이 건포도의 움직임은 폭탄이 폭발하는 것과는 다릅니다. 건포도는 반죽 내부를 통해 움직이는 것이 아니라 전체적인 팽창의 흐름을 따라 이동할 뿐입니다. 마찬가지로 은하들도 공간 내부를 날아가는 것이 아니라 공간 자체가 팽창하는 것을 따라 흘러가고 있을 뿐입니다.

셋째, 건포도 자체는 부풀어 오르지 않고 그 사이의 공간만 커집니다. 같은 식으로 태양계와 우리 은하는 다른 은하들이 우리로부터 멀어져 간다 해도 팽창하지 않습니다.

마지막으로, 누가 반죽의 어느 부분에서 팽창이 시작되었느냐고 묻는다면 우리는 "모든 곳에서"라고 대답할 수밖에 없습니다. 왜냐하면 빵 속의 어떤 지점도 처음에 팽창이 시작되었을 때는 중심에 있었기 때문입니다. "우주의 중심은 모든 곳에 있지만 가장자리는 어디에도 없습니다."라는 15세기 철학자 니콜라우스 쿠자누스(Nicolaus Cusanus, 1401~1464, 독일의 추기경, 실험과학자, 철학자)의 말처럼 말이지요.

우주는 하나의 점에서 출발했다

허블식 팽창이 사실이라면 우리는 피할 수 없는 결과에 도달하게 됩니다. 즉 우주에는 시작이 있어야 한다는 것입니다. 우주의 시작부터 현재까지의 과정을 필름에 담아놓고 그것을 거꾸로 돌린다고 생각해봅시다. 그러면 지금부터 138억 년이 조금 넘는 옛날에 우주는 하나의 점이었음을 알게 될 것입니다. 오늘날 진행되고 있는 팽창은 그 점으로부터 시작된 것이 틀림없습니다. 이렇게 밀도가 높은 하나의 점으로부터 우주가 팽창했다는 이론을 가리켜 '빅뱅 이론(Big Bang theory)'이라고 합니다. 아직까지는 이것이 우주의 기원과 진화에 대해 인류가 만들어낸 가장 뛰어난 가설입니다.

물질의 탄생

초기의 우주는 지금보다 밀도가 높았습니다. 물질과 에너지가 작은 공간 안에 몰려 있으면 온도가 높을 수밖에 없습니다. 따라서 우주가 어렸을 때는 지금보다 훨씬 더 뜨거웠을 겁니다. 우주의 역사를 담은 필름을 거꾸로 돌리다 보면 여섯 단계의 중요한 사건들과 만나게 됩니다. 그 사건들을 우리는 냉각이라고 부릅니다. 각 단계에서 우주의 조직은 근본적인 변화를 겪었습니다. 그것은 마치 물이 얼음이 될 때 일어나는 큰 변화와도 같습니다. 이 냉각의 단계들을 이해하는 것이 현대 우주학의 주요 과제입니다.

냉각이 마지막으로 일어난 것은 우주가 약 50만 살이 되었을 때였습니다(그러니까 약 138억 년 전입니다). 이때쯤 전자와 원자핵은 영구히 결합되어 원자를 이루었습니다. 그 전까지는 전자가 어떤 핵 주변의 궤도에 들어가도 다른 입자와의 충돌에 의해 튕겨져 나가곤 했습니다. 즉 50만 살 이전까지의 물질은 자유로이 돌아다니는 전자와 핵의 형태로만 존재했던 것입니다. 이런 상태를 플라즈마라고 부른다는 것은 앞에서 이야기했습니다.

그 바로 앞의 냉각이 일어난 것은 우주가 탄생한 지 3분쯤 뒤의 일이었습니다. 이때 핵이 탄생했습니다. 그 전까지는 우주 안에 기본 입자들만 있었고 양성자 하나와 중성자 하나가 뭉쳐서 핵을 만들려 해도 다른 입자들이 끊임없이 충돌해 왔기 때문에 결합을 유지할 수가 없었습니다. 3분이 지난 후에야 핵은 안정을 얻었던 것입니다.(그 이유는 잠시 후에 이야기하겠지만 빅뱅에서 탄생한 핵은 수소, 헬륨, 리튬의 핵뿐입니다. 나머지 원소의 핵들은 모두 나중에 별 안에서 만들어졌습니다.)

탄생 후 1천만분의 1초부터 3분까지 우주는 기본 입자들, 즉 양성자, 중성자, 전자, 기타 모든 종류의 입자들의 거대한 소용돌이였습니다. 1천만분의 1초가 되었을 때 우주가 충분히 식자 쿼크들이 결합하여 기본 입자들을 만들어냈습니다. 그 전까지는 렙톤과 쿼크밖에 없었고 그 후에는 핵을 구성하는 모든 기본 입자들과 렙톤이 존재하기 시작했습니다.

탄생으로부터 100억분의 1초

1천만분의 1초 이후부터 이루어진 냉각에서 물질의 상태는 근본적인 변화를 겪었습니다. 그런데 1천만분의 1초 이전에도 세 번의 냉각 과정이 있었습니다. 이 과정에서는 물질보다는 힘이 변화를 겪었습니다. 쿼크가 '냉각'되어 기본 입자를 형성했을 때, 우주 안에 존재하던 여러 가지 힘은 오늘과 별로 다를 것이 없었습니다. 그때도 강력, 전자기력, 약력, 중력의 네 가지 힘이 있었던 것입니다. 그러나 그 전까지, 그러니까 우주가 더 뜨거웠을 때에는 이들 중 일부 또는 네 힘 모두가 하나로 되어 있었을 것으로 추정됩니다.

필름을 거꾸로 돌려보면 이 힘들이 하나씩 합쳐지는 것으로 보일 것이고 마지막에 가서는 모든 것을 포괄하는 단 하나의 힘만이 남을 것입니다. 오늘날 이 과정들을 설명하는 이론은 다음과 같습니다.

• 10^{-10}초: 약력과 전자기력이 합쳐져서 전자기약력이 됩니다. 이때의 온도는 가속 장치를 통해 인공적으로 만들어낼 수 있습니다. 그러므로 1백억분의 1초로부터 현재까지의 우주의 모습에 대해서는 우리는 조금은 자신을 가질 수 있습니다. 이론을 실험해볼 수 있기 때문이지요.

• 10^{-33}초: 강력이 전자기약력과 결합하고 중력이 홀로 남습니다. 이 단계에서 두 가지 중요한 사건이 일어났습니다. 하나는 우주가 소립자만 한 크기에서 자몽만 한 크기로 팽창한 것입니다(이 과정을 인플레이션이라고 부릅니다). 이때 반물질은 물질과 충돌하면서 소멸해가고 그 과정에서 방사선을 만들어냈습니다. 이 통일은 표준 모형으로 설명할 수 있으며 '열쇠 9'에서 다룬 바와 마찬가지로 표준 모형은 실험실에서 입증이 되었습니다(물론 이 시기의 우주와 맞먹는 에너지 값에서는 증명되지 않았지만).

• 10^{-43}초: 이 기간은 양자역학의 아버지인 막스 플랑크(Max Planck, 1858~1947)의 이름을 따서 '플랑크 시간'이라고 부릅니다. 탄생부터 이때까지 모든 힘은 하나였습니다. 세상은 아름답고 단순하고 우아했습니다. 물질의 입자들은 가장 기본적인 모습을 하고 있었고 단일한 힘을 매개로 하여 상호작용을 하고 있었습니다. 그때 이후로 우주는 복잡해지기만 했던 것입니다.

빅뱅의 증거

우주 배경 복사

지구 위에 서서 어느 방향을 바라보든 우리는 우주 깊숙한 곳에서부터 쏟아져 나오는 마이크로파 배경 복사를 만나게 됩니다. 1965년에 발견된 이 복사는 빅뱅에 관한 최초의 증거가 되었습니다. 그 이유는 이렇습니다. 모든 물체는 방사선을 내는데 이 흐름의 형태는 그 물체의 온도에 달려 있습니다. 예를 들어 사람의 몸은 적외선을 방출하는데 이것은 우리의 체온이 36.5°C이기 때문입니다. 우주는 아주 뜨거운 상태에서 시작해서 끊임없이 팽창하고 냉각되어 왔으므로 오늘날 그 온도는 절대 온도로 3도쯤 될 것입니다. 이 온도에서 나오는 파동은 마이크로파입니다.

최초의 원소들

탄생 3분쯤부터 시작된 핵의 형성 기간은 얼마 지속되지 못했습니다. 팽창 때문에 물질 사이의 거리가 너무 벌어져서 핵 반응이 멈춰버렸기 때문입니다. 이 짧은 핵 형성 기간 중 상당량의 중수소(하나의 양성자, 하나의 중성자), 여러 가지 형태의 헬륨(두 개의 양성자, 하나 또는 두 개의 중성자) 등이 생겨났을 뿐입니다. 우리는 탄생 3분 후의 우주의 온도와 이미 알려진 핵 형성 반응의 속도를 바탕으로 하여 이때 만들어진 중수소, 헬륨, 리튬의 양을 계산할 수 있습니다.

우주를 관찰해보면 이러한 계산 결과가 매우 정확함을 알 수 있습니다.(나중에 별 안에서 형성된 무거운 원소들로 생긴 오차를 고려한다면 말입니다.) 이 계산 결과는 정확히 맞아떨어져야 하는데, 왜냐하면 예측된 헬륨의 양과 실제 계산된 양 사이에 몇 퍼센트만 차이가 나도 빅뱅 이론은 무의미해져버리기 때문입니다. 우리의 예측이 정확하게 증명되었다는 사실은 빅뱅을 뒷받침하는 가장 강력한 증거입니다.

우주의 구조

별들이 모여 은하를 이루듯이, 은하들이 모여서 은하군 또는 아주 큰 초은하군을 형성합니다. 예를 들어 우리 은하와 안드로메다 은하는 천문학자들이 지역 은하군(Local Group)이라고 부르는 은하 집단에서 중력의 중심점 역할을 하고 있습니다. 이 은하군은 우리 은하와 안드로메다 은하, 그리고 이 둘보다 작은 20여 개의 은하가 모인 집단입니다. 그리고 이 지역 은하군은 약 십만 개의 은하로 이루어진 지역 초은하군의 가장자리에 놓여 있습니다.

우주의 질량 거의 대부분을 이런 초은하군들이 차지하고 있습니다. 초은하군은 은하군들이 실에 꿴 구슬처럼 늘어서 있는 모습이라고 상상하면 됩니다. 초은하군들 사이에는 거대한 공백이 있습니다. 여기에는 별이 거의 없습니다. 지구의 사막과 같은 곳입니다. 이 공백의 폭은 수백만 광년이나 되지만 이들은 1980년대 초까지만 해도 전혀 알려져 있지 않았습니다. 이들이 발견된 것은 첨단 자료 분석 기술로 천문학자들이 초은하군들 사이에 있는 빈 공간을 포착할 수 있었기 때문입니다.

우주의 모습을 상상하는 가장 좋은 방법은 비누거품 덩어리를 생각하는 것입니다. 거품 하나하나의 속은 비어 있고 그 공간은 얇은 비눗물 막으로 싸여 있습니다. 이 공간이 초은하군들 사이의 공백에 해당하고 비눗물 막이 초은하군에 해당하는 것입니다.

암흑 물질과 암흑 에너지

이제까지 우리가 이야기한 우주, 그러니까 반짝이는 별과 은하로 채워진 우주는 보통의 물질로 되어 있습니다. 우리 몸을 이루는 물질과 같다는 뜻이죠. 이런 보통 물질의 질량은 거의 원자핵 속의 바리온에 있기 때문에 과학자들은 이를 바리온 물질이라고 부릅니다. 20세기 후반에 과학자들이 발견한 사실 중 가장 놀라운 것 하나는 바리온 물질이 우주 전체의 극히 일부(약 4%)만을 차지한다는 것이었습니다. 나머지는 암흑 물질과 암흑 에너지라는 이름이 붙은 것들로 되어 있습니다.

암흑 물질

1970년대 카네기 연구소의 천문학자인 베라 루빈(Vera Cooper Rubin)은 별들 사이의 희박한 수소로부터 나오는 빛을 관찰하는 방법으로 멀리 있는 은하가 어떻게 회전하는지를 연구하고 있었습니다. 은하의 중심 부근에서는 예상대로 모든 별들이 한데 뭉쳐 마치 바퀴처럼 돌아가고 있었습니다. 바깥쪽으로 가면 역시 예상대로 모든 별들이 서로 같은 속도(중심부보다 조금은 느린)로 회전하고 있었습니다. 무슨 뜻인가 하면 별이 멀리 있을수록 완전히 한 바퀴를 도는 데 더 오래 걸린다는 뜻입니다. 더 먼 거리를 이동해야 하니까요. 놀라운 일은 루빈이 별이 있는 곳으로부터 밖으로 멀리 뻗어 나간 곳에 존재하는 수소를 관찰하는 과정에서 벌어졌습니다. 당초 루빈은 수소 분자 하나하나가 마치 은하 주변을 도는 미니 행성처럼 움직일 것이라고 생각했습니다. 그러니까 태양으로부터 멀리 떨어져 있는 목성이 지구보다 천천히 공전하는 것처럼 수소 분자들도 우주의 중심으로부터 멀어져 갈 수 있으므로 움직이는 속도가 느려지리라고 예측했다는 뜻입니다. 그런데 수소 분자들의 움직임은 예측과 전혀 달랐습니다. 이들은 은하계 중심 부근에 있는 수소 분자와 똑같은 속도로 움직이고 있었습니다. 이 사실(그때 이래 여러 개의 은하를 관찰해서 확인된 바 있는)을 설명하는 방법은 하나뿐입니다. 즉 우리 눈에 보이는 은하는 눈에 보이지 않는 거대한 물질로 된 큰 공 안에 들어 있고 이 공이 회전하면서 수소 분자를 데리고 움직인다는 설명뿐입니다.

이 공은 빛과 반응하지 않으므로 (한다면 보이겠죠) 그 속에 들어 있는 물질에는 암흑 물질이라는 이름이 붙었습니다. 암흑 물질의 증거는 다른 곳에서도 곧 나타났습니다. 암흑 물질은 예를 들어 은하군을 하나로 묶어주는 역할을 합니다. 오늘날 천문학자들은 암흑 물질이 우주 전체 질량의 약 23%를 차지한다고 봅니다. 이게 무슨 뜻인지는 바로 다음에서 설명하겠습니다.

암흑 에너지

1990년대 초에 우리 우주에 대해 또 한 가지 예상치 못한 일이 발견되었습니다. 특별한 종류의 초신성을 이용하여 까마득히 먼 곳에 있는 은하까지의 거리를 측정하는 과정에서 과학자들은 우주가 팽창하는 속도가 수십억 년 동안 계속 빨라져 왔다는 사실을 보여줄 수 있었습니다. 물론 이것은 중력이 은하에 작용하는 유일한 힘이라는 가정과는 정면으로 반대되는 이야기입니다. 왜냐하면 중력은 결국 밖으로 뻗어나가는 물체의 덜미를 잡는 힘이니까요. 그렇다면 우주 내에 어떤 '반중력'이 있어서 은하들을 더욱 빨리 서로 떼어놓는다는 생각을 할 수 있습니다. 과학자들은 이 불가사의한 힘에 암흑 에너지라는 이름을 붙였습니다(암흑 물질과 혼동해서는 안 됩니다).

곧 이야기하겠지만 암흑 에너지가 무엇인지는 알려져 있지 않습니다. 한 가지 알려진 사실은 암흑 에너지가 우주 질량의 약 70%를 차지한다는 것입니다. 바리온 물질, 암흑 물질, 암흑 에너지와 함께 우리는 드디어 우주를 구성하는 기본 물질을 아는(적어도 안다고 생각되는) 지점까지 왔습니다. 이들이 우주라는 큰 그림 안에서 어떻게 서로 맞물려 돌아가는지 알아내는 것이 우주를 이해하는 여정의 다음 과제가 될 것입니다.

가장 큰 과제

오늘날 우주학자들이 풀어야 할 가장 중요한 과제는 빅뱅 초기에 아주 짧은 시간 동안 일어난 일들을 지배했던 법칙입니다. 이 법칙에는 조건이 있습니다. 물질이 모여서 은하가 되고, 은하가 모여서 은하군과 초은하군을 이루는 식으로 우주는 변화해 왔지만 그럼에도 배경 복사는 어느 방향을 바라보나 똑같다는 사실을 설명할 수 있는 법칙이어야 한다는 것입니다.

이런 이론을 찾아내는 것은 쉬운 일이 아닙니다. 지금까지 수많은 뛰어난 학자들이 여기에 도전했지만 실패했습니다. 우리가 우주의 구조에 대해서 알면 알수록 어떤 법칙을 발견하기는 더 어려워지는 것 같습니다. 이 때문에 어떤 과학자들은 우리가 궁극적인 이론을 찾아내는 데 성공하기만 하면 그것이 '모든 것을 설명하는' 유일한 만물의 이론이 될 것이라고 생각합니다.

새로운 분야

암흑 물질이란 무엇인가?

암흑 물질이라는 개념은 오래 전부터 나와 있어서 과학자들은 그 본질에 대해 이런저런 추측을 해 왔습니다. 이런 추측에는 여러 가지가 있습니다. 이를테면 무거운 뉴트리노거나, 통일장 이론이 예측한 몇 가지 입자로 아직 실험실에서 확인하지 못한 입자일 수도 있고, 암흑 물질의 전부 또는 일부가 별 또는 기타 바리온 물질의 잔해일 수도 있다는 식의 추측입니다.

암흑 물질을 찾아내려고 과학자들은 이런저런 실험을 하고 있습니다. 기본적인 실험 방법은 은하가 암흑 물질로 푹 젖어 있다면 고요한 날 도로를 달리는 자동차가 바람을 일으키는 것처럼 지구도 암흑 물질의 '바람' 속에서 움직이고 있어야 한다는 생각입니다. 이 실험을 위해 과학자들은 순수한 저마늄이나 규소 결정을 절대 온도 0도 근처의 상태에서 땅속 깊은 동굴에 넣어 둡니다(우주선의 영향으로부터 보호하기 위해서입니다). 그리고 나서 (아주 드물기는 하지만) 저마늄이나 규소 결정이 암흑 물질 바람과 서로 반응하지 않는지를 관찰합니다.

암흑 에너지란 무엇인가?

대부분의 우주학자들은 이 질문이 우주학에서 가장 중요한 문제라고 말할 것입니다. 암흑 에너지가 우주 질량의 가장 큰 부분을 차지한다는 이유 하나만으로도 그렇게 생각할 수 있겠죠. 그런데 이 문제에 대한 연구는 본질적으로 이론적일 수밖에 없으며 암흑 에너지의 유력한 후보로는 우주 상수(常數)라는 것이 있습니다. 알베르트 아인슈타인이 질량이 일정한 우주를 설명하기 위해 처음 제안한 이 가상의 효과는 천문학자들이 관찰한 '반중력' 효과와 정확히 일치했습니다. 한 가지 재미있는 일은 우주가 팽창한다는 사실을 허블이 발견하자 아인슈타인이 이 우주 상수를 일생 최고의 실수라며 철회한 것입니다. 그러나 팽창이 점점 빨라진다는 사실이 발견되자 아인슈타인의 우주 상수는 부활했습니다.

관찰의 측면에서 보자면 천문학자들은 멀리 있는 은하를 관찰해서 우주 팽창의 역사를 더듬어 볼 수 있습니다.(주의할 점: 50억 광년 떨어진 은하를 관찰했다면 그 은하의 모습은 50억 년 전의 것입니다.) 우주의 초기에는 은하들이 서로 가까이 있어서 상호 간의 중력이 지금보다 컸을 때는 팽창의 속도가 느렸을 것입니다. 그런데 빅뱅으로부터 50억 년쯤이 지나자 암흑 에너지의 효과가 더 두드러질 정도로 중력의 힘이 떨어졌고, 이에 따라 오늘날과 같은 가속적 팽창이 시작되었을 것입니다.

열쇠 12

아인슈타인의 사고 실험

상대성 이론

이 장은 이 책의 다른 어떤 부분과도 다릅니다. 우리는 매일 운동, 힘, 물질, 에너지 같은 현상을 겪으며 살고 있습니다. 화학 물질, 지구, 생물체 등은 눈으로 볼 수 있는 것들입니다. 그러나 상대성 이론은 추상적이고도 철학적인 자세로 과학을 바라볼 것을 요구합니다. 아인슈타인이 상대성을 발견한 것은 실험이 아닌 자연이란 어떠해야 하는가에 대한 깊은 사고를 통해서였습니다. 단순한 사고 실험을 하는 것으로 우리는 아인슈타인의 발자취를 따라가볼 수 있습니다.

상대성은 우주를 바라보는 완전히 새로운 시야를 열어주기 때문에 아주 재미있는 주제입니다. 그럼에도 불구하고 이 책의 저자인 우리를 비롯한 많은 과학자들은 일반인들이 알아야 할 과학의 여러 가지 분야 중에서 상대성 이론을 상당히 낮은 순위로 내려놓습니다. 그러나 분명 아인슈타인과 그의 위대한 이론은 인류의 문화유산, 즉 과학 부문의 유산입니다. 게다가 알고 보면 상대성 이론은 재미있는 이야기입니다. 만약 파티에서 여러분이 이 이야기를 꺼낸다면 사람들은 감탄하게 될 것입니다.

본론으로 들어가기 전에 한 가지 분명히 해 둘 것이 있습니다. 상대성 이론을 제대로 이해하는 사람은 이 세상에 10명 정도뿐이라는 이야기는 절대적으로 틀린 것입니다. 1920년대라면 이 이야기가 맞을지도 모릅니다(사실 그때도 틀렸을 가능성이 있지만). 오늘날 상대성 이론의 기본적인 부분은 대학의 '교양물리' 시간에 정규적으로 강의되고 있고 매년 수많은 물리학 및 천문학과 대학생들이 상대성 이론의 어려운 부분을 모두 다 배우고 졸업합니다.

상대성 이론을 이해하는 것은 그렇게 어려운 일이 아닙니다. 다음 문장은 상대성 이론을 한 문장으로 압축해놓은 것인데 여러분은 그 단순함에 놀랄 것입니다.

"모든 관측자는 똑같은 자연의 법칙을 본다."

상대성 이론에는 한 가지 중요한 전제가 따릅니다. 그것은 우주를 관측하는 데 절대적으로 '옳은' 지점은 없다는 것입니다. '신의 눈'으로 볼 수 있는 자리 같은 것은 없다는 뜻입니다. 지구 위의 흔들의자에 앉아 있는 사람이나 광속에 가까운 속도로 비행하는 우주선에 타고 있는 사람이나, 모든 관측자는 같은 자연의 법칙을 보게 됩니다. 우주를 지배한다고 생각되는 법칙들은 모두 관측자가 어디서 어느 쪽을 보든 같은 것이라고 상대성 이론은 주장합니다.

이 이야기는 너무도 간단하게 보이지만 상대성 이론이 보여주는 세계는 우리가 감각기관으로 인식하는 세상의 모습과 너무도 동떨어져 있습니다. 상대성 이론은 우리에게 세계가 우리 예측대로 움직이지는 않는다는 것을 시인하라고 요구합니다. 어떤 사람들은 자연이라고 하는 것이 우리가 느끼는 것과는 완전히 다르다는 사실에 실망하기도 합니다. 우주의 모습은 이러이러해야 한다는 우리의 생각에 상관없이 우주를 있는 그대로 받아들이는 자세에 익숙해지기만 하면 상대성 이론을 이해하는 데 아무런 어려움이 없을 것입니다.

관측자와 기준틀

의자에 앉아 있는 사람은 고체인 지구에 견고히 붙어 있는 기준틀을 통해 세계를 봅니다. 그러나 자동차, 비행기, 우주선 같은 것을 타고 있는 사람은 지구에 대하여 움직이는 기준틀을 통해 세상을 바라봅니다. 어느 쪽이든 상대론적 측면에서 볼 때 이들은 모두 관측자들입니다. 그리고 어느 쪽 틀이든 그 틀 안에서 우리는 물리학 실험을 할 수 있으며 어느 경우든 우리는 물리 현상을 경험하고 그로부터 자연의 법칙을 끌어낼 수 있습니다.

어떤 사람의 기준틀이 무엇이든 그는 자신이 정지해 있고 다른 관측자들이 움직이는 것이라고 말할 수 있습니다. 이 이야기는 얼른 이해가 되지 않을지도 모릅니다. 운전을 하면서 내 차가 움직이는 것이 아니라 주변의 경치가 움직인다고 생각하는 사람은 없을 테니까요. 우리는 지구가 '옳은' 기준틀이라는 생각에 집착하고 있어서 우리가 움직이고 있든 아니든 간에 우리의 기준틀을 모두 지구에 묶어 두는 습관이 있습니다. 그러나 후진하는 승용차나 버스에 타고 있으면서 한순간 옆에 보이는 차나 버스가 앞으로 가고 있다고 생각해본 경험

이 거의 누구나 한번쯤은 있을 것입니다. 물론 우리는 그 순간이 지나면 그것이 착각임을 깨닫지만 적어도 그 순간만큼은 상대론적 관측자가 되는 것입니다. 우리가 타고 있는 차야말로 우주의 중심이고 우리 주변의 모든 것이 움직이고 있는 것이기 때문입니다.

관측 위치가 다르면 똑같은 현상도 다르게 보입니다. 어떤 사람이 달리는 차에서 이 책을 떨어뜨린다고 합시다. 그 사람의 눈에는 이 책이 똑바로 떨어지는 것처럼 보일 것입니다. 그러나 길가에 서 있는 사람들에게는 책이 비스듬히 앞쪽으로 떨어지는 것처럼 보입니다. 왜냐하면 차의 운동 때문에 책이 떨어지면서 앞으로 전진하기 때문입니다.

어느 쪽 관측자든 이 현상을 설명하는 데는 뉴턴의 운동 법칙을 동원할 것입니다. 달리 말하면 각각 다른 기준틀이 있는 관측자들은 같은 현상에 대해 저마다 달리 설명하지만 이 현상을 지배하는 법칙은 같다는 뜻입니다. 이것이 상대성 이론의 핵심입니다. 이것이 일반적인 진리라고 가정한다면 우리는 어떤 현상의 결과를 예측할 수 있고 실험을 통해 이를 확인할 수 있을 것입니다. 궁극적으로 우리는 우리의 예측이 실험과 일치한다는 것을 알게 되고 이 때문에 과학자들이 상대성 원리를 진리로 받아들이는 것입니다.

상대성 원리는 앞서 말한 것처럼 "모든 관측자는 똑같은 자연의 법칙을 본다."라는 문장으로 요약할 수 있습니다. 그러나 현실적으로는 관측자와 그들의 기준틀이 어떻게 움직이는가에 따라 이 원리를 두 부분으로 나누어 생각하는 것이 편리합니다. 이중 좀 더 쉬운 쪽을 특수 상대성 원리라고 부르는데, 이것은 기준틀이 가속되지 않는 특수한 경우에 적용됩니다. 뉴턴적 의미에서 볼 때 특수 상대성 원리는 등속 직선 운동, 즉 운동을 변화시키는 외부의 힘이 전혀 가해지지 않는 상태에 있는 관측자에게만 적용됩니다.

반면에 일반 상대성 원리는 가속이 되든 안 되든 모든 기준틀에 적용됩니다. 일반 상대성 원리는 특수 상대성 원리를 하나의 특별한 경우로서 포함하고 있지만, 일반 상대성 원리 자체는 수학적인 면에서 볼 때 훨씬 다루기가 어렵습니다. 먼저 좀 더 쉬운 특수 상대성 원리부터 살펴보기로 합시다.

먼저 상대성 원리가 현대 과학에서 어떤 위치를 차지하고 있는가를 짚고 넘어갈 필요가 있습니다. 상대성 이론이 현대 과학의 첨단에 있는 것 같은 인상을 주기는 하지만, 이 이론은 1905년부터 널리 알려져 있었고 당시의 물리학자들은 이 이론에 아주 친숙했습니다.

특수 상대성 원리와 $E=mc^2$

일정한 속도로 움직이는 모든 관측자에게 자연의 법칙이 똑같아야한다면, 이 관측자들은 모두 전기와 자기에 대한 맥스웰의 법칙에 동의해야 할 것입니다. 빛의 속도는 맥스웰의 방정식에 들어 있는 하나의 상수이기 때문에 어떤 관측자가 측정해도 같은 값이 나와야 합니다. 그렇지 않다면, 각각의 관측자에게 저마다 다른 맥스웰의 방정식이 필요할 것입니다.

이 결론은 벌써 우리의 직관과 모순됩니다. 간단한 예를 하나 들어, 여러분이 시속 80킬로미터로 달리는 기차 안에서 야구공을 시속 80킬로미터로 앞으로 던진다고 생각해봅시다. 철로변에 서 있는 사람에게는 이 야구공이 시속 160킬로미터로 날아가는 것처럼 보일 것입니다. 이것은 기차의 속도와 공의 속도를 합한 값입니다. 그러나 공을 던지는 대신 플래시를 비췄다고 해봅시다. 상대성 원리에 따르면, 철로변의 관측자는 이 빛의 속도를 초속 30만 킬로미터로 느끼게 됩니다. 즉 초속 30만 킬로미터에다가 시속 80킬로미터를 더한 속도로 느끼는 것이 아니라는 뜻입니다.

이렇게 우리의 상식과 자연의 법칙이 근본적으로 모순되는 것을 발견하고 아인슈타인은 상대성 원리를 생각해냈던 것입니다. 19세기 말이라면 이 문제를 해결하는 방법은 세 가지가 있었을 것입니다.

(1) 맥스웰의 방정식이 틀렸거나,
(2) 상대성 원리가 틀렸거나,
(3) 시간과 공간에 대한 우리의 상식이 틀린 것이다.

우리의 상식이 틀렸을 가능성이 있는 것은 이런 이유 때문입니다. 즉 속도를 계산하려면 우리는 이동한 거리를 걸린 시간으로 나누어야 합니다. 달리는 기차에서 플래시를 비췄을 때를 예로 들어보지요. 여기서 우리는 지상에 있는 시계와 기차 위에 있는 시계가 같은 속도로 간다고 가정하고 있었습니다. 그런데 사실은 이 가정이 옳을 수도 있고 아닐 수도 있습니다. 실제로 측정해보기 전에는 알 수 없는 것입니다. 1920년대에 빛의 속도가 광원의 운동에 영향을 받는다는 것을 뒷받침하기 위해 맥스웰의 방정식에 대한 수정 이론이 몇 개 제시되었습니다. 그런데 이 이론들을 시험해본 결과(예를 들어 다중성계를 이루는 별이 우리를 향해 다가올 때와 멀어질 때의 빛의 속도를 측정해본 결과), 이 수정 이론들이 모두 틀렸다는 것이 밝혀졌습니다. 사실이 실험들은 맥스웰과 아인슈타인이 모두 옳다는 것을 더욱 분명히 보여준 것입니다. 그러면 이제 남은 가능성은 한 가지뿐입니다. 즉 시간과 공간에 대한 우리의 상식이 틀렸다는 것입니다.

　아인슈타인은 전차를 타고 가다가 움직이는 물체 안에 있는 시계가 정지해 있는 시계와 똑같은 속도로 가지 않을지도 모른다는 생각을 하게 되었습니다. 시계탑에 걸린 시계를 바라보면서 그는 이 전차가 빛의 속도로 탑으로부터 멀어진다면 그 시계는 정지해 있는 것처럼 보일지도 모른다는 생각도 했습니다. 만약에 그가 실제로 빛의 파도를 타고 시계탑으로부터 멀어져 간다 하더라도 그의 회중시계는 그와 함께 움직였을 것이고 따라서 정상적인 속도로 가고 있었을 것입니다. 그래서 그는 시간이 모든 관측자에게 있어 똑같이 흘러간다는 우리의 상식이 광속도에 가까운 속도로 운동할 때는 성립되지 않을 가능성을 생각해볼 필요를 느꼈던 것입니다.

운동하는 물체에서 나온 빛이든 정지한 물체에서 나온 빛이든 빛은 모두 똑같은 속도로 움직인다는 말을 들으면 우리는 본능적으로 뭔가 잘못되었다고 느낍니다. 이제까지 살아오면서 우리는 움직이는 물체에서 앞으로 던져진 물체는 속도가 훨씬 빨라진다는 편견을 품게 되었기 때문입니다. 그런데 물체가 광속도에 가까운 속도로 움직인다면 이 경험이 얼마나 도움이 될까요? 초속 30만 킬로미터로 여행해본 사람은 아무도 없습니다. 그러므로 엄밀히 말하면 그 정도 속도에서 빛이나 야구공이 어떤 식으로 운동하는지 아무도 확인할 수 없습니다. 적어도 지금까지는 그렇습니다. 앞에서 예로 든 플래시 실험이 보여준 것이 있다면 그것은 속도가 크든 작든 자연은 똑같은 반응을 보인다는 우리의 생각이 잘못되어 있다는 사실입니다. 그러나 이러한 주장도 하나의 가정에 불과합니다. 다른 모든 가정과 마찬가지로 이것도 실험을 통해 증명되어야 합니다.

자, 이제 열린 마음으로 상대성 원리가 끌어내는 기막힌 결론들을 음미해봅시다. 그리고 이 원리에 입각해서 나온 여러 가지 예측이 어떻게 실험과 맞아떨어지는가를 살펴봅시다.

시간 지연

시계는 재깍거리며 시간을 잽니다. 무엇이든 '재깍거리는' 것은 시간을 측정하는 도구로 쓰일 수 있습니다. 이런 시계를 한번 상상해보십시오. 이 시계는 강한 광원, 거울, 그리고 광선의 도착을 기록하는 기구로 되어 있습니다. 이 시계가 한 번 재깍거린다는 것은 광원에서 빛이 나와 거울까지 갔다가 반사되어 돌아오고 이 돌아온 빛이 기록 장치에 기록되는 것을 의미합니다. 돌아온 빛이 장치에 기록됨

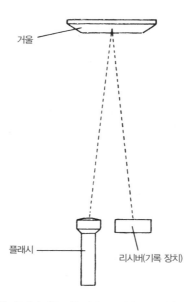

거울

플래시 ──────── 리시버(기록 장치)

'광선 시계'는 플래시, 거울, 기록 장치로 구성된다. 이 시계가 한 번 '재깍' 하는
시간은 빛이 플래시를 떠나 기록 장치로 돌아오는 시간과 같다.

과 동시에 광원에서 빛이 다시 나가도록 해놓으면 이 시계는 계속해
서 규칙적으로 '재깍거릴'것입니다. 광원과 거울 사이의 거리를 조절
하면 이 시계를 보통 시계—추가 달린 할아버지의 시계든 최신식 전
자시계든—와 같은 주기로 '재깍거리게' 할 수 있다는 것은 쉽게 상
상할 수 있습니다. 모습이 특이하다는 것만 빼면 이 '광선시계'는 보
통 시계와 다를 것이 없습니다.

　두 개의 광선시계가 있다고 합시다. 이들은 모두 지면에 수직으로
설치되어 있는데, 하나는 우리 옆에 있고 하나는 일정한 속도로 달
리는 차 안에 있습니다. 그리고 서로 스쳐 가는 순간 두 개의 광원이
동시에 빛을 내도록 맞춰놓습니다. 수직으로 설치해 두었으므로 고

정된 시계에서 나오는 빛은 위로 올라가 거울에 반사된 후 내려오게 됩니다. 자동차 안의 시계에서 나온 빛도 시계가 차와 함께 움직이고 있을 때 위로 올라가게 됩니다. 그 결과 이 시계에서 나온 빛은 지상에 있는 관측자에게는 그림처럼 삼각형을 그리며 운동하는 것같이 보이게 됩니다.

상대성 원리에 따르면 빛의 속도는 모든 기준틀에서 일정합니다. 그런데 움직이는 차에서 나오는 빛은 수직으로 올라갔다 내려오는 빛보다 더 먼 거리를 움직여야 하므로 돌아오는 데 시간이 더 걸립니다. 지상에 있는 관측자는 동시에 두 개의 광원이 빛나는 모습을 볼 것이고 곧 자기 옆의 시계에서 즉각 소리가 나는 것을 들을 것입니다. 그가 차의 시계에서 나는 소리를 들을 수 있다면 그 소리는 조금 뒤에 들려올 것입니다. 이렇게 조금씩 늦어지는 것이 반복되어 쌓이면 차 안의 시계는 지상의 시계보다 점점 더 늦게 갈 것입니다. 빛의 속도가 모든 관측자에게 일정하다면, 우리는 '움직이는 시계는 늦게 간다.'는 결론에 도달할 수밖에 없습니다. 이 현상을 가리켜 '시간 지연'이라고 합니다.('시간 지연'을 '시간 팽창' 혹은 '시간 지체'로 표현하기도 합니다.)

이 이야기를 들으면 대부분의 사람들은 그것이 환상이라고 말합니다. 즉 움직이는 시계는 '정말로' 늦게 가는 게 아니라는 것입니다. 물리학을 가르치는 사람으로서 우리 저자들은 이 '정말로'라는 말이 사람을 뉴턴식 사고방식으로 기울게 하는 지렛대라는 것을 알고 있습니다. 우리는 종종 이 반론을 이용해서 학생들을 상대성 원리의 핵심과 정면으로 마주서게 합니다. 움직이는 시계가 '정말로' 늦게 가는 것이 아니라고 주장하는 사람이 있다면 그 사람은 이 시계가 "그

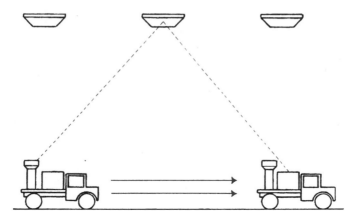

아인슈타인은 움직이는 광선 시계의 속도가 관측자마다 다른 것을 깨달았다. 어떤 관측자에 대해 시계가 빨리 움직이면 움직일수록 빛은 더 먼 거리를 이동해야 하지만, 빛의 속도는 변할 수가 없다. 그래서 아인슈타인은 시계가 빛의 속도에 근접함에 따라 시간은 느리게 간다는 결론에 도달했다.

것과 함께 움직이는 관측자에게는 정상으로 보인다."라고 말하는 것입니다. 물리학 용어로 말하자면 그 시계는 '자신의' 기준틀 안에서는 정상으로 보이는 것입니다.

　이 반론 뒤에는 자신의 기준틀은 옳고 다른 것들은 다 틀렸다는 가정과, 시계가 '정말로' 어떻게 움직이는가를 알려면 자신의 기준틀에만 의존해야 한다는 가정이 숨어 있습니다. 그러나 상대론에서 가장 중요한 것은 '옳은' 기준틀이란 없다는 사실입니다. 어떤 기준틀에도 특권을 줄 수는 없다는 뜻입니다. 모든 관측자, 모든 기준틀에는 똑같은 발언권이 주어집니다.

　상식에 정면으로 어긋나는 이 시간 지연이라는 현상보다 더 골치 아픈 것은 이 시간 지연 효과가 실제로 자연 속에 존재한다는 사실입니다. 여기에는 많은 증거가 있는데 그 중 미시간대학의 과학자들이 한 실험이 가장 극적입니다. 이들은 아주 정밀한 원자 시계들을 세계 일주를 하는 비행기의 일등석에 장치해놓았습니다. 비행이 끝난 후 이들은 이 시계들과 지상에 있던 시계들을 비교해보았습니다. 예상대로 비행기 안에 있던 시계들은 약간 늦어져 있었습니다.

이렇게 시간 지연이라는 개념은 상대성 원리로부터 끌어내기 쉬울 뿐만 아니라 실험에 의해서도 뒷받침되는 것입니다. 우리의 상식이 아무리 아니라고 외쳐도 움직이는 기준틀 안의 시계는 정지해 있는 시계보다 늦게 갑니다. 그러나 이 지연은 너무나 미미하기 때문에 매우 정교한 장치가 아니면 알아낼 수가 없습니다. 우주의 탄생 초기부터 시속 100킬로미터로 움직여 온 물체가 있다고 가정해봅시다. 그 안에 있는 시계는 오늘날 정지해 있는 시계보다 1초 정도 늦을 것입니다.

움직이는 시계의 속도가 빛의 속도보다 훨씬 느리면 삼각형의 꼭지각은 매우 작을 것이고 따라서 빛이 움직인 거리는 정지해 있는 시계에서 움직인 거리와 거의 같을 것입니다. 눈에 보이는 차이가 나타나려면 속도가 빛의 속도에 가까워져서 이 각이 크게 벌어져야 합니다. 물론 일상생활에서는 시계에 관한 우리의 상식을 버릴 필요가 없습니다. 그러나 광속도에 가까운 속도로 비행하는 우주선이 발명되면 이 시간 지연이 대혼란을 불러일으킬 것입니다. 이 우주선을 타고 여행하는 사람들은 지구에 남아 있는 사람들보다 더 천천히 나이를 먹을 것이고, 돌아와보면 자식들이 자기보다 더 늙어 있을 테니까요.

움직이는 물체 안에 있는 사람이, 지상의 시계가 자기 시계보다 늦게 간다고 고집하는 모습을 한번 상상해보고 여러분이 이 사람에 대해 어떻게 느끼는가를 상상해봅시다. 그러면 여러분은 스스로 이 시간 지연이라는 개념을 제대로 이해했는지 확인할 수 있을 것입니다.

특수 상대성 이론이 내놓은 몇 가지 예측

움직이는 시계에 대해 이제까지 우리가 한 일을 가리켜 아인슈타인은 '사고 실험'이라고 했습니다. 어려운 일이긴 하지만 이를 통해 우리는 시계 같은 물체가 기본적으로 어떻게 움직이는가를 알 수 있었습니다. 그런데 이 사고 실험을 통해 아인슈타인은 특수 상대성 원리에서 더욱 놀라운 결론들을 이끌어냈습니다.

(1) 움직이는 막대기는 정지해 있는 막대기보다 짧다.

물체는 움직일 때 운동의 방향을 따라 길이가 줄어듭니다. 실제로 오그라드는 것입니다. 그러므로 빛의 속도에 가까운 속도로 날아가는 야구공은 동그란 비스킷처럼 납작하게 보일 것입니다.

(2) 물체는 움직이면 질량이 커진다.

물체의 움직임이 빨라질수록 질량은 늘어나고 경로를 벗어나게 하기가 어려워집니다. 속도가 광속도에 접근함에 따라 물체의 질량은 무한대에 가까워집니다. 어떤 것도 빛의 속도보다 빨리 움직일 수는 없다는 오해가 퍼져 있는 이유는 바로 이것 때문입니다. 상대성 이론은 그런 이야기를 하지 않습니다. 단지 현재 빛의 속도보다 느리게 운동하는 물체는 어떤 것이든 광속도, 혹은 그 이상으로 가속될 수 없다고 말할 뿐입니다. 그러므로 초광속 여행의 여지는 아직 남아 있는 것입니다.

(3) E=mc²

상대성 이론이 내놓은 결과 중 가장 유명한 것은 질량과 에너지가 궁극적으로 같은 것이라는 내용의 방정식입니다. 이 방정식만큼 널리 알려진 물리 법칙도 없을 것입니다. 상대성 이론은 물질이 에너지의 다른 형태일 뿐이라고 말합니다. 질량은 그와 동등한 양의 에너지로 바뀔 수 있습니다. 더욱 놀라운 것은 빈 자리를 채울 에너지가 아주 풍부하다면(예를 들어 소립자 두 개가 충돌할 때) 이 에너지의 일부는 질량으로 변환되어 새로운 입자가 만들어진다는 것입니다. 무(無)로부터 물질이 탄생하는 것입니다. 그러나 이 입자는 아무것도 없는 데서 저절로 나온 것이 아니라 에너지가 모습을 바꾼 형태입니다.

광속도 c는 워낙 큰 값이기 때문에 작은 질량만 가지고도 큰 에너지를 얻을 수 있습니다. 뒤집어 생각해보면 조그만 소립자를 만들려고 해도 큰 에너지가 필요합니다. 식탁 밑에 들어갈 만큼 작은 시멘트 덩어리라도 그것이 모두 에너지로 전환되면 전 미국의 에너지 수요를 1년 이상 충족시킬 수 있습니다.

실험에 의한 확인

과학자들은 특수 상대성 이론이 내놓은 모든 예측을 실험으로 확인할 수 있었습니다. 예를 들어 물리학자들은 양성자나 전자를 광속도 가까이까지 가속시키기 위해 입자 가속기를 자주 사용합니다. 가속되는 입자들은 전자석의 힘으로 정해진 코스를 달리고 입자의 질량이 점점 커지는 것을 감안해서 전자석에도 더 강한 전류를 보냅니다. 이 가속 장치는 매번 작동될 때마다 특수 상대성 이론의 예측을 확인해줍니다. 가속기는 또한 길게 늘어선 소립자 덩어리를 실험 대상으로 삼기도 합니다. 이 입자들은 속도가 붙으면서 길이가 줄어들고 여기에 맞춰서 장치가 조절됩니다. 가속기를 이렇게 조정해야 한다는 사실은 특수 상대성 이론이 예측한 '길이 축소'의 증거입니다.

미국에서 생산되는 전력의 20%는 핵 발전소에서 나옵니다. 원자로는 아인슈타인의 방정식에 따라 작은 질량을 막대한 양의 에너지로 바꾸는 것으로 제 임무를 다합니다. 그러므로 질량과 에너지 사이의 상호 변환은 매일 발전소에서 확인되고 있는 것입니다.

상대성 이론에 대한 철학적 고찰

상대성 이론이 지니는 철학적 의미는 이 이론을 현실에 응용하는 것만큼이나 중요합니다. 상대성 이론이야말로 뉴턴 이래의 기계론적 세계관에 혁명적 변화를 가져온 새로운 사고방식이기 때문입니다.

고전 물리학이 '신의 눈'이라고나 할 단 하나의 올바른 기준틀로부터 모든 법칙을 끌어낸 반면, 상대성 이론은 각 관측자에게 모두 평등한 기준틀을 부여했습니다. 그러나 상대성 이론이 뉴턴의 이론을 역사의 쓰레기통으로 던져버린 것은 아닙니다. 상대성 이론은 단지 뉴턴이 전혀 생각하지 못했던 '초고속'의 세계에까지 우리의 시야를 넓혀주었을 뿐입니다. 우리가 일상생활에서 경험하는 속도에 상대성 이론을 적용하더라도 그 효과는 너무나 미미하기 때문에 계산 결과는 3세기 전에 뉴턴이 내놓은 역학의 법칙에 따른 계산과 실질적으로 다를 것이 없습니다. 그러므로 아인슈타인은 뉴턴을 밀어낸 것이 아니라 뉴턴의 세계를 감싸 안으면서 그것을 더욱 확장한 셈입니다.

한 가지 중요한 것은 상대성 이론이 단순히 "모든 것은 상대적이다."라고 하는 선언하는 것이 아니라는 사실입니다. 여기서 '상대적'이라고 하는 것은 각각의 특정한 사건 안에서 일어나는 일을 설명하고 있을 뿐입니다. 우리가 명심해야 할 것은 자연의 법칙 자체는 상대적이 아니라는 사실입니다. 우주 안의 모든 관측자들은 자신의 현재 위치와 운동 모습이 어떻든 간에 같은 물리 법칙의 지배를 받습니다. 열역학, 맥스웰의 방정식, 양자역학 등은 모든 관측자에게 똑같이 적용되며 한 사람에게는 이것이, 다른 사람에게는 저것이 적용되지는 않습니다.

일반 상대성 원리와 블랙홀

창문이 없는 우주선이 지금 중력가속도와 같은 값('G'라고 함. 지구의 중력과 같은 크기)으로 가속되고 있고 여러분이 지금 거기에 타고 있다고 합시다. 그러면 여러분은 자신이 우주선에 타고 있는지 지구 위에 있는지 알 수 있을까요? 정답은 '모른다'입니다. 우주선 안에서 공을 놓으면 바닥을 향해서 떨어집니다. 누군가가 우주선 밖의 정지한 기준틀에서 이 우주선을 관측한다면 그 사람은 바닥이 공을 향해 가속되었다고 말할 수도 있을 것입니다. 그러나 밀폐된 우주선 안에서 보면 공은 마치 지구 위에서처럼 아래로 떨어지는 것으로 보입니다. 깊이 들어가면 가속도와 중력은 같은 것이고 우리가 중력이라고 부르는 것도 실은 우리의 기준틀이 만들어낸 효과입니다. 이렇게 중력과 가속도가 같은 것이라는 생각이 아인슈타인의 이론에서 핵심을 이루고 있습니다.

일반 상대성 이론에서 가장 중요한 것은 이것입니다. 즉, 가속되고 있는 기준틀(예를 들어 우주선) 안에 있는 사람은 중력이 있는 곳에서 통상 볼 수 있는 것과 같은 효과를 경험한다는 것입니다. 아인슈타인은 운동에서의 변화(그러니까 뉴턴식으로 말하면 힘이 작용하는 것)와 기준틀의 기하학적 형태 사이에 어떤 관계가 있음을 알아냈습니다. 이러한 생각을 담은 것이 1916년에 발표한 일반 상대성 이론 논문입니다.

특수 상대성 이론을 발표하고 나서 일반 상대성 이론을 내놓기까지 그렇게 긴 시간이 걸린 것은, 아인슈타인이 자신의 생각을 정리하기 위해 매우 복잡한 수학 계산을 해야 했기 때문입니다. 오늘날 이론 물리학자들이 양자역학의 개념을 이용해서 일반 상대성 이론을 대치하려고 노력하고 있지만 그렇다고 해서 아인슈타인의 이론이 과학에서 갖는 의미가 줄어드는 것은 아닙니다. 지금부터는 우선 일반 상대성 이론을 쉽게 머릿속에 그려보는 방법을 알아보고(복잡한 수학은 빼고), 이 이론을 뒷받침하는 실험적 증거를 볼 것입니다.

질긴 플라스틱 판을 크고 튼튼한 네모틀 위에 고정시키고 팽팽하게 늘여서 그 위에 바둑판 무늬를 그려놓았다고 상상해봅시다. 그리고 가벼운 볼 베어링을 바둑판의 선을 따라 굴리면 이 베어링은 외부

에서 어떤 힘(베어링을 훅 분다거나 자석을 갖다 대는 일)이 가해지기 전에는 계속해서 이 선을 따라 굴러갈 것입니다. 이것은 중력을 위시한 여러 가지 힘을 이해하는 뉴턴식 방법입니다. 즉 물체는 외부에서 힘이 가해지기 전에는 직선 운동을 계속한다는 것입니다.

　일반 상대성 이론은 이 문제에 대해 전혀 다른 답을 내놓습니다. 방금 이야기한 플라스틱 판 위에 무거운 납 공을 올려놓는다고 상상합시다. 그러면 공의 무게 때문에 판은 아래로 휘어질 것입니다. 이 상태에서 아까의 볼 베어링을 굴리면 베어링은 큰 납 공이 있는 쪽에 가까운 코스를 따라 움직일 것입니다. 뉴턴 같으면 납 공과 베어링 사이에 인력(중력 같은 것)이 작용했기 때문이라고 설명하겠지만 아인슈타인은 똑같은 현상을 완전히 다르게 해석합니다. 납 공이 존재하는 것 때문에 주변 공간이 휘어졌고 이 휘어짐 때문에 베어링의 운동이 달라졌다는 것이 아인슈타인의 주장입니다. 그에게 뉴턴적 의미의 힘은 존재하지 않습니다. 단지 공간의 형태에 변화가 생길 뿐입니다.

　일반 상대성 이론에 따라 태양계를 보면 태양이 주변의 공간을 휘어지게 만들고 이 안에서 행성들은 마치 그릇의 안쪽 벽을 따라 도는 구슬처럼 움직이는 것이 됩니다. 사실 앞서 말한 플라스틱 판의 비유에서 납 공을 올려놓았을 때 바둑판의 선이 어떻게 변형되는가를 상대성 이론을 써서 계산해보면 이 직선들이 폐쇄적 타원 곡선으로 바뀌는 것을 알 수 있습니다. 태양계 행성의 궤도가 바로 타원 곡선입니다. 다음 이야기는 일반 상대성 이론의 핵심을 요약한 것입니다.

> "뉴턴에게 운동은 평평한 공간 안의 곡선을 따라 일어난다.
> 그러나 아인슈타인에게 운동은
> 휘어진 공간 안의 직선을 따라 일어난다."

아인슈타인은 중력뿐만 아니라 궁극적으로 모든 힘이 이런 기하학적인 방법으로 설명될 수 있다고 믿었습니다.

사실 그는 생의 후반부를 이 힘의 통일 이론을 찾는 데 바쳤지만 결국 성공하지는 못했습니다. 그러므로 일반 상대성 이론이 과학에서 차지하는 위치는 위대하기는 하지만 아직까지는 고립된 이론이라 할 수 있습니다. 아인슈타인의 이론은 뉴턴의 이론을 포괄하고 나아가 그것을 뛰어넘었지만 이제 양자역학에 기초한 중력 이론이 그의 이론을 포괄하고 뛰어넘으려 하고 있습니다.

일반 상대성 이론에 대한 실험

특수 상대성 이론과는 달리 일반 상대성 이론을 지탱하는 실험적 증거는 그렇게 많지 않습니다. 이렇게 증거가 없는 이유는 이론적이기도 하고 기술적이기도 합니다. 특수 상대성 이론과 마찬가지로 일반 상대성 이론도 뉴턴의 역학을 포괄합니다. 우리가 일상생활에서 경험하는 현상에 대해 일반 상대성 이론이 예측하는 바는 사실상 뉴턴 이론에 따른 예측과 다를 것이 없습니다. 따라서 우리가 상상을 뛰어넘을 정도로 정밀한 측정 장치를 보유하고 있지 않다면 실험실에서 이 두 가지를 구별하는 것은 불가능합니다. 대상물의 질량이 엄청나게 크거나 혹은 거리가 극도로 짧아서 공간의 휘어짐 현상이 두드러지게 되어야만 두 가지 이론의 차이가 드러나는데 이러한 조건은 실험실에서 만들 수가 없습니다.

일반 상대성 이론을 뒷받침하는 고전적인 실험은 세 가지가 있습니다. 첫째, 행성 궤도의 정확한 모습, 둘째, 태양의 가장자리 근처에서 빛이 구부러지는 것, 셋째, 중력의 적색 편이입니다.

행성의 궤도는 타원이므로 그 행성이 태양에 가장 가까워지는 점이 한군데 있습니다. 이 점을 근일점이라고 합니다. 뉴턴식으로 간단하게 생각하면 이 근일점은 행성이 태양 주위를 몇 바퀴를 돌든 항상 우주 공간의 정해진 자리에 있어야 합니다. 즉 궤도가 변하지 않는다는 것입니다. 그런데 실제로는 여러 힘의 작용에 의해 어떤 행성의 근일점은 태양 주위를 한 바퀴 돌 때마다 태양에서 먼 쪽으로 조금씩 밀려 나갑니다. 행성들 중 가장 큰 목성을 비롯한 다른 행성들의 중력이 미치는 영향이 가장 중요합니다. 사실 아인슈타인이 일반 상대성 이론을 발표하기 전부터 이미 수성의 근일점이 100년마다 43초씩 이동한다는 것이 측정을 통해 알려져 있었습니다.(여기서 '초'는 각도의 단위로서 3600분의 1도입니다.) 이것은 뉴턴의 이론으로는 설명할 수 없는 현상이었습니다. 그런데 아인슈타인은 일반 상대성 이론을 통해 태양의 질량 때문에 생긴 공간의 휘어짐이 정확히 이만큼의 근일점 이동을 가져온다는 것을 설명해냈습니다. 이 사후 예측 결과는 학계에 받아들여졌고 이것은 일반 상대성 이론의 위대한 승리가 되었습니다.

오늘날 과학자들은 레이더를 이용한 거리 측정을 통해 금성, 지구, 화성의 궤도 위치와 근일점 이동을 매우 정밀하게 계산해낼 수 있습니다. 이 계산 결과는 수성의 경우처럼 일반 상대성 이론의 예측과 맞아떨어졌습니다. 아마 이것이 일반 상대성 이론이 겪은 가장 힘든 시험이었을 것입니다.

일반 상대성 이론에 관한 가장 유명한 실험은 광선이 태양 가까이에서 휘어지는 것을 측정한 실험입니다. 아인슈타인이 예측한 바는 1919년의 일식에서 확인되었고 이것으로 그는 단숨에 세계적인 명성을 얻었습니다. 오늘날에는 이 실험을 광선 대신 라디오파를 써서 합니다. 여기서 전파원은 항성이 아니고 퀘이사입니다. 라디오파는 태양 광선에 의해 가려지지 않으므로 감지하기가 쉽고 따라서 과학자들은 일식 때까지 기다리지 않아도 원할 때 실험을 할 수가 있습니다. 이 실험에서도 아인슈타인의 예측은 실험 결과와 1% 이하의 오차로 맞아떨어졌습니다.

마지막으로 상대성 이론은 광자가 어떤 중력장 내에서 위로 이동할 때(예를 들어 지구 표면에서 우주 공간으로 나갈 때) 이 상승 운동으로 인해 에너지의 일부를 잃는다고 예측했습니다. 이 경우에 광자는 야구공과 크게 다를 것이 없습니다. 야구공도 올라가면서 속도가 떨어지니까요. 그런데 광자는 빛의 속도로 운동을 계속해야 하므로 이 에너지 손실은 파장이 늘어나는 결과를 가져옵니다. 즉 적색 편이가 일어나는 것입니다. 비행기에서 플래시의 빛을 보면 같은 빛을 지상에서 보는 것보다 약간 더 붉게 보일 것입니다. 앞서 말한 두 가지 예측처럼 이것도 실험에 의해 확인되었습니다.

일반 상대성 이론을 검증하는 실험은 세 가지가 행해졌을 뿐이지만 각각은 이 이론을 뒷받침하는 충분한 증거가 된 것으로 보입니다. 그러나 오늘날은 매우 정밀한 측정이 가능한 첨단 전자 시스템이 개발되어 있으므로 이 이론을 여러 가지로 실험해볼 수 있습니다. 사실 GPS를 사용할 때마다 이 실험이 이루어집니다. 이 시스템을 활용하려면 궤도에 떠 있는 위성의 위치를 고도로 정확하게 알아야 하는데, 이를 알려면 위성에 초정밀 시계가 탑재되어 있어야 합니다. 실제로 GPS 위성은 소수점 이하 열세 자리까지 정확한 원자 시계를 싣고 다닙니다. 이 시계들로부터 나오는 데이터를 이용하여 위치를 산정할 때 위성의 시스템은 탑재된 시계가 움직이고 있다는 사실 때문에 시간이 느려지는 상대론적 효과를 감안해야 합니다. 그렇다면 어떤 의미에서 상대성 원리(특수와 일반 모두 다)는 지난 수십 년에 걸쳐 첨단 과학으로부터 응용 엔지니어링의 영역으로 이동한 것입니다.

블랙홀

일반 상대성 이론이 내놓은 예측 가운데 가장 눈길을 끄는 것은 블랙홀의 존재입니다. 블랙홀의 기이한 특성들을 이해하기 위해 우선 앞의 플라스틱 판과 납 공의 비유로 돌아가봅시다. 이번에는 어떤 특수한 방법으로 납 공의 크기는 그대로 둔 채 질량만을 계속 늘려간다고 상상해봅시다. 공이 무거워짐에 따라 플라스틱 판은 점점 더 심하게 휘어질 것입니다. 마지막에 가서는 이 납 공이 휘어진 플라스틱 판에 완전히 싸여 우리 시야에서 사라질 것입니다.

마찬가지로 상대성 이론은 엄청나게 질량이 큰 물체가 아주 작은 부피 안에 들어가면 주변 공간을 심하게 휘게 해 공간의 일부는 안으로 말려들어 가고 나머지 공간은 뒤에 남는다고 말합니다. 이렇게 형성된 천체를 가리켜 블랙홀이라고 합니다. 블랙홀은 질량과 밀도가 워낙 커서 어떤 것도, 심지어 빛마저도 거기서 빠져나오지 못합니다. 어떤 것이든 이 안으로 떨어지면 결코 빠져나오지 못합니다. 빛의 모든 파장을 흡수하는 색이 검은색이므로 모든 것을 빨아들이기만 하는 물체에 과학자들은 블랙홀, 즉 '검은 구멍'이라는 으스스한 이름을 붙여준 것입니다.

이론물리학자들은 세 가지의 블랙홀이 있다고 생각합니다. 은하 블랙홀은 우리 은하처럼 은하의 중심에 자리잡고 있는 거대한 존재입니다. 이런 블랙홀은 보통 질량이 우리 태양의 100만 배 정도에 달하며, 이들 블랙홀을 향해 빨려 들어가는 물질로부터 나오는 방사선을 측정하여 그 존재를 탐지할 수 있습니다. 우리 태양의 100만 배는 대단한 질량으로 보이겠지만 은하 안에는 보통 수백억 개의 별이 있으므로, 전체와 비교해보면 중심의 블랙홀이 차지하는 비중은 매우 작습니다. 거의 대부분의 은하는 중심에 거대한 블랙홀이 자리잡고 있다고 생각됩니다.

항성 블랙홀은 '열쇠 10'에서 이야기한 것처럼 질량이 매우 큰 별이 최후를 맞은 결과입니다. 항성 하나가 이러한 과정을 거친다면 이렇게 해서 탄생한 블랙홀을 탐지하기는 매우 어려울 것입니다. 왜냐하면 이러한 블랙홀은 방사선을 흡수하지도 방출하지도 않기 때문입니다. 그 대신에 천문학자들은 쌍성계(double star system)를 찾아봅니다. 쌍성계에서는 보통의 항성이 눈에 보이지 않는 반성과 궤도를 이루어 돌고 있습니다. 눈에 보이는 별의 움직임을 관찰하면 보이지 않는 별의 성질을 알아낼 수 있습니다. 이 방법을 이용해서 천문학자들은 우리 은하 내에서 항성 블랙홀로 생각되는 천체 수십 개를 찾아냈습니다.

마지막으로 몇몇 이론물리학자들이 예측하는 양자 블랙홀이 있습니다. 양자 블랙홀은 양성자 하나보다도 작으며, 존재한다는 증거가 아직 발견되지 않았으므로 이론적 가능성으로만 남아 있습니다.

새로운 분야

상대성 이론은 언뜻 보면 신기하고 새롭게 느껴지지만 사실은 안정되고 견고하게 물리학의 한 분야를 이루고 있습니다. 상대성 이론은 오늘날 우주학자들과 소립자 물리학자들이 우주의 기원과 물질의 본질을 탐구하는 데 유용한 도구로 쓰이고 있으며 그 자체로서는 더는 어떤 연구의 대상이 아닙니다. 적어도 이 점에서는 뉴턴의 역학과 다를 것이 없습니다.

그러므로 여기서 새로운 분야라고 한다면 일반 상대성 이론에 대한 실험이 있을 뿐입니다. 이 실험 부문에서는 활발한 연구가 이루어지고 있습니다. 그것은 전자공학의 눈부신 발전 덕택에 일반 상대성 이론과 뉴턴의 역학 사이에 존재하는 미세한 차이를 측정할 수 있는 기구들이 개발되었기 때문입니다.

2004년에 미항공우주국은 정밀한 일반 상대성 원리를 실험해보려고 '그래비티 프로브 B'라는 인공위성을 쏘아 올렸습니다. 30여 년의 개발 과정을 거친 이 실험은 정교하게 깎은 수정공이 회전하는 상태에서 진행됩니다. 일반 상대성 원리에 따르면 지구가 회전하고 있기 때문에 이 수정공들의 회전축이 조금씩 흔들릴 것이고 이 작은 변화를 측정해내는 것이 실험의 내용입니다. 이 실험이 성공하려면 상상을 뛰어넘는 정밀성이 필요합니다. 수정공의 표면은 완벽히 공 모양으로 연마되어 있어야 합니다. 이 수정공을 지구 크기만큼 확대해도 가장 높은 '산'의 높이가 겨우 30센티미터 정도 될 것입니다.

미항공우주국은 2008년에 그래비티 프로브 B의 실험 결과를 발표했고, 예측대로 일반 상대성 원리는 시험을 또 한 번 통과했습니다. 시간이 가면서 더욱 정밀한 상대성 원리 실험이 고안되리라고 내다볼 수 있습니다.

열쇠 13

움직이는 대지

판 구조론과 지구과학

　햇빛이 사정없이 내리쬐는 날, 말레이시아의 어느 해변에 누워 있다고 상상해봅시다. 오늘은 크리스마스 다음 날이고, 여러분은 고대하던 휴가를 즐기고 있습니다. 갑자기 정적이 깨집니다. 현지 사람들이 달려와 외치기 시작합니다. "해변에 있지 마세요! 높은 데로 가세요!" 여러분은 벌떡 일어나 다른 사람들과 함께 내륙 쪽으로 달리기 시작합니다. 호텔의 높은 층으로 피신하자마자 거대한 바닷물의 벽이 해변을 덮친 뒤 밀려 올라옵니다.

　2004년 12월 26일에 수마트라-안다만 지진에 이어 발생한 지진해일 때문에 스리랑카, 태국, 인도네시아, 말레이시아를 비롯하여 인도양에 면한 여러 나라의 사람 22만 5천 명이 희생되었습니다. 이 지진은 기록된 것 중 가장 강력한 지진에 속합니다. 인도네시아 수마트라 섬 서쪽 대양저(大洋底, 수심 4000~6000미터에 있는 해저 지형)에서 지각의 완만한 이동 때문에 수백 년간 압력을 받아 오던 바위층이 갑자기 무너지면서 힘이 풀린 스프링처럼 에너지를 쏟아냈습니다. 수천 개의 핵폭탄보다 더 위력이 강한 충격파가 초음속으로 지구 전체에 퍼져 나갔습니다. 이렇게 대양저가 갑자기 꺼지자 엄청난 파도가 생겨났고, 이 해일이 해변을 덮쳐 끔찍한 비극이 생긴 것입니다.

지진과 화산은 우리 지구가 쉬고 있지 않다는 사실을 생생히 보여줍니다. 몇백 년 전의 사람들은 이러한 파괴적인 자연 현상들을 단순히 신들의 진노로 일어나는, 인간은 예견할 수 없는 사건 정도로 받아들였습니다. 그러나 지진과 화산 폭발은 그렇게 무작위로 일어나는 재앙이 아닙니다.

지진이 거의 일어나지 않는 뉴욕에 살면 평생 어떤 지진도 느낄 기회가 없고 센트럴파크에서 화산이 폭발할까 봐 걱정할 필요도 없습니다. 그러나 캘리포니아에서 2, 3년만 살아보면 틀림없이 지진을 겪을 수 있을 것입니다. 그리고 하와이에서 몇 개월만 살면 분명히 근처의 화산이 꿈틀거리는 장면을 볼 수 있을 것입니다.

과학자들은 대지진이나 화산 대폭발이 언제 일어나리라는 것을 정확히 예측할 수는 없지만 최소한 지진이나 화산 폭발이 지구의 어떤 특정 지역에서 왜 일어나는가를 설명해줄 수는 있습니다. 지진, 화산, 광물 분포, 그리고 대양과 대륙까지도 지구 내부에서 움직이는 엄청난 힘을 반영하는 것이라고 할 수 있습니다.

최근 50년 동안에 과학자들은 지각의 변동을 일으키는 힘을 이해하기 시작했습니다. 때때로 고베 지진이나 동남아시아 지진과 같은 파괴적인 방식으로 일어나는 변동에 대해서 말입니다. 지구의 운동에 대한 새로운 이해를 간단히 요약하면 다음과 같습니다.

"지구의 표면은 끊임없이 변하고 있으며,
영원한 지구란 존재하지 않는다."

 지구의 지속적인 변화를 추진하는 동력은 방사성 원소들의 핵이 끊임없이 붕괴하는 지구 내부 깊숙한 곳에서 생성됩니다. 이 방사성 원소의 붕괴 에너지는 열로 전환되고 이 열은 서서히 지구 표면으로 배어 나옵니다. 방사성 붕괴로 가열된 암석은 천천히 지표로 올라왔다가 수억 년에 걸쳐 식어 가고, 다시 가라앉아 데워집니다. 오랜 세월 동안 관찰해보면 우리가 딛고 서 있는 이 지구는 난로 위에서 끓고 있는 물 주전자와 조금도 다르지 않습니다.

 맨틀이라고 불리는 지구의 내부를 들여다보면, 지각은 50킬로미터가 채 안 되는 바위층으로서 끓는 물 위에 덮여 있는 얇은 기름막처럼 유동하는 물질 위에 떠 있는 층입니다. 내부의 요동에 발맞추어 지각 역시 끊임없이 움직이고 있습니다. 이 알팍한 껍질의 맨 위층에 마치 살짝 덮인 거품처럼 우리가 살고 있는 대륙들이 얹혀 있는 것이며, 우리는 어리석게도 이 부분을 자부심에 넘쳐 '견고한 대지'라고 부릅니다.

내부에서 '끓고 있는' 맨틀은 대륙들을 이리저리 떠다니게 하고 서로 부딪치게 하고, 때로는 떼어놓았다가 다시 붙여놓기도 합니다. 이 과정에서 대양저는 열렸다 닫혔다 하고 산맥들은 솟았다 가라앉았다 하며 지표는 끊임없이 변화합니다. 태양계의 행성들 중 오로지 지구만이 끝없이 움직이고 있습니다. 이것은 지구만이 유일하게 형성 과정 중에 있는 행성이기 때문입니다.

움직이고 있는 지구의 표면은 끓고 있는 물주전자의 수면과 똑같습니다. 다른 점이 있다면 주전자 속에서는 액체가 요동하고 있지만 지구 내부에서 '끓고 있는' 것은 단단한 바위 덩어리라는 사실입니다. 실제로 끓는 과정은 상당히 느리게 진행됩니다. 지반은 한 해에 2.5센티미터 이상 움직이지 않지만 백만 년 동안의 움직임을 합하면 몇 킬로미터를 여행하는 셈입니다. 수억 년 동안 지반은 대륙 하나만큼의 거리를 움직일 수 있습니다.

맨틀을 움직이게 하는 열의 근원은 두 가지입니다. 하나는 맨틀 지반에서 방사성 물질이 붕괴할 때 발생하는 열이고, 다른 하나는 지구가 형성되던 시기의 열이 남은 것입니다. 과학자들은 이 양쪽에서 각각 어느 정도의 열이 나오는가를 놓고 논쟁하며 대체로 방사성 원소 쪽을 주된 근원으로 생각하고 있습니다. 그러나 맨틀의 입장에서 보면 열의 근원은 그리 중요한 문제가 아닙니다. 어쨌든 열은 발생한 것이고 이 열은 대류를 통해 표면으로 올라가서 대기 중으로 방출됩니다.

지진은 왜 일어날까?

지구과학자들은 지구의 격렬한 움직임에 초점을 맞춘 적절한 이론을 찾아냈는데 이 이론 모델은 1960년대에 나온 '판 구조론'입니다. 이 명칭은 얇고 갈라지기 쉬운 지각의 부분인 '판(plate)'들과 지각 밑에 놓인 거대한 맨틀(지구 고체 부분의 5분의 4를 차지함) 사이에 일어나는 상호작용을 뜻합니다. '구조론(tectonics)'이라는 단어는 그리스어의 '형성하다'에서 온 것인데, 이 판 구조론은 판들로부터 지구 표면이 어떻게 형성되었는가를 설명하는 이론입니다.

판과 대륙들

지구의 바깥층을 나타내는 그림은 단순합니다. 맨틀은 부스러지기 쉽고 밀도가 높으며 색이 어두운 화산암인 현무암층으로 완전히 덮여 있습니다. 하와이 해변의 검은 모래밭을 걸어보거나 뉴욕 허드슨 강변의 갈색 절벽과 암주(岩柱) 옆을 지나다 보면 현무암을 볼 수 있습니다. 맨틀이 요동하면서 끓으면 지구의 표면은 수많은 얇은 판으로 갈라집니다. 각 판의 폭은 수백 킬로미터, 심지어는 수천 킬로미터에 이르지만 일반적으로 그 두께는 5~50킬로미터에 지나지 않습니다. 이 판들은 계속해서 움직이면서 서로 영향을 끼칩니다. 지질학자들은 이 판들을 다음 세 그룹으로 나눕니다. 첫째, 경계선들이 서로 멀어지는 그룹, 둘째, 경계선들이 모이는 그룹, 셋째, 어느 쪽도 아닌 그룹입니다.

판들이 서로 다른 방향으로 이동하는 그룹에서는 맨틀이 가열되면서 판들을 분리시키고 새로운 물질을 지표로 올려 보내 새로운 지각을 형성합니다. 대서양 한가운데 있는 대서양 중앙 해령(海嶺)은 이 결과로 솟아난 부분입니다. 아이슬란드 섬은 이 산맥을 따라 놓여 있고 전체가 화산암으로 되어 있습니다. 이 그룹의 또 다른 형태는 대륙 밑에서 변화를 일으키는데, 동아프리카의 그레이트 리프트 밸리에 가보면 바로 그 지점에서 거대한 아프리카 대륙이 갈라지기 시작한다는 것을 알 수 있을 것입니다.

이런 방법으로 새로운 판 물질이 형성되고 있다면 원래의 판 물질은 어디론가 사라져야 할 것입니다. 지구 자체가 더는 팽창할 수는 없기 때문입니다. 이 문제를 해결하기 위해 두 번째 그룹이 존재합니다. 두 개의 판이 마주 밀리면서 한 판이 다른 판 밑으로 들어가는, 달리 말하면 빨려 드는 방식입니다. 밑으로 들어간 판은 맨틀로 돌아가 녹아서 맨틀의 바위와 섞이고 다시 전체 순환 과정을 시작할 준비를 갖추게 됩니다.

두 판이 한곳으로 모일 때 나타나는 모습은 양 판이 대륙을 머리에 이고 있느냐 아니냐에 따라 결정됩니다. 둘 다 대륙을 머리에 이고 있지 않은 경우에는 필리핀 근방의 마리아나 해구처럼 깊은 해구가 생깁니다. 한쪽 판만 대륙을 이고 있으면 그 대륙은 판끼리 부딪칠 때 접합부에 주름이 잡혀 남아메리카의 안데스 산지 같은 산맥이 형성됩니다. 그리고 양쪽 판이 모두 대륙을 이고 있는 경우에는 두 대륙이 맞부딪쳐 그 경계선에서 높은 산맥이 생깁니다. 히말라야 산맥은 인도 아대륙이 아시아 대륙과 부딪쳐 생긴 흔적이며 알프스는 이탈리아가 유럽 대륙과 충돌한 결과로 만들어진 것입니다.

어떤 곳에서는 두 판이 둘 사이의 중립지대에서 서로 상대방을 문지르는 경우도 있습니다. 길고도 파괴적인 지진대를 형성하는 것입

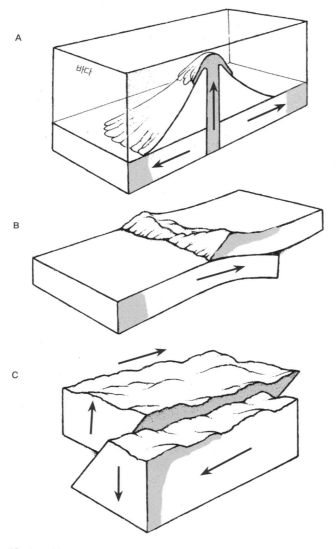

지구 표면을 이루고 있는 거대한 판은 몇 가지 방법으로 상호작용을 한다. (A) 화산 등성이를 중심으로
하여 새로운 지각이 끊임없이 형성되어 양쪽으로 뻗어나가거나, (B) 서로 모여 하나의 판이 다른 판 밑으
로 들어가거나, (C) 서로 엇갈리며 마찰하여 단층대를 형성하는데, 여기서 격렬한 지진이 일어날 수 있다.
어느 경우든 이들 판은 아래쪽의 맨틀이 대류함에 따라 움직인다.

니다. 캘리포니아 및 미국 서해안 도시들을 세로로 끼고 달리는 산안드레아스 단층대는 북아메리카 판이 동쪽으로 밀리고 태평양 판이 서쪽으로 밀리는 중간 경계선을 따라 지나갑니다. 1989년 샌프란시스코 대지진은 두 개의 판이 이렇게 움직인 결과 일어난 필연적인 결과였습니다.

이러한 예들을 살펴보면, 대륙과 판은 같은 것이 아님을 알 수 있습니다. 대륙은 판의 맨 위층에 올라타고 있지만 그 면적은 지구 전체 표면의 4분의 1에 불과합니다. 결과적으로 지구의 4분의 3이 바다란 이야기이지요. 현재 지구상에는 대륙이 여섯 개뿐이지만 적어도 열두 개의 큰 판이 그 밑에 있고 아마도 아직 알려지지 않은 소형 판도 많이 있을 것입니다.

남아메리카 대륙, 오스트레일리아 대륙, 남극 대륙은 무척 규모가 큰 하나의 판에 속해 있습니다. 북아메리카 판은 북아메리카 대륙 거의 전부와 대서양의 절반을 포함하고 있습니다. 반면에 유라시아-아프리카 판은 여러 대륙의 조합입니다. 인도와 아시아처럼 이전에 분리되어 있던 대륙 덩어리들이 합쳐지기도 했습니다. 곤드와나 대륙, 로라시아, 판게아처럼 지질학자들이 독특한 이름을 붙인 원시 대륙들은 서로 떨어져 나왔습니다.

판 구조론은 지구 표면의 어떤 강이나 계곡도, 어떤 바다나 평야도, 그리고 가장 높은 산이나 제일 넓은 대륙까지도 결코 영원한 것이 아님을 우리에게 가르쳐줍니다.

'대륙 이동설'과 '판 구조론'

대륙이 이동한다는 생각이 1960년대에 처음 나온 것은 아니었습니다. 1912년에 독일의 기상학자 알프레트 베게너(Alfred Wegener, 1880~1930)는 대륙 이동설이라는 이론을 주장했습니다. 그 이론으로 그는 왜 아프리카와 유럽의 서해안선이 아메리카의 동해안선과 그토록 정확하게 맞아떨어지는가를 설명했습니다. 대륙들은 원래 한 덩어리로 붙어 있었는데 언젠가부터 밀려 떨어져 나가 현재의 위치에 놓이게 되었다는 것입니다. 이러한 설명은 오늘날의 판 구조론과 정확하게 일치하는 것이지만 베게너의 대륙 이동설이라는 가설이 실제로 현대의 이론을 끌어낸 것은 아닙니다. 그의 모델은 다만 '대륙의 움직임'이라는 한 가지 점에서 현대의 시각과 일치하고 있을 뿐입니다.

1960년대에 학계에서 판 구조론을 수용한 것은 과학사의 중요한 사건이었습니다. 거의 대부분의 지질학자들이 대륙 이동설을 최악의 이단으로 간주하고 있었음에도 불구하고 말입니다. 일단 자료가 그 사실을 입증하자 그들은 기꺼이 평생의 신념을 포기하고 새로운 이론을 받아들였던 것입니다. 분명한 입증 자료가 나타날 경우 진정한 과학자라면 누구나 기꺼이 자신의 생각을 수정할 수 있어야 할 것입니다.

판 구조론을 뒷받침하는 가장 결정적인 증거는 전혀 예상치 못한 쪽에서 나왔습니다. '대양저 암석의 자기 측정'이 그것입니다. 열을 받아 녹은 암석이 표면으로 올라올 때 그 암석은 보통 철광석의 작은 알갱이들을 함유합니다. 이 알갱이들은 아주 작은 나침반 같은 작용을 하면서 북극을 가리킵니다. 이 암석들이 식어서 굳으면 광물 입자들은 그 속에 갇히고 그러면 암석은 북극이 어느 쪽인가를 '기억'하게 된다는 것입니다.

지구의 자기장은 종종 지질학상의 시간을 넘어 자신의 극성을 보존해 왔습니다. 현재의 나침반 바늘이 북쪽을 가리키고 있다 해도 백만 년 전에는 그쪽이 남쪽이었을 수도 있습니다. 백만 년 전에 용해된 암석 속에서 형성된 철 알갱이는 최근에 형성된 광물과는 반대 방향을 가리킬 수도 있다는 뜻입니다.

1960년대에 해양학자들은 앞서 말한 첫 번째 그룹의 양쪽 판 안에 있는 암석들에서 뚜렷한 자기선을 발견했습니다. 새 암반이 맨틀로부터 솟아올라 양 판이 분리되어 생긴 공간을 채울 때 철 알갱이들은 북쪽을 가리킨 채로 그 암석 속에 갇혀 굳었습니다. 세월이 흐르면서 옛 암반은 새 물질에 길을 터주기 위해 옆으로 물러나고 지구 자기장은 실제로 전도 현상을 일으켜 암석 속의 철 입자들이 옛 입자들과는 정반대 방향을 가리키게 됩니다. 반복되는 자기장 전도 현상(자기장의 방향이 뒤집히는 것)은 새 지각이 연속적으로 생성되고 자기장이 가

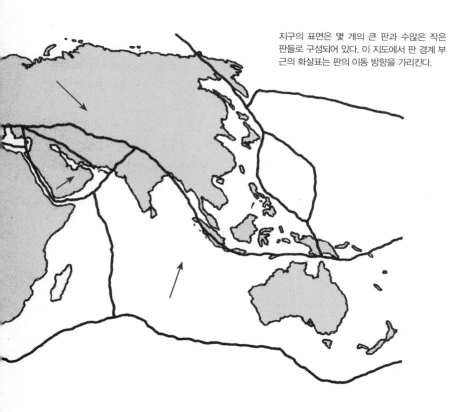

지구의 표면은 몇 개의 큰 판과 수많은 작은 판들로 구성되어 있다. 이 지도에서 판 경계 부근의 화살표는 판의 이동 방향을 가리킨다.

끔 전도되는 상황에서만 찾아볼 수 있는 줄무늬를 만들어냅니다.

판 구조론의 가설에 따르면 판들은 매년 5~8센티미터씩 움직입니다. 오랫동안 대륙이 움직인다는 생각을 뒷받침해준 것은 암석 속의 자기장이 제공하는 간접 증거였습니다. 누구도 실제로 대륙의 이동을 측정한 사람은 없었습니다. 그런데 1985년에 판 구조론에 대한 새로운 확증이 예기치 않은 데서 나왔습니다. 외부 은하 천문학이 그것입니다. 그 해에 천문학자들은 멀리 떨어진 퀘이사로부터 날아오는 방사선 측정 결과를 발표했습니다. 학자들은 퀘이사에서 나오는 전자파가 지구까지 도달하는 데 걸리는 시간의 차이를 미국의 매사추세츠 주, 독일, 스웨덴의 특정 지점에서 측정했습니다. 이를 통해 그들은 이 세 지점 사이의 거리를 정확하게 얻어냈습니다. 불과 20여 년 사이에 이 거리는 유럽과 북아메리카 대륙이 서로 조금씩 멀어짐에 따라 90센티미터 이상 벌어졌고 대륙이 정말로 움직이고 있다는 사실을 분명히 보여주고 있습니다.

판 구조론의 의의

1960년대 이전에는 지구를 연구하는 과학자들이 고립해서 자신의 분야에만 몰두하는 경향이 있었습니다. 해양학자들은 해류와 수온을 측정했지만 고생물학자들과는 교류가 없었고, 이 두 그룹 모두 지구 내부를 연구하는 지구물리학자들과는 대화를 나누지 않았습니다. 지구와 관련해서 다양한 연구가 이루어졌지만 분야 사이의 공통점은 거의 없었다고 할 수 있습니다.

그런데 판 구조론이 등장하면서 모든 것이 달라졌습니다. 판 구조론은 지구를 연구하는 모든 과학자들에게 공통의 언어, 공통의 분야,

공통의 관심사를 제공했던 것입니다. 해양학자들은 이제 지각 아래에서 벌어지는 일들이 대양저에 어떤 영향을 끼치는가를 알게 되었고, 고생물학자들은 화석 연구 결과를 대륙의 이동을 추적하는 데 효과적으로 적용할 수 있게 되었으며, 지구물리학자들은 지각의 운동을 일으키는 활발한 대류 시스템이라는 틀로 지구의 내부를 이해하게 되었던 것입니다. 과학자들은 이제 지구를 서로 무관하고 고립된 시스템들의 모임으로 보지 않고, 하나의 종합적인 구조로 바라보게 되었습니다.

판 구조론의 출현과 더불어 체계가 없어 보이던 다양한 지질학적 자료들이 뚜렷한 의미를 지니기 시작했습니다. 과거에 지진학자들은 대부분의 지진이 환형 지진대 위에서 일어난다는 것을 알고 있었지만 그 이유는 알지 못했습니다. 그러나 지금 우리는 이 지진대가 바로 판끼리 부딪치는 부분이라는 사실을 알고 있습니다.

화산 폭발은 대부분 유년기 산지인 조산대에서 일어납니다. 우리는 이제 이 조산대가 판의 경계선과 일치한다는 것을 알고 있습니다. 광물학자들은 대규모의 광물 분포 지역이 조산대의 온천 지역과 일치하며, 두 판이 합쳐지는 부분이 광물의 보고(寶庫)가 된다는 사실을 알아냈습니다. 이를 이용해 새로운 광상이 많이 발견되었습니다. 그리고 지질학자들과 고생물학자들은 처음으로 아득한 옛날에 형성된 암석과 화석들이 대양의 이쪽과 저쪽에서 어떻게 똑같은 모습을 보이는가를 설명할 수 있게 되었습니다. 판 구조론이라는 발상이 지구와 관련된 많은 의문들을 해결해준 셈입니다.

지진

　지진을 예견하려는 노력을 통해 우리는 판 구조론의 강점과 한계를 동시에 인식할 수 있습니다. 우리는 왜 이따금 강진이 로스앤젤레스와 샌프란시스코 지역을 강타하는가를 이미 알고 있습니다. 거대한 두 개의 판이 부딪칠 때 캘리포니아가 흔들리고 갈라진다는 사실 말입니다. 그러나 이유를 안다고 해서 그 지진이 언제 일어날지 저절로 알게 되는 것은 아닙니다. '매년 5~8센티미터'라는 현재 움직임의 정도로 미루어보아 대지진은 50년에 한 번, 또는 백 년에 한 번 일어나야 합니다. 그러나 각각의 지진을 정확하게 예견하기는 거의 불가능합니다. 때때로 대규모의 지진에 앞서 작은 지진이 나타나기도 합니다. 그러나 이런 소규모의 지진이 일어날 때마다 로스앤젤레스나 샌프란시스코 주민 전체를 대피시키는 것은 현실적으로 어려운 일입니다.

　산안드레아스 단층대를 경계로 삼고 있는 두 판이 서로 반대 방향으로 움직이며 땅속 깊은 곳의 긴장을 고조시킨다는 사실을 우리는 알고 있습니다. 그 과정은 스프링을 감는 것과도 비슷합니다. 언젠가 암반이 갈라지고 에너지가 분출될 것입니다. 우리는 지표 부근 암석에 가해지는 압력을 측정하고, 그것을 통해 대지진이 대략 어디쯤에서 일어날 것인가 정도를 예측할 수 있습니다.

방송이나 신문에서는 보통 리히터 지진계가 측정한 지진의 강도를 알려주는데 이를 고안한 사람은 샌프란시스코의 지진학자인 찰스 리히터(Charles R. Richter, 1900~1985)였습니다. 그는 1930년대에 이것을 고안해냈습니다. 리히터는 장비로 측정할 수 있었던 가장 약한 진동을 0도로 정했습니다. 이 지진계로 1도가 올라가는 것은 강도가 10배가 됨을 의미합니다. 그러므로 진도 4의 지진은 0인 지진보다 1만 배(10^4)가 강합니다. 이 리히터 지진계에는 한계가 없고 어떤 숫자라도 가능합니다. 오늘날의 지진계는 0도보다 훨씬 약한 지구의 흔들림도 기록할 수 있습니다(이런 지진계에는 마이너스 숫자들도 있습니다). 샌프란시스코 베이 지역에서 63명의 목숨을 앗아가고 막대한 피해를 발생시킨 1989년의 로마 프리에타 지진의 진도는 7이었으며, 2004년의 참극을 일으킨 수마트라-안다만 지진은 9.2를 기록하여 기록상 두 번째로 강력한 지진이 되었습니다.

왜 화성에는 산맥이 없을까?

태양계의 암석질 행성들 중 지구는 아주 독특한 존재입니다. 수성, 금성, 화성, 그리고 우리의 달은 변화가 없는 세계입니다. 왜 지구만 그들과 다른 것일까요? 왜 우리 이웃 행성들에는 움직이는 판 위의 대륙들이 없을까요?

문제는 행성의 크기입니다. 다른 행성들은 크기가 작아서 방사능에 의해 열이 발생하자마자 곧 발산되고 맙니다. 뜨거운 음식을 먹을 때를 생각해보면 쉽게 알 수 있습니다. 큰 솥에 들어 있는 국은 몇 시간 동안 온기가 지속되지만 국그릇에 옮겨지고 나면 몇 분간, 그리고 숟가락으로 뜨고 나면 불과 몇 초 동안만 열이 보존됩니다. 화성, 수성, 그리고 달은 모두 몇 숟가락 분량에 불과한 존재들로, 이미 오래전에 운동을 중단하고 차갑게 굳었습니다. 이러한 행성에서는 내부에서 열이 발생하더라도 너무나 빨리 표면으로 올라와 발산되고 맙니다. 그러므로 이들에게는 판의 충돌도 없고 지진대나 산맥 같은 것도 없습니다.

지구보다 약간 작을 뿐인 금성은 이전에 그 나름의 판 구조가 있었을 수도 있고 지금까지 활동하는 화산이 있을 수도 있습니다. 그러나 금성은 그러기에는 너무나 크기가 작은 것으로 밝혀졌고 내부에서는 어떤 발열 현상도 일어나지 않습니다. 단지 금성보다 조금 더 크다는 것, 그리고 내부에서 열이 생성되고 있다는 것 때문에 지구만이 끊임없이 움직이고 끓어오르는 것입니다. 세월이 무한정으로 주어진다면 우리도 지구가 언젠가 냉각되어 변화를 멈추는 것을 분명히 보게 되겠지만, 그러기에는 수십억 년의 세월도 부족합니다.

지각에서 핵까지, 지구 내부 탐사

가장 깊은 광산이라고 해도 지표에서 바닥까지의 거리는 약 3킬로미터에 불과합니다. 가장 깊은 보어홀(borehole, 깊은 곳의 상태나 암석의 구성을 알기 위해 천공 드릴로 뚫은 구멍)도 15킬로미터 안팎입니다. 과학자들은 인간이 어디까지 파고 들어갈 수 있는지 그 한계

를 짓는 데 조심스러운 편이지만, 현재로서는 아무리 엄청난 상상력을 동원해도 지구 중심으로 들어갈 방법은 알아낼 도리가 없습니다. 근본적인 한계가 있는데 어떻게 지구의 깊은 곳을 관찰할 수 있을까요? 그러나 지진학자들은 음파를 이용해서 지구의 숨겨진 비밀을 풀어보려고 합니다.

지진학자들은 음향 탐지기(소나, sonar)를 지구 규모로 확대해서 사용합니다. 소나는 음파가 목표 지점(바다 밑바닥 또는 다른 잠수함)까지 갔다가 돌아오는 데 걸리는 시간을 측정합니다. 지진학에서도 마찬가지입니다. 다만 지진학자들은 조그만 '핑' 소리 대신 지구 전체를 돌아올 정도로 큰 음파를 생산하는 다이너마이트나 지진을 이용합니다. 이렇게 큰 소리를 쓰지 않으면 건설장비나 고속도로의 소음 속으로 실험용 음향이 사라져버리기 때문입니다. 음향이 어떤 행성을 여행하는 데 걸리는 시간은 그 행성을 이루는 암석의 종류에 따라 달라집니다. 지진이나 화산 폭발이 일어나는 곳으로부터 다양한 길을 따라 움직이는 여러 음파들을 측정하다 보면 우리는 점차 지구의 내부를 알 수 있게 됩니다.

이런 연구 결과, 학자들은 지구 내부가 몇 개의 층으로 이루어져 있다는 사실을 알아냈습니다. 내핵이라고 불리는 가장 깊은 층은 지름이 약 4천 킬로미터로 니켈과 철 같은 무거운 금속으로 되어 있습니다. 핵의 내부는 고체이지만 그 바깥층은 액체 상태의 금속입니다. 핵의 내부 온도는 7,000°C에 달하므로 지구상의 어떤 금속이라도 기화시키기에 충분합니다.

핵을 둘러싸고 있으면서 지표 아래 몇 킬로미터까지 뻗쳐 있는 부분이 바로 맨틀입니다. 가벼운 금속으로 되어 있는 맨틀은 지구 내부의 열에 반응하여 천천히 움직이며 지각의 판 구조 운동을 일으킵니다. 가장 바깥층인 지각은 산맥과 계곡, 바다, 평야 등 우리와 친숙한 환경을 이루는 모든 것을 싣고 있습니다. 지각은 지구에서 가장 밀도가 낮은 광물질을 품고 있고 이들은 지구가 가열되면서 표면으로 떠오릅니다.

대부분의 지진학자들은 석유회사나 광산회사에서 일하면서 2킬로미터 범위 안에 드는 소규모의 지질학적 단위를 연구 대상으로 삼고 있습니다. 이들은 누더기 같은 옷을 입고 튼튼한 장화를 신은 모습으로 사이즈모미터(seismometer)라고 불리는 지진 탐지기를 트럭 가득 싣고 드릴 장비를 갖춘 채 이 지점에서 저 지점으로 옮겨 다닙니다. 대원들은 유용한 광물이나 유전이 근처에 있음을 알려주는 암석 구조를 발견할 수 있지 않을까 하는 희망을 품고 구멍을 파고 다이너마이트를 채우고는 뇌관을 터뜨려 지진계의 반응을 체크합니다.

정부 기관이나 대학에서 일하는 지진학자들은 대체로 지구를 더 넓은 범위에서 연구합니다. 그들은 세계 각처에 수백 개의 탐지시설을 설치하고 이들로부터 지진의 발생 위치와 강도를 보고받습니다. 여러 개의 탐지시설에서 나오는 지진파의 강도, 도달 시간, 지속 시간 들을 비교하면서 과학자들은 각 지진의 정확한 위치와 크기를 계산해낼 수 있습니다. 도시계획에 종사하는 사람들은 이러한 정보에 기대어 다음 지진이 일어날 지역을 예견하고 그에 따라 개발을 진행할 수 있습니다.

이렇게 이야기하고 보니 지진학자란 사람들은 뭔가 나쁜 일이 일어나기만 기다리면서 평생을 보내는 사람들 같지만 이들이야말로 평화를 유지하는 데 중요한 역할을 하는 사람들입니다. 그들은 핵 실험 금지 조약의 이행을 감시하는 데 필요한 기술상의 기초를 제공합니다. 지표 밑의 암석을 사방으로 튕겨내는 지하 핵 폭발 실험은 암석들이 서로를 밀어내는 자연스런 지구의 움직임과는 다른 지진학적 특성을 보입니다. 따라서 대규모의 핵 실험은 지진계의 추적을 결코 벗어나지 못합니다. 컴퓨터의 분석에 따라 과학자들은 수천 킬로미터 밖에서 일어난 폭발이라 할지라도 그 위치와 규모를 정확히 알아낼 수 있습니다.

새로운 분야

감춰진 보물을 찾아서

판 구조론은 여러분이 주유소에서 지불하는 휘발유 값에 직접적인 영향을 끼칩니다. 옛날에 판과 대륙이 어디 있었는가에 대한 지식이 숨어 있는 천연자원의 위치를 알아내는 데 결정적인 역할을 하기 때문입니다. 유전과 광산 탐사에 종사하는 지질학자들이 직면한 과제는 이제까지의 판 구조 운동의 역사를 밝히는 것입니다. 지질학자들과 지구물리학자들은 화석의 분포, 암석의 자기장, 실제 탐사, 지진 측정 연구 자료 등을 종합해서 판들과 대륙들, 대양과 산맥이 과거에 어디 있었는가를 알아낼 수 있습니다.

유전은 아득한 옛날 열대나 온대 지방에 쌓인 두꺼운 유기물 층에서 형성되었습니다. 20세기 초, 그러니까 대륙들이 이리저리 돌아다닌다는 것을 누구도 상상조차 하지 못했던 시기에는 알래스카에서 유전이 발견될 줄은 아무도 몰랐을 것입니다. 그러나 대륙이 이동한다는 것을 안 이상 과거에 열대였던 곳이 오늘날 양극 지방에 가 있다고 해도 놀랄 필요가 없습니다. 그리하여 석탄과 석유를 찾는 일은 지구 전체로 확대될 수 있었습니다.

판 구조론은 우리가 금속 광산을 탐사하는 방법도 바꾸어놓았습니다. 많은 금속 광산들은 과거에 판의 경계면이었던 곳에 놓여 있는데 이것은 뜨거운 화산수가 광물질들을 여기 모아놓았기 때문입니다. 그래서 오늘날 탐사자들은 판 이동의 역사를 캐고 있습니다. 새롭게 등장한 광상성인론(metallogeny) 덕분에 중국의 풍부한 금광, 칠레의 구리 광산, 호주의 니켈 광산, 미국 서부의 몰리브데넘(몰리브덴) 광산 등이 속속 모습을 드러냈습니다.

지구의 깊은 곳

우리 저자들을 비롯해 많은 과학자들은 지구의 깊은 곳을 연구하는 데 일생을 바치고 있습니다. 지구의 대부분은 맨틀이 차지하고 있지만 우리는 이 맨틀 내부의 화학적 구성 성분이나 온도 분포에 대해 아직 정확히 알지 못합니다. 또 맨틀이 대류하고 이에 따라 판과 대류이 움직인다는 것은 알지만 이 과정이 어떻게 진행되는지 자세한 내용은 모릅니다.

지구과학자들은 두 가지 방향에서 이 의문을 해결하려고 합니다. 한 그룹은 광물물리학자라고 불리는데 이들은 암석과 광물 샘플을 맨틀 속과 비슷하게 높은 온도와 압력 아래 놓고 특성을 연구합니다. 이런 극단적인 환경에서 광물이 어떤 반응을 보이는가를 실험실의 연구를 통해 알고 나면 깊은 지구 속의 상태와 가장 비슷한 광물 구성이 어떤 것인가를 확인할 수 있다는 것입니다. 이 광물물리학은 또한 두 번째 그룹인 지진학자들의 연구를 보완하기도 합니다.

지진학자들은 주로 지구 내부의 3차원적 구조를 밝히는 데 초점을 맞춥니다. 옛날엔 지진으로부터 나오는 여러 가지 자료를 수작업으로 분석해야 하던 시절도 있었습니다. 그러나 오늘날에는 지구 각지에 흩어져 있는 탐지 시설에서 보내오는 지진에 관한 수천 개의 자료를 슈퍼 컴퓨터가 종합적으로 처리해줍니다. 각각의 자료는 지구 내부의 모델을 결정하는 데 저마다의 역할을 합니다. 언젠가는 대류하는 지구의 3차원 모델을 상세히 그려낼 수 있기를 바랍니다. 이 모델을 보면 우리는 과거에는 몰랐던 것, 즉 우리의 행성이 어떤 모습을 하고 있었으며 앞으로 어떤 모양이 될 것인가 하는 의문에 대한 정확한 답을 얻을 수 있을 것입니다.

움직이는 지구의 자극

지구가 자기장을 지니는 것은 지구가 자전함에 따라 내부의 외핵이 회전하기 때문이라고 알고 있습니다. 그러나 우리는 왜 지구가 거대한 자석의 성질을 띠는가에 대해서는 모릅니다. 지구의 핵은 전기적으로 중성이므로 원칙적으로는 회전한다고 해도 전류를 발생시키지 않고(발생시킬 수도 없으며) 자기장도 만들어낼 수 없습니다. 그러나 어떤 복잡한 경로를 통해 전기적으로 중성인 도체가 회전하면서 전기장이든 자기장이든 장을 만들어낼 수는 있으므로 이것은 큰 문제가 되지는 않습니다.

진짜 문제는 지구의 남극과 북극이 항상 현재 위치에 있었던 것은 아니라는 사실입니다. 지구의 자기적 북극, 즉 자북극은 물론 북극 근처에 머물기는 하지만 끊임없이 움직이며 위치를 바꿉니다. 2001년에 자북극은 캐나다 북부의 엘즈미어 섬 근처 북위 81도 지점에 자리 잡고 있었는데 2009년에는 북위 84.9도에 위치한 것으로 조사되었습니다. 지금도 자북극은 계속해서 북쪽으로 이동하고 있습니다.

게다가 과거에 지구의 남극과 북극은 서로 자리를 바꾼 적이 여러 번 있습니다. 즉 자북극이 지금의 남극 대륙으로 옮겨가 있던 시기들이 있었다는 것입니다. 우리는 지질학 자료로부터 이 역전 현상을 3백 회 이상 발견할 수 있습니다. 그러나 왜 이런 일이 일어났는지는 모릅니다. 지질학자들에게는 법칙 없이 아무 때나 방향을 바꾸는 것으로 보이는 이 자기장의 움직임을 예측하는 이론을 만들어내야 하는 골치 아픈 과제가 주어져 있습니다.

바람과 물과 흙의 일대기

지구의 순환

다음에 바닷가에 가게 되면 모래를 한 주먹 쥐고 잘 들여다보세요. 모래 알갱이들이 저마다 다른 것을 알 수 있을 것입니다. 까만 것, 반짝반짝하는 것이 있는가 하면 어떤 것은 녹색, 흰색, 혹은 갈색을 띠고 있습니다. 현미경으로 자세히 보면 서로 다른 부분들이 더 많이 보입니다. 동글동글한 모래도 있고 뾰족하거나 각이 진 모래도 있습니다. 이 모든 차이는 그 모래들이 한 가지 중요한 특성을 공유하고 있기 때문에 나타나는 것입니다. 이들이 지구에서 일어나고 있는 커다란 순환의 일부분이라는 사실입니다.

모래 알갱이의 색깔이 저마다 다른 것은 원래 모래가 생겨난 내륙의 바위가 각각 다르기 때문입니다. 바닷가에서 파도에 씻기고, 땅에 묻히기도 하고, 다른 바위에 섞이기도 하고, 땅 위로 다시 올라오는 등의 일을 여러 번 겪으면서 모래 알갱이의 모양은 더욱 다양해집니다. 이 같은 바위의 풍화, 침식, 퇴적 작용, 그리고 새로운 바위의 생성은 지구가 태어난 이후 계속되었으며 태양이 뜨거운 한, 그리고 지구가 죽을 때까지 계속될 것입니다. 이처럼 지구에서는 거대한 순환이 계속되고 있기 때문에 여러분이 지금 손에 쥐고 있는 모래들은 지구가 어렸을 때 만들어진 이른바 '1세대' 암석의 파편일지도 모릅니다.

과학자들은 자연을 연구하는 과정에서 지구의 모습을 변화시키는 여러 가지 현상을 발견합니다. 빗방울은 바위와 토양을 계속 침식하여 모래와 점토를 만들어내고, 흐르는 강물은 주변의 산과 언덕에 있는 퇴적물을 계곡 하류까지 운반합니다. 바다와 호수의 물은 증발하여 새로운 비구름을 만들어냅니다. 이렇게 지구의 표면을 싸고 있는 바위, 물, 그리고 대기는 언제나 끊임없이 한곳에서 다른 곳으로 움직이고 있습니다.

물은 바다에서 증발하여 다시 땅으로 내려와 지하수가 되거나 호수에 잠시 머물기도 합니다. 지구의 기후가 전반적으로 추워지면 물은 극지방을 중심으로 뻗어 있는 커다란 빙하에 갇히게 되어 전체적으로 해수면이 낮아집니다. 그러다가 따뜻해지면 빙하는 줄어들고 빙하가 녹은 물은 바다로 돌아갑니다. 바위처럼 물도 순환하고 있습니다.

대기도 하루의 날씨를 변화시키는 탁월풍으로부터 지속적으로 기후를 변화시키는 장기간의 영향에 이르기까지 위풍당당한 순환에 따라 움직입니다. 한마디로 말하면,

"지구의 모든 것은 순환하고 있다."

오늘날 과학자들은 지구에서 일어나는 여러 가지 순환이 서로 깊

이 연관되어 영향을 끼친다는 사실을 잘 알고 있습니다. 우리는 이제 지구가 복잡한 기어와 움직이는 부품들로 이루어진 매우 놀라운 기계라는 사실을 깨닫기 시작했습니다. 특히 멋진 일은 우리가 그 기계가 어떻게 움직이고 각 부품들이 어떻게 조립되어 있는가를 이해하기 시작했다는 점입니다.

변화의 규칙

지구에 있는 어떤 것도 영원하지 않습니다. 산은 풍화되고 대륙은 갈라집니다. 바다가 사라지는가 하면 빙하가 생겨났다가 또 녹아버립니다. 변화야말로 지구의 대표적인 특징입니다. 그러나 이러한 변화 속에도 규칙이 있습니다. 우선 지구를 이루고 있는 원자의 수는 한정되어 있습니다. 한 부분을 구성하는 원자가 다른 부분에 사용되려면 빠져나간 자리를 메울 원자를 어디에서든 가져와야 합니다. 블록으로 가득 찬 방에서 놀고 있는 어린이처럼, 지구가 가지고 놀 수 있는 블록의 수는 제한되어 있는 것입니다.

암석의 순환

지구 표면에는 놀라울 정도로 다양한 암석이 있습니다. 과학자들은 모든 암석을 화성암, 퇴적암, 변성암이라는 세 가지 기본 형태로 분류했습니다. 단지 연구를 편리하게 하기 위해 이렇게 분류를 한 것은 아닙니다. 각각의 암석은 복잡하고 상이한 과거의 기록이며 광물의 조직과 형태를 통해 우리는 그 기록을 읽을 수 있습니다.

모든 암석들은 한 형태에서 다른 형태로 바뀌었다가 다시 원래 모습으로 돌아오기도 합니다. 지질학자들은 이러한 변화를 암석의 순환이라고 부릅니다.

화성암

지구의 껍질, 즉 지각은 용융 상태의 바위로 시작되었습니다. 우주 공간에 지구가 처음 태어났을 때 지구는 틀림없이 빛나는 불덩이였을 것입니다. 붉게 빛나는 액체 상태의 바위가 굳기 시작하면서 암석의 순환은 시작되었습니다. 처음에 지구에 있는 모든 암석은 화성암이었습니다.

오늘날 화성암을 만드는 과정 중 가장 장관은 화산 활동입니다. 화산이 폭발하면서 분출된 액체 상태의 마그마는 대기 중 또는 수중에서 지표로 쏟아져 나옵니다. 가장 규모가 크고 파괴적인 화산 활동은 주로 육지에서 일어납니다. 화려한 빛을 내는 용암은 분출하면서 밤하늘을 수놓고 지표 위를 흐르면서 많은 생명과 재산을 파괴하고 지구 표면의 모습을 바꾸어놓습니다. 화산에서 분출되는 물질은 주로 어두운 색의 현무암질 용암으로서 굳어지기 전에는 끈끈한 점성을 띠고 있습니다. 1980년에 폭발한 미국의 세인트헬렌스 화산의 경우처럼 용암이 타르처럼 진하고 점성이 높아서 별로 흘러내리지 않는 경우도 있습니다. 화산이 폭발하기 전까지 높아진 압력이 해소되려면 당연히 엄청난 불꽃놀이가 필요합니다.

마그마 중에는 지표면까지 도달하지 못하고 땅속에서 굳어버리는 것들도 많습니다. 이렇게 마그마가 지하에서 굳어서 생긴 암석을 지질학자들은 관입암이라고 하여 표면으로 나온 분출 용암과 구분하고 있습니다. 관입암은 땅속 깊은 곳에서 형성되기 때문에 관입암이 표면에 드러나기 위해서는 바로 위에 있는 암석층이 수백만 년의 세월 동안 융기되어 침식될 때까지 기다려야 합니다. 이렇게 긴 세월이 흐른 후 표면에 드러난 관입암은 진기한 모습을 보여주기도 합니다. 예를 들어 사우스다코타 주의 블랙힐스에 있는 러시모어 산, 또는 조지아 주에 있는 스톤 산, 그리고 콜로라도 주 로키 산맥의 여러 봉우리들이 모두 관입암입니다.

영화 〈미지와의 조우〉에서 그 위용을 보여준 와이오밍 주 북동부의 '악마의 탑'은 가장 전형적인 예입니다. 이 경우에 마그마는 수 킬로미터에 이르는 사암층을 뚫고 솟아올랐으나 표면까지는 이르지 못했습니다. 지하에서 식어 가면서 마그마는 길고 커다란 수직 기둥이 되었습니다. 그리고 수백만 년이 흐른 후 주변의 사암층이 풍화되면서 아주 우아하고 거대한 화성암 기둥이 드러난 것입니다.

퇴적암

아직 나이가 어릴 때의 지구를 상상해봅시다. 부글부글 끓고 있는 바다 여기저기에는 화산이 솟아 있고 이 화산들은 바람과 파도에 의해 침식됩니다. 바위들의 파편은 바다 밑으로 쓸려가 바다와 대륙 사이에 모래 해안을 만들고 계곡을 흐르는 강과 호수의 밑바닥에는 침식된 바위조각들이 쌓이게 됩니다. 시간이 흐르면 화성암 조각으로 이루어진 층이 켜를 이루며 쌓여 두꺼운 퇴적층을 형성하고 이것이 굳어서 바위가 되는데 이런 암석을 퇴적암이라고 합니다.

암석을 부수어 퇴적층을 만드는 현상을 풍화 작용이라고 하는데 여기에는 여러 가지가 있습니다. 바다의 조류, 강물의 흐름, 바람에 날려온 모래 등이 바위를 침식시키는 것, 암석 틈이나 구멍 안에 있던 물이 얼면서 쐐기처럼 암석을 쪼개는 것이 물리적 풍화 작용입니다. 화학적 풍화 작용은, 나무나 풀뿌리가 우리가 걸어 다니는 인도를 조금씩 망가뜨리는 것처럼 유기체의 활동이 암석을 풍화시키는 것입니다. 이러한 모든 과정을 통해 퇴적암이 형성됩니다.

오랜 세월 퇴적물이 쌓이면서 해빈사(beach sand)를 땅속 깊이 묻어버립니다. 이 모래는 지각 내부에 갇혀 압력과 열을 받게 되고 퇴적층의 광물과 섞여 사암을 형성합니다. 나중에 조산 운동이 일어나면 이 사암층은 융기하고 그 결과 다시 풍화 작용이 시작되는데 결국 사암의 입자들은 모두 쪼개져서 또 다른 해안으로 실려 갑니다. 여러분들이 즐겨 찾는 해수욕장에 있는 모래 알갱이들은 먼 과거에는 다른 해변에 있었고 미래에는 또 다른 바닷가에 가 있을 것입니다.

과거 30억 년 동안 유기체들은 퇴적암의 형성에 직접적으로 관여해 왔습니다. 식물이 죽으면 가지와 잎사귀와 둥치가 늪에 쌓여 석탄층이 만들어집니다. 또 바다에 살고 있는 미생물들의 시체는 해저에 가라앉아 두꺼운 층을 형성하는데 여기서 석회암이라고 부르는 퇴적암이 형성됩니다.

퇴적암은 보통 바다와 호수 바닥에 겹겹이 쌓여 있는 퇴적층으로부터 형성되기 때문에 여러 개의 층으로 되어 있어서 마치 책을 덮어놓고 옆에서 보는 것과 비슷합니다. 대표적인 퇴적암으로는 사암(모래), 셰일(실트와 점토), 석회암(미생물의 잔해)이 있습니다.

변성암

화성암과 퇴적암은 처음의 모습을 언제까지나 보존하고 있지는 않습니다. 이 암석들은 지표에서 풍화 작용을 통해 새로운 퇴적층을 형성하고 이러한 퇴적층은 시간이 흐름에 따라 온도와 압력의 작용으로 더욱 재미있는 변화를 겪게 됩니다. 점토를 비롯한 몇 가지 광물은 고온에서는 벽돌을 구울 때처럼 수분을 내놓고 또한 고압에서는 흑연이 160킬로미터 지하에서 다이아몬드로 바뀌는 것처럼 원자구조에 변화가 일어나 더 치밀한 광물로 바뀌기도 합니다. 이처럼 처음에 형성된 모습에서 변화된 암석을 변성암이라고 합니다.

이들 암석들은 끊임없는 지구의 변화를 잘 보여줍니다. 미국 북동부 뉴잉글랜드 지방 산꼭대기에 있는 노두(露頭)에서는 지하 30킬로미터에서 1,000°C의 열을 받았을 때 생성되는 광물을 찾아볼 수 있습니다. 이곳의 암석 구조를 보면 이 노두가 과거에는 깊은 바다 밑바닥에 있었던 것임을 알 수 있습니다. 세월이 흐르면서 이 노두를 이루는 퇴적층 위에 육지에서 흘러든 퇴적물이 쌓이고 또 쌓이면서 이 층은 점점 더 깊이 파묻히게 된 것입니다. 그러다 북아메리카 대륙판과 유라시아 대륙판이 부딪히면서 그 사이에 있는 대양저의 퇴적층에 압력이 가해져 애팔래치아 산맥이 형성되었습니다. 땅속 깊은 곳에 있던 퇴적암층이 조산 운동 과정의 열과 압력에 노출된 것입니다. 석회암층은 버몬트 주의 대리석층으로 변하였고 셰일층은 편마암으로 변한 후 커다란 석류석과 기타 고압에서 형성된 광물로 이루어진 일종의 빛나는 변성암인 천매암으로 변하였습니다. 그로부터 2억 년에 걸친 침식과 융기를 통해 이 거대한 암석층은 지표로 나와 옛날의 풍화와 부식을 이야기하고 암석의 순환을 다시 시작할 준비를 하고 있습니다. 인간도 기념비나 묘비에 쓰기 위해 채석 작업을 함으로써 이러한 변화에 참여하고 있습니다.

세 가지 형태의 암석은 풍화되어 퇴적층을 형성하고, 용융되거나 변성 과정을 통해 새로운 순환을 시작합니다. 이렇게 암석은 순환을 계속합니다.

물의 순환

지구에 있는 물의 양은 한정되어 있습니다. 지구 표면에는 탄생 초기부터 오늘날과 비슷한 양의 물이 있었고 이것은 줄어들지 않은 것 같습니다. 마치 요술주머니처럼 아무리 써도 없어지지 않는 까닭은 바위처럼 물도 계속 사용되면서 다시 채워지는, 즉 순환하는 과정을 밟고 있기 때문입니다.

탄생 직후 지구가 냉각되기 시작했을 때 표면에 있던 물은 아마도

운석의 충돌이나 갓 태어난 태양에서 쏟아진 태양풍에 의해 날아가 버렸을 것입니다. 현재 대기를 이루고 있는 기체들처럼 오늘날 바다에 있는 물도 탄생 초기에 암석 내부에 저장되어 있다가 화산 활동을 통해 지표로 올라온 것입니다. 행성이 형성되는 과정에서 반드시 바다와 대기가 생겨난다고는 할 수 없습니다. 수성이나 달처럼 작은 천체는 표면에 액체나 기체를 붙잡아 두기에는 크기가 너무 작습니다. 수증기, 질소, 수소처럼 가볍고 움직임이 활발한 기체 분자들은 작은 천체의 약한 중력장을 조금씩 벗어날 수 있습니다. 만약 지구가 지금보다 훨씬 작았다면 바다는 없었을 것이고 따라서 생명체도 존재할 수 없었을 것입니다.

지구는 바다, 호수, 강, 빙산, 지하수, 대기 중에 약 14억km³의 물을 보유하고 있습니다. 또 지금 당장 인간이 사용할 수는 없지만 지각과 맨틀에 있는 암석에 상당한 양의 물이 갇혀 있습니다. 지구 표면에 있는 물 가운데 바다가 약 97%를 차지하고 있고, 약 2%가 빙산과 빙하 상태로 존재하고 있으며, 담수는 나머지 1% 조금 못되는 양입니다. 이 비율은 빙하기 같은 기후 변화의 시기에는 약간 다를 수 있습니다. 그러나 어쨌든 물의 전체 양 중 담수가 차지하는 비중은 극히 일부분에 불과합니다.

물의 순환은 비를 보면 잘 알 수 있습니다. 바닷물이 증발하여 구름을 형성한 후 비가 되어 지표에 떨어집니다. 지표에 내린 비는 다시 강으로 모여 바다로 흘러들어 갑니다. 몇 주 내지 몇 달 걸리는 이 짧은 비의 순환은 물론 물 순환의 일부분이지만 지구 전체에 걸친 순환은 훨씬 복잡합니다. 그 가운데에는 몇 시간으로부터 몇백만 년에 이르는 여러 가지 순환이 서로 얽혀 있습니다. 지구를 무대로 한 이 퍼즐 게임을 풀려면 열쇠가 되는 조각 몇 개를 알아야 합니다.

바다

바다는 지구 표면의 4분의 3을 덮고 있습니다. 바다의 평균 깊이는 약 5킬로미터로 우리에게 친숙한 바다는 주로 햇빛을 흡수하는 얇은 표면층(깊이 수백 미터)입니다. 이 표면층은 지구의 모든 물을 담고 있는 어둡고 차가운 저수지의 표면이라고 할 수 있습니다. 바닷속으로 깊이 들어갈수록 물은 더 차갑고 더 짜집니다. 압력도 점점 올라가서 아주 깊은 곳은 1제곱센티미터당 몇 톤에 이르기도 합니다. 대륙 근처에는 얕은 바닷물이 대륙붕을 덮고 있습니다. 대륙붕은 원래 대륙이었는데 바닷물이 침입하여 형성된 것으로 추측됩니다. 보통 수십 킬로미터 정도 대륙에서 뻗어 나와 있으며 가장자리에 이르면 갑자기 깊어집니다.

흔히 혼합층이라고 불리는 바다의 얇은 표면층은 아주 특별합니다. 태양에 의해 가열되고 대기 중의 기체와 혼합된 이곳에는 플랑크톤과 해조류에서 큰 물고기와 바다 포유류에 이르기까지 많은 생명체가 살고 있습니다. 그래서 우리 인간들은 북대서양의 조지스 뱅크나 체사피크 만 같은 대륙붕에서 많은 해양 자원을 얻을 수 있는 것입니다. 이와는 대조적으로 깊은 바다는 어둡고 밀도가 높고 큰 압력을 받고 있으며 거의 0°C에 가까울 정도로 추운 곳입니다. 특히 심해저는 생명체가 별로 없는 사막 같은 곳입니다.

심해저의 조수는 느리게 움직이며 이 어두운 공간에서 수천 년을 주기로 순환하고 있습니다. 밀도가 높은 심해저의 바닷물은 주로 남극의 빙하가 녹아 형성된 것입니다. 빙하가 녹으면 그 물이 바다 밑으로 흘러가 확산되면서 서서히 대양저를 가로질러 북태평양의 베링해협처럼 먼 곳까지 흘러가게 됩니다. 바다 외의 물 순환과 바다의 상호작용은 모두 바다 표면에서 일어납니다. 강물과 빗물이 바다 표면에 더해지는 한편으로 표면의 바닷물은 대기 중으로 증발합니다. 지구 위의 물은 가장 춥고 더운 계절에 해안 지역에서 일종의 완충장치 역할을 하여 온도의 극심한 변화를 줄여주는 기능도 합니다.

만년설과 빙하

지구의 역사를 살펴보면 만년설과 빙하가 전체 물 중 5%를 차지했던 적이 있고 또 1%가 안 된 적도 있습니다. 지구에 얼음이 얼마나 있는가는 각 대륙의 위치, 지구 공전 궤도의 변화, 그리고 지구 자전축의 방향에 달려 있습니다. 간빙기인 오늘날은 지구 물의 2%(전체 담수의 4분의 3)가 얼음 상태로 존재합니다.

오늘날 지구상에서 가장 큰 얼음 덩어리는 남극을 덮은 두꺼운 빙하입니다. 남극 대륙은 두꺼운 얼음을 받칠 수 있을 만큼 단단한 땅 덩어리이므로 이런 큰 만년설을 지탱할 수 있는 것입니다. 그렇지 않았다면 오늘날 북극과 같은 상태가 되었을 것입니다. 북극에서는 만년설이 증가하면 새로 생긴 얼음의 무게 때문에 오래된 얼음은 물속 깊이 밀려들어 갑니다. 물속의 얼음은 높은 압력 때문에 녹게 되므로 단단한 토대 없이는 바다 만년설의 두께가 몇백 미터밖에 될 수 없고 따라서 지구 전체 물의 아주 적은 양만 보유하고 있을 수밖에 없습니다. 지구가 존재한 기간의 4분의 3 동안 양극에는 대륙이 없었고 큰 만년설도 없었습니다. 간혹 양극에 대륙이 있었는데 아마 그때는 현재보다 더 많은 물이 빙하 속에 갇혀 있었을 것입니다.

　과학자들은 대륙의 이동과 그것이 빙하에 미치는 영향을 예측하는 데 많은 어려움을 겪습니다. 하지만 순수하게 만년설에 대한 천문학적 영향을 예측하는 것은 어렵지 않습니다. 가장 중요한 요인은 지구 자전축의 기울기인데 현재 23.5도 기울어져 있습니다. 오늘날 북반구와 남반구는 계절이 반대인데 이것은 북반구가 태양 쪽으로 기울어져 있을 때(여름) 남반구는 반대쪽으로 기울어져 있기 때문입니다. 어떤 이유로든 여름의 평균 기온이 떨어지면 빙하의 작용이 증가합니다. 이유는 간단합니다. 여름이 서늘하면 캐나다와 시베리아에 있는 얼음과 눈이 더 늦게 녹아 땅 위에 그대로 남아 있게 됩니다. 이 얼음과 눈은 태양빛을 반사하여 기온을 더욱 떨어뜨려, 다음해에는 더 많은 얼음과 눈이 땅에 남아 있게 됩니다. 그렇게 수천 년의 시간이 지나면 극지와 높은 산에서 거대한 얼음판이 확장되어 유럽과 북아메리카의 대부분을 덮습니다. 이렇게 되면 빙하기가 왔다고 하는 것입니다.

2만 년 전에 빙하기는 정점에 달해 있었습니다. 그당시 빙하는 시카고 근처까지 남쪽으로 내려와 있었습니다. 오늘날 우리는 지질학자들이 간빙기라고 부르는 시대에 살고 있습니다. 이 말은 오싹한 느낌을 줍니다. 단기적으로 볼 때 우연한 사건들도 빙하기 순환에 영향을 끼칩니다. 거대한 화산이 폭발하여 검은 연기가 대기에 분출되면 이로 인해 햇빛이 차단되어 한두 해 동안 지구의 기온이 떨어져 짧은 기간 동안이나마 빙하가 증가하게 됩니다. 인간 때문에 생긴 것이든 자연적으로 생긴 것이든 대기 중의 이산화탄소 및 기타 온실 효과를 유발하는 기체가 증가하면 그 반대의 결과가 나타납니다. 비록 온실 효과로 인한 지구 온난화 현상이 장기적인 빙하기의 순환에 일시적으로 제동을 걸지도 모르지만 한 가지 분명한 사실은 우리가 빙하기를 향해 가고 있다는 점입니다.

우리에게 지구의 빙하 순환은 단순히 추상적인 개념이 아닙니다. 더 많은 물이 빙하로 얼어버리면 그만큼 바다를 채우는 물이 줄어들고 해수면은 낮아질 것입니다. 예를 들어 마지막 빙하기 때 북아메리카 대륙의 동해안은 오늘날보다 240킬로미터 동쪽에 위치해 있습니다. 또 서해안 쪽에서는 얼음과 흙으로 된 다리가 시베리아와 알래스카를 연결하고 있었습니다. 인류학자들은 이 다리를 통해 아메리카 인디언의 조상이 북아메리카 대륙에 정착했다고 생각합니다. 한편 지질학적 증거에 따르면 지금으로부터 10만 년 전쯤은 따뜻한 간빙기였고 당시 해수면은 오늘날보다 30미터 더 높았습니다. 이런 해수면의 변화가 어떤 의미를 지니는지를 알기 위해서는 현재 뉴욕과 로스앤젤레스 해안이 해저 30미터에 잠겨 있는 모습을 상상해보면 그 답을 알 수 있을 것입니다.

민물

물의 순환을 연구하는 학문인 수문학(hydrology)은 물이 끊임없이 움직이고 있다는 사실에 기초를 두고 있습니다. 물은 중력에 의해 높은 곳에서 낮은 곳으로 흘러 대지의 모습을 바꾸고, 암석의 순환에도 핵심적 역할을 합니다. 물은 육지와 바다에서 대기 중으로 증발해 구름을 형성하며 기후 순환에서도 중요한 역할을 담당합니다. 또 비의 형태로 땅에 떨어지는 물은 저수지를 담수로 채워주고 생명 현상에 촉매 작용을 합니다.

지구의 전체 수자원 중 동물과 식물이 이용할 수 있는 담수는 극히 일부에 불과합니다. 땅에 떨어지는 빗물은 여러 방향으로 갈라져서 일부는 땅속으로 스며들고 일부는 강, 연못, 냇물로 들어가고, 또 일부는 곧 증발하여 다시 구름이 됩니다. 그러나 대부분이(약 99%) 지하수로 저장되며 지하수는 대수층(帶水層, aquifers)에 고입니다. 사암처럼 투수성이 큰 암석층에서는 입자 사이의 작은 공간이 큰 저수지를 형성하는데 대수층이 지표면에 노출된 곳에서는 어디서나 물이 흡수되고 중력에 의해 저수지가 채워지게 됩니다. 불투수층 사이에 끼여 있는 대수층의 물은 깊은 우물이 됩니다. 대수층이 물로 가득 차려면 수천 년이 걸리기 때문에 그 물을 퍼올려 쓰는 것은 광산을 채굴하는 것과 비슷합니다. 미국 서부 지역에서는 비축된 물이 다 빠지면서 우물들이 말라 가고 있습니다. 수천 년이 지나면 물이 다시 채워진다는 사실은 목장이나 농장 경영자들에겐 위안이 되지 않는 이야기입니다.

생존을 위해 물의 순환에 의존하는 인간은 여러 면에서 이 순환에 영향을 끼칩니다. 우리는 농업용수를 얻기 위해 냇물의 물줄기를 바꿉니다. 인간이 쓰는 물 중 가장 큰 비중을 차지하는 것이 이 농업용수입니다. 우리는 또한 수력 발전을 위해 강에 댐을 쌓고, 물을 저장하거나 위락시설을 세우기 위해 인공호수를 만들기도 합니다. 그리고 흐르는 물을 이용하여 공장의 화학 폐기물이나 생활하수를 제거하기도 합니다.

아주 최근까지만 해도 인간은 물을 무한자원이라고 생각했습니다. 물을 오염시키는 것이 장기적으로 어떤 결과를 가져올지 별로 생각하지 않았던 것입니다. 물은 순환 과정에서 스스로를 정화하는 힘을 지니고 있기 때문에 이런 태도는 어느 정도 정당화될 수 있었습니다. 물은 증발 작용을 거쳐 비교적 단기간에 정화될 수 있습니다. 이렇게 정화된 물이 비로 내려 오래되고 오염된 물을 대체함에 따라 우리는 몇 년 안에 오염된 강, 수원지, 해안을 깨끗이 할 수도 있을 것입니다. 그러나 단기적으로는 해결이 불가능한 문제들이 있습니다. 오염된 지하수는 그 상태로 몇십 년씩 머물기도 하는데 지하수가 오염되면 인구 증가에 따라 날로 수요가 늘어나는 식수원이 줄어들게 됩니다. 이제는 과학자들뿐 아니라 정치인들도 인간이 지구의 물 순환에서 중요한 역할을 한다는 사실을 인식하게 되었습니다.

대기의 순환

대기의 순환이라고 하면 우리는 우선 세 가지를 떠올립니다. 기상은 다소 예측하기 어렵고 매년 같은 날 또는 같은 달의 '평균'과 반드시 일치하지는 않는 단기적 순환입니다. 좀 더 긴 순환은 지구가 태양 주위를 도는 것과 관련된 계절입니다. 우리는 종종 인간의 삶에 순서를 매기는 데 이 계절을 이용합니다. 가장 주기가 긴 순환은 기후입니다. 많은 과학자들이 인간의 활동으로 인해 지구의 기후가 비교적 빨리 변하는 시기로 들어서는 중이라고 생각하지만 어떤 지역의 기후는 훨씬 천천히 변화합니다. 그러나 정상적인 상황에서도 몇 세대만 지나면 겨울의 추운 정도가 달라지기도 하고 풍요롭던 농토가 사막이 되기도 하며, 습지가 단단한 땅으로 바뀌기도 합니다.

기상, 계절, 기후는 모두 지구를 둘러싼 기체의 층인 대기와 연관되어 있습니다. 대기 그 자체도 바다나 지각을 이루는 암석만큼 복잡합니다. 기상을 이해하려면 먼저 대기의 구성에 대해 알아야 합니다. 대기의 작용은 땅이나 바다의 작용과 비슷합니다. 맨틀층의 뜨거운 암석이나 바다의 파도와 마찬가지로 공기도 순환합니다. 또 대륙이나 바다에서와 마찬가지로 대기 안에도 온도나 압력이 각기 다른 층이 존재합니다.

대류권은 지표면 근처에 있는 따뜻한 공기층으로 이 층은 지상에서부터 약 12킬로미터까지이며 제트 여객기의 항로로 이용됩니다. 대류권은 에베레스트 산을 덮고도 남을 정도로 높아서 대부분의 구름이 이 안에서 형성되지만 엄청나게 큰 소나기 구름은 대류권 위까지 솟아오르기도 합니다. 대류권 위에는 성층권(50킬로미터까지), 중간권(지표에서 50~80킬로미터 사이에 위치함), 그리고 열권(약 80~450킬로미터 사이)이 있습니다. 이 모든 것들이 대기의 전반적 순환에 영향을 끼치고 있습니다.

대류와 기상

대륙 판을 움직이는 힘이기도 한 대류로 인해 지표면 근처의 기상 현상이 생겨납니다. 지표 가까이에 있는 대기권은 자전하는 지구를 둘러싸고 있으며 태양으로부터 에너지를 공급받는 거대한 대류 체계입니다. 태양 에너지의 대부분은 적도 부근에 도달하는데 그 열로 공기가 데워집니다. 따뜻한 공기는 하늘로 올라갑니다. 자전하지 않는 행성이라면 상승한 공기는 고기압류를 타고 적도에서 극지로 향하고 점차 차가워지면서 극지 근처에서 땅으로 내려오게 됩니다. 지표 근처의 공기는 극지에서 적도쪽으로 이동합니다. 북반구에서는 바람과 기상 변화가 보통 북쪽에서 시작됩니다.

　지구의 자전이 이 간단한 남-북 대류를 세 개의 커다란 동-서 대류로 확장시키기 때문에 공기의 대류 체계가 복잡해집니다. 북반구와 남반구의 온대 지역에서는 서에서 동으로 바람이 불어 편서풍을 형성합니다. 적도 지역에서는 반대로 동에서 서로 바람이 불어 편동풍을 형성합니다. 옛날에 범선들이 유럽에서 아메리카 대륙으로 항해할 수 있도록 도와준 대서양의 무역풍이 바로 이 편동풍입니다.

'무풍지대'라고 부르는 적도의 정체된 공기층은 북반구와 남반구의 편동풍대 사이에 형성되는 것입니다.

일기예보 용어

지구 위에서 일어나는 여러 가지 순환 중 가장 관심을 끄는 것은 지표에 가까운 대기층의 순환입니다. 라디오와 텔레비전은 주요 기상 요소를 관측하여 현재의 날씨와 앞으로의 날씨를 자주 보도하는데 그중 기온, 기압, 습도, 풍속, 풍향 등이 중점적으로 다뤄집니다. 예를 들어 체감온도나 불쾌지수 등의 용어는 두 개 이상의 기상 요소를 결합해서 날씨가 어떻게 느껴질지를 알려줍니다.

온도는 시간과 장소에 따라 복잡하게 변화합니다. 계절에 따라서만 기온이 상승했다 하락했다 하는 것이 아니라, 고도에 따라서도 기온의 차이가 발생합니다. 기상통보관들은 지표 근처의 기온을 보고하지만 강우 같은 기상 상태는 더 높은 층에 있는 공기의 온도에 영향을 받습니다.

기압은 대기의 무게인데, 이는 대기의 운동에 의해 시시각각 달라집니다. 공기가 전혀 움직이지 않는 행성이라면 기압은 전혀 변하지 않습니다. 그러나 우리 지구에서는 큰 공기 덩어리들이 거대한 순환 기류들을 형성하는데, 이 순환 기류들은 주변부에서는 공기를 모으고(고기압권), 중심부에서는 공기를 뿜어냅니다(저기압권).

습도는 %로 표시되는 상대적 용어입니다. 공기가 안개나 비를 만들지 않고 수증기를 보유할 수 있는 양은 매우 다양한데 이는 기온에 영향을 받습니다. 온도가 화씨 90도(섭씨 32.2도)인 날에 대기는 무게로 따져 물을 몇 퍼센트 정도는 보유할 수 있는 반면 뉴잉글랜드 지방의 겨울 공기는 그 절반 가량의 물도 지탱할 수 없습니다. 상대적 습도는 공기가 실제로 물을 얼마나 많이 품고 있느냐와 공기가 물을 얼마나 많이 흡수할 수 있느냐를 비교한 수치입니다. 상대적 습도가 높으면 땀이 제대로 증발하지 않아 불쾌감을 느끼게 됩니다. 기온이 떨어지면 공기가 물을 흡수할 수 있는 용량이 줄어들고 공기가 액화되어 작은 물방울이 생기는데 비교적 건조한 여름날에도 얼음이 들어 있는 컵 밖에 물방울이 맺히는 이유가 바로 이것입니다.

북아메리카 대륙의 풍속과 풍향은 여러 요인에 영향을 받는데, 일반적으로 서에서 동으로 흐르는 기류도 이들 요인으로 변할 수 있습니다. 이들 요인 중 중요한 것으로는 지형, 바다와 강, 호수의 위치 및 온도, 고·저기압의 분포 등이 있습니다. 요즘 텔레비전 일기예보에서는 컴퓨터 그래픽을 이용해 제트기류의 구불구불한 흐름을 보여주는 것이 유행입니다. 제트기류란 지상 13킬로미터의 고도에서 빠른 강물처럼 흐르는 기류를 말합니다. 제트기류는 온대 지역에서 차가운 북풍을 더 따뜻한 공기층과 갈라놓습니다. 보통 제트기류는 항상 서쪽에서 동쪽으로 흐르지만 강물처럼 구불구불하게 흐르며 매일매일 위치와 속도가 변하고 지표의 고저와 영향을 주고받습니다. 시속 150킬로미터가 넘는 빠른 속도로 인해 제트기류는 항공기 운항에 큰 영향을 끼치기도 합니다. 이 제트기류 때문에 뉴욕에서 캘리포니아로 가는 비행기는 보통 돌아올 때보다 한 시간이 더 걸리게 됩니다.

자연적으로 발생했거나 인공적인 여러 공해물질도 항상 일기예보에 등장합니다. 특히 봄과 여름에 널리 퍼지는 대기 중의 공해물질은 주어진 공기 중 입자의 숫자로 표시됩니다. 대부분 도시 지역의 일기

예보는 다양한 공해물질을 일컫는 스모그에 대해서도 이와 유사한 통계 수치를 제공하고 있습니다.

새로운 분야

지난 200년에 걸쳐 과학자들은 지구에서 진행되는 세 가지 순환, 그러니까 암석, 대기, 대양 등을 따로따로 연구해 왔습니다. 오늘날 과학자들은 지구를 하나의 시스템, 그러니까 내부에서 세 가지 순환이 서로 영향을 주고받는 존재라는 쪽으로 시각을 옮겨 가고 있습니다.

지구 내에서 일어나는 가장 놀랍고도 중요한 순환은 탄소의 순환입니다. 탄소는 모든 생명의 핵심 원소입니다('열쇠 15' 참조). 탄소는 세 개의 모든 순환에서 중요한 역할을 합니다. 퇴적암인 석회석, 변성암인 대리석, 그밖에 여러 가지 화성암에서 일어나는 암석의 순환에서 탄소는 중요한 원소입니다. 전 지구 차원의 기후 변화와 관련이 있다고 생각되는 온실 가스인 이산화탄소에서도 탄소는 중요한 위치를 차지하고 있어 대기의 순환에서도 큰 역할을 맡고 있습니다('열쇠 19' 참조). 또한 대양은 오늘날 이산화탄소의 중요한 저장고(아직 상세히 밝혀지지는 않았지만)로 알려져 있습니다.

탄소가 지구의 기후 및 생명에 매우 중요하기 때문에 과학자들은 탄소가 암석, 대기, 대양 사이에서 교환되는 복잡한 모습을 포착하는 데 대대적인 노력을 기울이고 있습니다. 여기서 한 가지 중요한 요소는 인간의 활동입니다. 석탄이나 석유 같은 화석 연료를 태우면 대기 중으로 이산화탄소가 방출됩니다. 이렇게 해서 생겨나는 이산화탄소의 양은 얼마나 될까요? 이 양을 줄일 방법을 찾을 수는 있을까요?

바다는 대기 중의 이산화탄소를 얼마나 빨리 흡수할까요? 바다가 탄소를 저장하는 데는 한계가 있을까요? 대기 중의 이산화탄소를 흡수하는 식물은 지구 전체의 탄소 균형에 어떤 식으로 영향을 끼칠까요?

최근까지 과학자들은 전 지구 차원의 탄소 순환을 연구하면서 지구의 표면을 분석하는 일에만 몰두해 왔지만 이제 인간은 땅속이나 바닷속 깊은 곳도 관계가 있다는 사실을 알고 있습니다. 석탄과 석유를 비롯하여 땅속 깊이 묻혀 있는 화석 연료의 존재는 수천 년 전부터 알려져 있었고 이들은 옛날 지구 표면에 있던 식물로부터 유래했다고 믿어져 왔습니다. 그러나 최근 나타난 증거를 보면 이들 중 일부는 지각보다 더 깊은 곳에 있는 맨틀 속에 있다가 맨틀이 갈라진 틈을 타고 올라온 것으로 보입니다. 또한 탄소를 많이 품고 있는 암석은 그 암석이 들어 있는 판이 다른 판 밑으로 들어가면서 맨틀 속으로 끌려 들어가기도 합니다. 지구 표면으로부터 몇 킬로미터나 떨어진 깊은 곳에 살면서 암석 속의 탄소를 처리하여 삶을 이어 가는 미생물이 발견되자 그림은 더욱 복잡해졌습니다. 탄소 순환 연구는 이렇게 해서 많은 화학자, 생물학자, 지구과학자들이 수십 년간 매달려야 할 연구 대상을 제공하고 있습니다.

열쇠 15

생명의 사다리

생명체의 기원과 세포

어느 무더운 여름날 오후에 언덕 위에 누워 있다고 상상해봅시다. 여러분 주위에는 지구의 물리적 요소들―돌, 하늘의 구름, 또 멀리는 강이나 호수 같은 것들―이 펼쳐져 있을 것입니다. 그러나 주변에는 다른 요소들도 많이 있습니다. 여러분 등 밑에 깔린 풀, 윙윙거리는 곤충, 하늘을 날아다니는 새, 그리고 여러분 자신도 지구를 둘러싼 거대한 생명 체계의 일부입니다. 이 체계는 땅 밑까지 뻗어 나가고 바다 깊이 내려가며 사막과 숲에도 영향을 끼칩니다. 그것은 우리에게 먹을 것을 공급하고, 숨 쉬는 공기를 제공하며, 우리가 생존할 수 있도록 해줍니다. 풀 잎사귀 하나로부터 기린에 이르기까지 그 종류가 다양함에도 불구하고 이 거대한 체계 안에 있는 모든 생명체들은 서로 연관되어 존재합니다.

이런 연관성을 보여주는 가장 놀라운 증거는 인체의 화학 작용에서 찾아볼 수 있습니다. 인체는 다른 모든 생명체와 같은 화합물로 이루어졌고, 같은 화학 반응을 거쳐 에너지를 얻으며, 같은 화학적 메커니즘을 이용합니다. 인간은 궁극적으로 살아 있는 지구의 일부인 것입니다.

생명 체계는 일종의 거대한 사다리를 이루고 있습니다. 생명체를 구성하는 기본 화합물에서 시작하여 한 단계 올라가면 조그만 세포가 되고, 다음 단계에서는 세포가 모여 기관이 되고, 기관에서 기관계로, 마침내는 독립된 유기체로까지 올라갑니다. 이 사다리의 중간 단계인 세포는 생명의 연결고리로서 이런 사실은 다음과 같이 요약할 수 있습니다.

"모든 생명체는 생명의 화학 공장인 세포에서 만들어진다."

세포는 그 자신이나 자신이 속해 있는 유기체의 생명 유지를 위해 주위에 있는 재료를 처리하여 완성품을 만드는 공장과 같습니다. 복합세포에서 재료는 수용체(선적 부두)에 모이고, 중앙 정보 체계(수뇌부)가 지휘하는 화학 반응을 거쳐 처리되고, 작업이 진행됨에 따라 각 작업실(일관 작업렬)로 운반되며, 끝에 가서는 처음의 수용체를 통해 더 큰 조직 또는 기관으로 들어갑니다. 세포는 전체가 기능을 발휘하기 위해 많은 부분이 바쁘게 협동해야 하는, 고도로 조직화된 장소라 할 수 있습니다.

생명을 이루는 분자

생명의 기본 단위와 구조

지구에 사는 생물체를 구성하는 다양한 분자들은 정확하고 질서
정연한 원자 배열에 의해 이루어져 있습니다. 이 분자들에는 두 가지
특징이 존재합니다. 첫째, 모든 분자는 몇 개의 작은 단위(모듈)로 되
어 있고, 둘째, 분자의 특성은 그 구조에 따라 달라집니다.

유기분자가 아무리 커지고 복잡해져도(사실 어떤 분자는 몇백만 개
의 원자로 이루어져 있습니다), 그 기본 구조는 몇 개의 기본 구성 요소
가 연결되어 있는 비교적 간단한 형태입니다. 시골의 오두막집에서
부터 엠파이어 스테이트 빌딩에 이르기까지 모든 건축물은 벽돌이나
창문 같은 기본 요소를 다르게 배열한 것에 불과합니다. 마찬가지로
구조가 간단한 포도당에서 복잡한 단백질에 이르기까지 모든 유기
분자는 간단한 기본 단위가 모인 것입니다. 유기분자에는 네 가지 기
본 형태가 있습니다. 각각의 형태는 서로 다른 구성 요소로 되어 있
고 만들어지는 과정도 다르지만 모듈 개념이라는 기본적 성질을 띠
는 점은 다 같습니다.

분자가 크고 복잡해짐에 따라 3차원 구조는 매우 중요해지며, 이
는 '열쇠 7'에서 언급한 무기질과 같은 비교적 간단한 화합물과는 비
교할 수 없을 정도입니다. 그러나 분자가 얼마나 커지고 복잡해지든
간에 그 분자는 더 작은 분자들을 묶는 화학 결합을 통해 다른 분자
와 상호작용을 합니다. 궁극적으로 이 결합은 서로 가까이 있는 원
자들에 들어 있는 전자의 상호작용에 의존하는 것입니다. 그러므로
복합분자 사이에 반응을 일으키기 위해서는 그 안에 있는 원자의 전

자가 상호작용할 수 있도록 서로 가까이 있어야 합니다. 이것은 마치 퍼즐을 끼워 맞추는 것처럼 두 복합분자의 구조가 정확히 맞아떨어져야만 가능한 것입니다.

두 분자의 상호작용을 땅 위에 아무렇게나 놓인 밧줄더미에 비교해봅시다. 결합을 이루고자 하는 원자를 매직테이프(Velcro)라고 해봅시다. 그리고 각 밧줄더미들에는 몇 군데씩 접착천이 붙어 있습니다. 여기서 마구잡이로 밧줄 두 개를 집어 올려 꼭 누른다고 붙는 것이 아닙니다. 또한 밧줄더미 위에 다른 밧줄더미를 던져 그것들이 서로 붙을 확률도 매우 낮습니다. 접착천이 있는 부분들이 서로 만나도록 밧줄을 배열해줘야 강한 결합이 이루어지는 것입니다.

밧줄더미가 서로 붙지 않는 경우는 여러 가지가 있습니다. 예를 들어 한 밧줄에서는 접착 부분이 더미 속 깊은 곳에 있을 수도 있습니다. 이 경우에 매직테이프가 맨 끝에 달려 있는 밧줄만이 결합에 성공할 수 있을 것입니다. 마찬가지로 복합분자들의 결합 여부는 서로 구조가 맞아떨어지는가에 달려 있습니다. 결국 이 분자들의 상호작용은 이들의 모습에 좌우되는 것입니다.

효소

효소는 다른 분자들이 서로 상호작용을 하도록 도와주는 매우 중요한 복합분자입니다. 이 결합 과정에서 효소 그 자체는 변하지 않습니다.(무기분자 사이에서 이런 반응을 촉진시켜주는 분자를 촉매라 합니다.) 일반적으로 효소들은 놀라울 정도로 역할이 '전문화'되어 있습니다. 하나의 효소는 두 가지의 특정한 분자만을 연결시켜주며 이 둘 외에 다른 분자들의 결합에는 전혀 개입하지 않습니다.

앞서 말한 밧줄더미 두 개를 모든 매직테이프가 서로 만나도록 꼰다면 이때 우리는 효소의 역할을 한 것입니다. 한 손으로 밧줄 하나를 잡고 또 다른 손으로 다른 밧줄을 잡아 접착력이 있는 매직테이프들이 서로 마주보게 한 뒤 꼽니다. 두 줄이 붙으면 우리는 다른 밧줄들을 연결하기 위해 옮겨 가지만, 방금 꼬는 작업을 했다고 해서 우리 자신이 변한 것은 아닙니다.

이런 방식으로 효소는 특정한 두 개의 분자를 서로 접근시키고 분자 속의 원자들을 결합시킵니다. 그 작업이 끝나면 자신은 변하지 않은 채 같은 일을 반복하기 위해 다른 곳으로 옮겨 갑니다. 인체의 세포 하나하나에서 지속되는 수천 가지 화학 반응에는 각 반응마다 거기 해당하는 효소의 작용이 필요합니다.

탄소의 역할

큰 분자가 만들어지려면 결합되기 쉬운 원자들이 풍부하게 있어야 합니다. 가장 바깥 궤도에 네 개의 전자가 들어 있는 탄소 원자가 이러한 특성을 지니고 있습니다. 또한 탄소 원자에는 더 중요한 성질이 있는데, 다른 탄소 원자들과 공유 결합을 할 수 있다는 것입니다. 탄소 원자는 서로 결합하여 긴 사슬을 이루고 그 안에 있는 원자 하나하나에 속한 전자는 자유롭게 '고리' 역할을 하여 다른 원자와도 공유 결합을 할 수 있습니다. 탄소 원자의 이런 성질 때문에 탄소는 생명체의 모든 분자 안에 존재하고, 또 그렇기 때문에 지구상의 생명 현상은 탄소에 기초하고 있다고 할 수 있습니다. 어떻게 생각하면 유기분자의 결합 형태 중 가장 많은 것이 공유 결합이기 때문에 공유 결합에 기초한다고도 말할 수 있습니다.

탄소 원자 외에도 유기분자는 흔히 수소, 질소, 산소, 인, 황 원자 다섯 개를 포함합니다.(이 여섯 가지의 원소 기호를 한데 붙여 만든 단어인 CHNOPS를 외우면 쉽게 기억할 수 있습니다.) 이 여섯 가지 원자를 가지고 유기분자를 창조하는 데 필요한 기본 분자를 만들 수 있습니다. 그러므로 원자 수준에서 보면 지구상의 생명체들이 보여주는 다양함의 밑바닥에는 매우 단순한 기초가 존재함을 알 수 있습니다.

생명의 네 가지 분자

세포가 작용하는 데는 다음 네 가지 분자가 필수입니다.

• 핵산 : 분자들(DNA 또는 RNA)은 세포의 화학 공장을 가동하는 청사진을 담고 있으며, 유전정보를 한 세대에서 다음 세대로 전달하는 매체 역할을 하기도 합니다. 생물학에서 핵산은 독특한 위치를 차지하고 있으므로 다음 장에서 별도로 다루겠습니다.

• 단백질 : 단백질은 세포 안의 일을 도맡아 합니다. 우리가 흔히 아는 생명체 구조 안에서 단백질의 역할(예를 들어 머리카락과 손톱은 모두 단백질로 만들어집니다) 외에도, 단백질은 세포 내의 화학 반응을 일으키는 거의 모든 효소의 구성 성분입니다. 이 단백질이 없다면 생명 현상은 불가능할 것입니다.

단백질은 아미노산이라 불리는 작은 분자로 된 기본 단위가 수백에서 수천 개씩 모여 이루어진 것입니다. 아미노산의 기본 구조를 보면 한쪽에는 수소와 질소 원자가 있고, 다른 쪽에는 탄소, 수소 원자가 있으며 또 그림에서 보는 것처럼 R로 표시된 그룹이 있습니다. 이

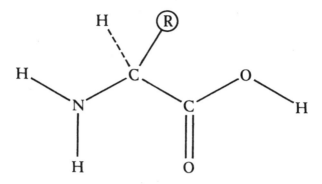

아미노산은 긴 사슬 모양으로 결합하여 단백질을 이룬다. 'R' 위치에 어떤 원자 그룹이 붙느냐에 따라 20가지의 서로 다른 아미노산이 생기는데 이들이 흔히 볼 수 있는 단백질을 구성한다.

그룹이 될 수 있는 것은 수백 가지에 달하며, 이것이 어떤 분자들로 이루어졌느냐에 따라 아미노산의 특성이 결정됩니다.

아미노산은 한 분자 끝에 있는 H가 다른 분자 끝에 있는 OH와 결합하여 물(H_2O)이 만들어지면서 생깁니다. 이 결합 방식은 두 개의 분자가 서로 결합하면서 물 한 방울을 짜내는 것이라고 생각하면 됩니다. 일단 두 개의 아미노산이 이런 식으로 결합하면 거기에 세 번째, 네 번째, 다섯 번째 아미노산도 결합할 수 있게 됩니다. 이런 사슬 모양의 아미노산들은 그 구조에 따라 저마다 다른 단백질 분자가 됩니다. 단백질 분자는 아미노산 수십 개(인슐린의 기본 구성 요소는 이렇게 크기가 작은 단백질의 좋은 예입니다)로부터 수십만 개의 아미노산이 고리를 형성하고 있는 것에 이르기까지 매우 다양합니다.

일단 형성된 아미노산 고리는 여러 가지 형태로 나타납니다. 머리카락에서 볼 수 있는 것처럼 나선형으로 꼬이기도 하고, 근육을 고정시켜주는 힘줄처럼 서로 감싸는 모습도 됩니다. 아주 긴 단백질은 사슬의 어떤 부분에서 구조를 달리할 수도 있습니다. 이른바 2차 구조가 사슬에 생기면 큰 단백질도 복잡하고 불확정한 구체 형태로 포개어집니다. 포개진 복합 단백질은 표면에 돌기와 팬 부분이 많기 때문에 세포 내에서 효소로 쓰이기에 안성맞춤입니다. 세포 내 화학 반응의 원료로 쓰이는 작은 분자들은 이런 단백질의 표면에 꼭 들어맞는 것들입니다. 생명체의 단백질 구조에 대해 아직 풀리지 않은 한 가지 의문은 진화를 설명하는 데 큰 의미를 지닙니다. 그 의문은 수백 가지의 아미노산이 존재할 수 있지만 지구상의 생명체가 지닌 단백질에서 실제로 찾아볼 수 있는 아미노산은 20가지뿐이라는 것입니다.

• **탄수화물** : 단백질이 세포 화학 공장을 감독한다면 탄수화물은 각 공장에 연료를 공급하는 역할을 합니다. 탄수화물의 기본 단위는 20여 개의 탄소, 산소, 수소 원자로 이루어진 작은 고리형 분자인 당(糖)입니다. 당의 종류는 정맥 주사의 원료인 포도당, 과일에 많이 들어 있는 과당, 포도당과 과당이 결합하여 생긴 자당이 있는데 이 자당은 보통 설탕이라고 불립니다.

아미노산과 같이 당도 한 고리의 H와 다른 고리의 OH가 결합하면서 '물을 짜내어' 두 고리를 연결합니다. 또 단백질과 마찬가지로 이 간단한 단위들이 무한히 연결되어 긴 사슬을 만들 수 있습니다. 이렇게 머리와 꼬리가 포개진 포도당 분자의 사슬은 녹말과 섬유소가 되는데 이 두 가지는 포개진 형태만 약간 다릅니다. 이 두 가지 고분자 화합물은 생물체에 매우 중요합니다. 녹말은 세포에 에너지를 보관하며, 섬유소는 식물의 줄기를 꼿꼿이 세우는 주요 조직입니다.

여러분이 입는 면 셔츠, 운동을 더 잘할 수 있게 해주는 근육의 녹말, 아침에 마시는 커피에 타는 설탕까지, 이 모두가 같은 구성 요소로 이루어졌다는 것은 단순한 구조의 유기분자로부터 다양한 물질이 만들어지는 것을 보여주는 좋은 예입니다.

• **지질** : 지질이란 물에 용해되지 않는 모든 유기분자를 포함한 분자를 통칭합니다. 지질은 국 위에 둥둥 떠다니는 기름방울이라 생각하면 됩니다. 어떤 지질 분자의 구조를 보면 긴 사슬의 한 끝은 물을 끌어당기고 다른 끝은 밀어내도록 되어 있습니다. 지질은 생명체 내에서 다양한 역할을 합니다. 특히 에너지를 저장하는 데 매우 효과적입니다. 언젠가는 빼고 말겠다고 벼르고 있는 두터운 허리 살은 지질이 주성분입니다. 그러나 지질은 더 중요한 역할을 합니다. 지질은 물에 녹지 않기 때문에, 세포를 외부 환경과 차단해주는 세포막과 세포 안의 내용물들을 서로 분리하는 막의 원료로 이상적입니다.

지질의 특성 중 하나는 지질 분자 안의 탄소와 수소 원자가 결합하는 방식에서 비롯됩니다. 모든 탄소와 탄소가 단일결합으로 이루어지고 각각의 탄소에 두 개의 수소 원자가 붙어 있는 경우를 '포화'라고 합니다. 단일결합이란 두 원자 사이에 한 쌍의 전자를 공유하는 결합을 말합니다. 한편, 탄소들 사이에 이중결합이 있고, 수소 원자의 자리가 비어 있는 경우를 불포화라고 부릅니다. 이중결합은 두 원자 사이에 두 쌍의 전자를 공유하여 만들어진 결합을 말합니다. 일반적으로 동물 지질은 '포화'이고 올리브유 같은 식물성 지질은 '불포화'입니다. 여러 가지 건강 문제는 포화 지방의 과다 섭취 때문인 경우가 많습니다. 이럴 경우 혈관 벽에 해로운 물질이 들러붙을 위험이 커지기 때문입니다.

세포, 생명의 화학 공장

세포는 생명의 기본 단위입니다. 지구상에는 하나의 세포로 이루어진 생물이 많이 있습니다. 나머지는 다세포 생물인데, 예를 들어 인체에는 약 100조 개의 세포가 있습니다. 세포는 크기와 모양이 다양합니다. 가장 큰 세포(타조알의 노른자)는 웬만한 동물보다도 크고, 박테리아처럼 작은 세포는 가장 성능이 좋은 현미경으로도 보일까 말까 하는 정도입니다. 대부분의 세포는 직경이 약 4천분의 1센티미터(0.000254센티미터) 정도인데, 이것은 화재가 났을 때 하늘을 덮는 연기의 입자보다 작은 크기입니다.

세포는 두 가지 중요한 기능을 수행합니다. 생명을 유지하는 데 필요한 복잡한 화학 반응의 장소를 제공하고, 자신이 죽은 다음에도 자신이 속해 있는 유기체가 계속 살아갈 수 있도록 스스로를 복제합니다. 이 장에서 우리는 화학 공장 역할을 하는 세포에 초점을 맞출 것이고 다음 장에서는 세포 복제를 다루겠습니다.

보통의 공장과 마찬가지로 각 세포에는 필수적인 시스템이 몇 가지 있습니다. 먼저 정보를 저장하고 현장에서 진행 중인 작업에 필요한 지시를 내리는 사령부가 있어야 합니다. 또 여러 가지 작업이 수행되는 장소를 구분하기 위한 벽과 칸막이를 쌓기 위해 벽돌과 모르타르가 필요합니다. 세포의 생산 체계에는 완제품을 생산하는 여러 기계뿐만 아니라 원료와 완제품을 이곳저곳으로 운반하는 수송망도 있어야 하고, 마지막으로 기계를 작동시키는 데 필요한 에너지 생산 시설이 필요합니다.

사령부

인체 내의 각 세포에서 사령부 역할을 하는 것은 핵입니다. 이중막으로 둘러싸여 세포의 다른 구성물과 차단되어 있는 핵은 핵산 DNA를 정리하고 보관합니다. DNA는 일종의 작업 지침서와 같습니다. DNA 지침서 그 자체는 일을 하지 못하지만 세포가 기능을 수행하게 해주는 정보를 보유하고 있습니다.

원시 세포에는 핵이 없고 세포질 안에 DNA 정보가 흩어져 있습니다. 이러한 세포를 원핵 세포라고 부릅니다. 인간과 같은 다세포 생물을 이루는 진화된 세포는 DNA를 핵 안에 별도로 보관합니다. 이런 세포를 진핵 세포라고 부릅니다.

벽돌과 모르타르

세포 공장에는 벽, 칸막이, 하역 시설 등이 있습니다. 세포막이 모든 내·외벽 역할을 하는데, 전형적인 세포막은 두 겹으로 배열된 지질 분자들로 구성되어 있습니다. 이 지방층은 각 층의 물을 밀어내는

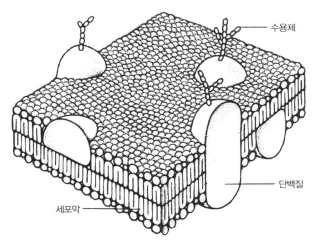

일반적으로 세포막은 두 겹의 지방 분자로 이루어져 있고 큰 단백질 분자들이 여기
저기 흩어져 수용체 역할을 한다.

수용체

단백질

세포막

쪽이 서로 마주보고 있고 물을 끌어당기는 쪽이 바깥을 향하는 구조
입니다.

　세포막 표면에는 여기저기에 큰 단백질과 탄수화물 분자가 있습
니다. 이 분자들은 복잡한 3차원 구조를 이루고 있으며 특수한 목적
으로 설계된 하역 시설의 역할을 합니다. 수용체는 외부에 있는 특정
분자하고만 결합합니다. 수용체가 특정 분자(당이나 아미노산)를 '알
아보면' 그것과 결합하는 것입니다. 결합이 이루어지면 외부의 분자
가 세포 내부로 흡수됩니다. 세포 안으로 흡수된 분자는 소낭이라는
작은 막으로 둘러싸이게 됩니다. 소낭은 물질을 세포 안에서 여기저
기로 옮기는 수송 수단입니다. 세포 안에 있는 소낭이 세포벽으로 접
근하여 거기에 붙어서 세포벽 밖으로 물질을 방출하는 반대 과정은
세포가 물질을 외부로 반환하는 방법입니다.

이 하역 시설은 간혹 속임수에 넘어가는데 이로 인해 비극적 결과가 초래되기도 합니다. 예를 들어 AIDS(후천성 면역 결핍증)를 일으키는 바이러스는 공교롭게도 인간의 백혈구 막에 있는 수용체에 딱 들어맞습니다. 일단 인체 내로 들어온 바이러스는 세포 안으로 침입하여 백혈구를 죽이는데 그 과정에서 인간의 면역 체계가 파괴됩니다.

세포막이 외부 물질을 흡수한다는 사실이 핵의 존재와 세포 내 다른 조직들의 존재를 설명해준다고 여겨지고 있습니다. 과학자들은 생명 역사의 초기에 모든 세포는 핵이 없는 원핵 세포였다고 생각하고 있습니다. 그런데 어떤 시점에 한 세포가 다른 세포를 삼켜 새로운 공생 체계가 형성되었다는 것입니다. 핵이나 세포 안의 다른 구성물을 둘러싸는 이중막이 그 증거라 할 수 있습니다. 빨려 들어간 세포는 자신을 흡입한 세포막 외에 자신의 막도 지니고 있었습니다. 많은 생물학자들은 진핵 세포는 각각 저마다의 역할이 있는 단순 세포

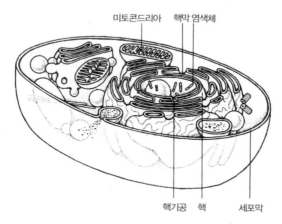

모든 생명체는 한 개 또는 그 이상의 세포로 되어 있다. 각 세포의 내부 구조는 매우 복잡하며 작은 화학 공장이라 할 수 있는 오르가넬이 많이 존재한다.

군이 진화한 것이라고 생각하고 있습니다.

생산 체계

화학 반응이 진행되는 생산 현장은 막에 의해 세포 내의 다른 물질과 분리되어 있습니다. 이 구조와 세포 내의 조직들은 세포소기관(organelle, 오르가넬)이라고 불립니다.

각 오르가넬은 특정한 화학적 기능을 갖추고 있습니다. 어떤 것은 세포에 에너지를 공급하고, 어떤 것은 영양분을 구성하는 분자들을 소화합니다. 또 어떤 것은 세포의 활동에 필요한 단백질을 생산하고, 어떤 것은 세포 내의 다른 곳에서 만들어진 분자에 대해 마무리 작업을 하며, 어떤 것은 단백질 조립 작업을 할 수 있는 안정된 작업대 역할을 합니다. 이 모든 기능이 세포 안 곳곳에서 항상 수행되고 있는 것입니다.

각각의 오르가넬은 저마다의 수용체를 충분히 보유하고 있습니다. 물질은 소낭에 싸여 오르가넬의 경계를 넘어 세포 안의 한 곳에서 다른 곳으로 옮겨집니다. 세포의 모든 부분을 연결하는 복잡한 그물 모양의 가는 섬유가 세포의 수송 체계에서 고속도로 역할을 해줍니다. 원료와 완제품을 실은 수천 개의 소낭들은 이 섬유를 타고 세포 구석구석으로 쉴 새 없이 움직입니다. 소낭막의 유기분자들은 세포막의 수용체 분자에 꼭 맞기 때문에 물건이 제 주소를 찾지 못하는 일은 없습니다.

동력 장치

다른 모든 공장처럼 세포 공장도 일을 하려면 에너지가 필요합니다. 진화 과정에서 두 종류의 세포 동력 장치가 발달해 왔습니다. 어떤 세포는 태양 에너지를 직접 흡수하고, 어떤 세포들은 에너지를 저장하는 유기체를 먹음으로써 에너지를 모읍니다. 식물이 첫 번째 방법을 쓰고 동물은 두 번째 방법을 쓰는데 두 생물의 세포 구조가 이 차이를 잘 보여줍니다.

식물은 태양빛을 받아 광합성을 통해 에너지를 직접 만듭니다. 이 과정에서 엽록소나 관련 색소들이 태양으로부터 광자를 흡수합니다. 광자의 에너지는 화학 에너지로 전환되고, 식물은 이 화학 에너지를 성장과 생식에 사용합니다. 이 복잡한 화학 반응에서 세포 외부에 있는 이산화탄소와 물이 포도당(혹은 다른 탄수화물)과 산소로 전환되는 것입니다. 결국 광합성은 공기 중에서 이산화탄소를 흡수하여 세포가 필요로 하는 에너지를 지닌 당 분자를 생산하고 폐기물로 산소를 방출하는 과정입니다.

동물은 식물과는 달리 태양 에너지를 당 분자로 직접 전환할 수 없기 때문에 식물을 먹거나 식물을 먹은 동물을 먹음으로써 에너지를 얻습니다. 우리가 먹는 음식에는 분자 간의 결합이라는 형태로 에너지가 저장되어 있습니다. 음식이 분해되면 세포로 옮겨지고, 그곳에서 호흡 과정을 거쳐 에너지가 방출됩니다. 호흡은 느린 연소라고 생각하면 됩니다. 호흡을 통해 포도당 같은 분자가 산소와 결합하고 그 과정에서 분자 간 결합에 저장돼 있던 에너지가 방출됩니다. 폐기물은 우리가 숨을 내쉴 때 나오는 이산화탄소입니다.

광합성과 호흡은 상호 보완적입니다. 우리가 숨을 쉬면서 내뿜는 이산화탄소는 식물이 포도당을 만드는 데 쓰이고, 식물이 방출하는 산소는 동물의 호흡에 필수적입니다. 식물과 동물 사이의 이런 순환은 지구 생태계의 중요한 특성이기도 합니다.

가장 단순한 단세포 생물은 산소를 필요로 하지 않고 더 원시적이며 비효율적인 방법인 발효를 통해 에너지를 얻습니다. 쓰레기더미를 부식토로 전환시키는 혐기성 박테리아, 그리고 포도주스를 포도주로 만드는 이스트가 이 방법에 의존합니다. 원시지구의 대기에는 산소가 없었기 때문에 당시 모든 생물들은 발효에 의해 에너지를 만들었을 것으로 추정됩니다.

핵을 지닌 더 진화된 세포는 더욱 효율적인 에너지 생산 과정인 호흡에 주로 의존하고 발효는 보조적으로만 이용합니다. 예를 들어 근육을 무리하게 움직이면 산소가 부족해지고 세포는 발효를 시작합니다. 인간의 경우 발효의 산물은 락트산입니다. 이 락트산이 쌓이면 다음날 아침 근육에 통증을 느끼게 됩니다.

세포의 에너지는 작은 소시지 모양의 미토콘드리아에서 만들어집니다. 음식물에서 부분적으로 소화된 이산화탄소, 지방, 단백질은 미토콘드리아로 보내지며, 그곳에서 세포를 움직일 에너지를 생산하기 위해 '연소'됩니다. 보통 세포 하나에는 수백 개의 미토콘드리아가 들어 있습니다.

미토콘드리아에서 포도당이나 다른 연료로 만들어진 에너지는 그곳에서 즉시 소비되는 것이 아닙니다. 그렇기 때문에 생산된 곳에서 사용될 곳으로 에너지를 수송할 방법이 있어야 합니다. 세포는 이 일을 하기 위해 에너지 수송을 담당하는 여러 가지 분자들을 이용합니다. 이 분자들의 역할은 경제의 원활한 순환을 돕는 통화와 같습니다. 그들은 한 곳에서 어떤 시점에 만들어진 에너지를 다른 곳에서 다른 시점에 '현금으로 바꿔' 세포의 활동을 가능케 해줍니다.

'에너지 동전' 분자들은 모두 같은 방식으로 일을 합니다. 세포는 전자나 원자들을 에너지를 필요로 하는 곳의 분자와 결합시킵니다. 그러고 나면 그 분자는 다른 곳으로 옮겨 가 전자나 원자들을 풀어놓아 저장된 에너지를 방출시킵니다. 대부분의 세포는 비교적 적은 양의 에너지를 운반할 때는 ATP(아데노신 3인산)라 불리는 분자를 사용하고, 필요에 따라 많은 양의 에너지를 운반할 때는 다른 여러 분자를 사용합니다.

이처럼 세포는 수천 개의 부분으로 이루어진 활동적이고 분주한 곳으로서 각 부분은 전체의 일을 돕기 위해 저마다 화학적 기능을 수행합니다.

흑곰과 백곰은 왜 같은 종이 아닐까?

학교에서 생물을 배울 때 여러분은 아마 생물 이름과 그 생물 각 부분의 이름을 외우는 데 많은 시간을 보냈을 것입니다. 이 책은 이름에 별로 관심을 두지 않습니다. 자세한 학명이 개별 동물이나 식물을 설명하는 데는 꼭 필요할지 모르지만, 생물학의 일반 원리에 대해 가르쳐주는 것도 거의 없고 공개 토론이나 뉴스의 주제가 될 가능성도 희박하기 때문입니다. 생물에 이름을 지어주는 분류학은 과학에서는 중요하지만 과학적 문맹을 벗어나는 데 필수 요소는 아닙니다.

생명체는 단세포일 수도 있고 다세포일 수도 있습니다. 단세포 생물의 경우 에너지 생산이나 화학 반응은 모두 그 세포 안에서 이루어져야 합니다. 그러나 인간과 같이 복잡한 유기체의 경우에는 세포가 분화되고 작업도 나누어집니다. 세포가 모여 기관이 되고, 기관이 모여 기관계가 되는 것입니다. 예를 들어 인간의 소화계에는 1조 개의 세포가 있습니다. 각 세포에는 화학 공장이 있고 이들에게는 저마다의 역할이 있어서 음식물을 흡수하여 몸 전체에서 소비될 원료로 전환시킵니다. 이런 기관계들이 모여 완전한 하나의 개체가 됩니다.

18세기와 19세기에는 놀랍도록 다양한 생명체들을 정돈하고 그 목록을 작성하는 방법을 찾는 것이 생물학의 주요 과제였습니다. 오늘날 쓰이는 분류 방법은 스웨덴의 위대한 식물학자 칼 폰 린네(Carl von Linné, 1707~1778)가 처음 제안한 명명법에서 발달한 것입니다. 린네의 방법에서는 한 종의 이름을 지을 때 먼저 주된 가지를 결정합니다. 거기서 옆 가지가 나오고, 또 그 옆 가지로부터 반복해서 작은 옆 가지가 돋아 마침내 가장 끝에 있는 작은 가지에 어떤 유기체가 자리를 잡습니다.

가끔 화석이 발견되면 어떤 계통이 재분류되기도 하지만, 생물을 분류하는 작업은 생물학에서 이제 주된 분야가 아닙니다. 의학을 제외하면 하나의 생명체나 그 내부 기관은 현대 생물학에서 주요 연구 대상이 되지 않습니다. 오늘날에는 주로 세포와 그 구조, 그리고 세포를 이루는 분자에 대한 연구가 활발히 이루어지고 있습니다.

다섯 개의 계

지난 4반세기 동안 생물 분류 체계는 일종의 혁명을 겪었습니다. 많은 생물학자들은(생물학 교과서도) 여전히 생명체의 겉모습에 바탕을 둔 분류 방식에 의존합니다. 그에 따라 모든 생명체를 다섯 개의 계로 나누는 방식이 탄생했습니다. 이 다섯 가지는 식물, 동물, 곰팡이, 핵이 있는 단세포 생물(원생 생물), 핵이 없는 단세포 생물(원핵 생

물) 등입니다.

　각 계는 다시 분류되어 문, 강, 목, 과, 속, 종 등의 점점 작은 가지로 나누어집니다. 인간은 동물계, 척삭 동물문(척수를 가진 동물), 척수 동물 아문(척추가 있는 척삭 동물), 포유강(새끼에게 젖을 먹이는 척추 동물), 영장목(독립된 엄지와 큰 뇌가 있는 포유 동물), 호미니드과(직립보행을 하고 특수한 골격을 갖춘 영장류)에 속합니다. 호모속(genus Homo)과 사피엔스종(species sapiens)을 뺀 모든 호미니드과의 생물은 멸종했습니다. 명명법에서는 큰 가지로 가면 갈수록 더 많은 생물이 포함됩니다. 토끼는 포유 동물이지만 영장류는 아니고, 물고기는 척추 동물이지만 포유 동물은 아닙니다.

　이 분류법의 맨 끝에는 종이 있는데, 생물학자들은 이것을 상호교배를 하는 단일 생물군으로 정의합니다. 예를 들어 모든 인간은 상호교배를 하기 때문에 모두 같은 종에 속한다고 할 수 있습니다. 반면 북극곰과 아메리카흑곰은 모두 우르수스속에 속하지만 상호교배를 하지 않기 때문에 서로 다른 종에 속합니다. 우리는 흔히 생물을 이야기할 때 라틴어로 된 속명과 종명으로 부릅니다. 예를 들어 어떤 공룡의 학명은 티라노사우루스 렉스(Tyrannosaurus rex)이며, 인간의 가장 좋은 친구인 개의 학명은 카니스 파밀리아리스(Canis familiaris)인데 여기서 카니스(Canis)가 속명이고 파밀리아리스(familiaris)가 종명입니다. 여기서 단세포 생물로만 이루어진 계가 두 개 있다는 점이 눈에 띕니다. 몇 가지 단세포 생물이 이 그림과 어떻게 맞아떨어지는지를 보겠습니다.

원핵 생물의 한 문에 속하는 박테리아는 그 모양에 따라 구균(공 모양)과 간상균(막대 모양)으로 분류됩니다. 이들은 매독, 결핵, 콜레라와 같은 병을 일으키는 반면, 항생제 생산에도 한몫을 합니다. 혐기성 박테리아는 발효를 통해 에너지를 얻으므로 산소 없이도 살아갑니다. 이들은 지구 유기물 쓰레기의 대부분을 분해하는 역할을 합니다.

플랑크톤은 물 위에 떠 있는 모든 미생물을 통틀어 일컫는 말입니다. 가장 흔한 플랑크톤은 일반적으로 청녹조류라 불리는 박테리아인데, 이들은 지구상의 산소 대부분을 생산합니다. 우리가 잘 아는 아메바는 단지 무정형의 생물 덩어리가 아니라 핵과 복잡한 내부 구조를 갖춘 단세포 생물입니다. 이들은 움직이기도 하고 음식물도 빨아들이므로 고등학교 생물 실험 시간에는 인기 있는 실험 대상이 되곤 합니다.

생명의 세 가지 영역

오늘날 널리 쓰이는 오계 분류법은 생명체의 겉모습에 주로 의지하고 있습니다. 아메바, 버섯, 단풍나무, 사람이 서로 크게 다른 모습을 하고 있는 세상에서 이는 당연한 일이겠죠. 그러나 생명의 화학적 배경이 계속해서 밝혀지면서 이렇게 판이하게 생긴 생명체들이 생화학적 차원에서는 놀랍도록 비슷하다는 사실도 밝혀지고 있습니다. 반면에 핵이 없는 세포들은 현미경으로 보면 단순하고 서로 비슷해 보이지만 화학적 차원에서는 크게 다르다는 사실이 드러나는 경우도 많습니다.

이렇게 되자 과학자들은 전적으로 생명체 사이의 화학적 차이에만 바탕을 둔 대안을 들고 나왔습니다. 미국 일리노이대학의 미생물학자인 칼 워즈(Carl Woese)가 생명에 대해 새로운 견해를 내놓았습니다. 워즈는 분자유전학의 기법을 활용하여 여러 가지 세포를 비교하는 과정에서 고세균(古細菌, Archaea)이라고 불리는 단세포 생물의 대규모 집단을 발견했습니다. 이들은 산성이 강한 뜨거운 물이 솟아나는 곳, 북극의 얼음판, 지표면에서부터 몇 킬로미터 깊이에 있는 암석 등 극한의 환경에서 번성하는 생명체들입니다. 이들은 세포를 가진 다른 모든 생명체와는 분명히 다릅니다. 고세균은 나름의 뚜렷한 특성과 다양성을 드러내는 생화학적 과정에 따라 생존합니다. 고세균의 독특한 유전자 구성에서 이러한 차이를 발견한 워즈는 생명체를 세 개의 서로 다른 영역으로 나눌 수 있다는 생각에 이르렀습니다.

이 새로운 견해는 이제 널리 받아들여지고 있으며, 이 견해에 따르면 기존의 원핵 생물계는 고세균과 박테리아로 세분되어야 합니다. 이들 둘은 핵이 없는 단세포 생물이지만 화학적으로 분명히 다릅니다. 워즈의 새로운 분류법에서 세 번째 집단은 진핵 생물입니다. 핵이 있는 세포로 이루어진 모든 생명체, 그러니까 다세포 생물계인 식물, 동물, 곰팡이, 그리고 단세포 생물인 원생 생물을 모두 포괄합니다. 이 세 가지 영역에 따른 분류법을 보면 곰팡이, 식물, 동물, 아메바는 고세균 및 박테리아와 비교해볼 때 화학적·유전적으로 자기들끼리 매우 닮아 있습니다.

이제까지 생물을 분류하는 두 가지의 큰 틀을 설명했는데, 둘 중 하나가 "옳다"라고 말할 수는 없다는 사실을 덧붙여 둡니다. 어느 분류법을 택하느냐는 어떤 연구를 하느냐에 달려 있습니다. 종에 기반을 둔 재래식 분류법은 숲의 생태계를 연구하는 사람에게 적합할 것이고 RNA에 기반을 둔 방식은 뜨거운 물이 솟아나는 곳에서 사는 미생물을 연구하는 사람에게 적합할 것입니다.

새로운 분야

단백질 구조

단백질 분자(효소)가 어떻게 화학 반응을 일으키는지를 이해하는 데는 그 분자의 3차원 구조가 열쇠가 됩니다. 효소 표면의 돌기와 골짜기는 다른 화학 성분을 끌어들여 결합하도록 해줍니다. 각각의 효소는 주로 탄소, 질소, 수소 등 수천 개의 원자가 정확한 순서에 따라 배열된 것입니다. 단백질 결정학자(crystalographer)들은 생명의 화학적 기반을 이해하게 되리라는 희망을 품고서 단백질 안에 있는 모든 원자들의 위치를 밝히는 데 많은 시간을 들입니다. 단백질 구조를 알아내기란 결코 쉬운 일이 아닙니다. 작은 단백질 분자 하나의 구조를 밝혀내는 데 몇 년씩 걸릴 수도 있습니다.

우리는 이미 헤모글로빈, 클로로필, 인슐린 같은 중요한 분자들의 구조를 밝혀냈습니다. 하지만 생명체에는 수천 개의 복합단백질 구조가 있으며 앞으로 수십 년 동안 단백질 결정학은 단백질 접힘(protein folding)에 관한 첨단 컴퓨터 모델링 기법과 결합하여 중요한 연구 분야로 남아 있을 것입니다.

신경생물학

동물의 신경계는 간단한 전기 회로가 아닙니다. 신경세포 끝에 신호가 닿으면 그 세포는 다음 세포가 신호를 감지하도록 여러 가지 분자를 내뿜습니다. 그러므로 신경 자극의 전달 과정은 전기적 현상일 뿐만 아니라 복잡한 화학적 현상이기도 합니다. 학자들은 신경계를 더 잘 이해하려고 대대적인 연구를 펼치고 있으며 하나하나의 신경과 그 연결점이 어떻게 해서 대규모 현상인 행동이나 학습으로 이어지는가를 알아보려 합니다. 신경생물학(neurobiology)의 궁극적 목표는 인간의 뇌가 어떻게 움직이는가를 이해하는 것입니다. 중추신경계 질환인 파킨슨병의 원인을 밝히는 것에서부터 인간이 어떻게 과거를 기억할 수 있는지, 또 도박이나 알코올 중독은 왜 일어나는지를 밝히는 것도 신경생물학의 연구 중 하나입니다.

면역학

다른 모든 척추 동물과 마찬가지로 인간에게는 외부의 세포와 분자로부터 인체를 보호하는 면역 체계가 있습니다. 인체의 면역 체계는 주로 다섯 가지의 백혈구로 이루어져 있고 각 백혈구에는 저마다의 역할이 있습니다. 이들 중 하나인 B세포는 항체를 생산합니다. 이 항체는 Y자 모양의 분자로 Y자의 가지 중 두 개는 침입한 물질 중 특정한 분자에 들어맞습니다. 이렇게 해서 항체는 적의 덜미를 잡는 것입니다. 남은 가지 하나는 면역 체계를 자극하여 항체 자신과 적을 모두 파괴하도록 합니다. 면역 체계는 이런 방식으로 독소나 박테리아 같은 침입자에게 대항하고 있습니다.

또 다른 백혈구인 T세포에는 침입자의 세포 표면에 있는 분자를 인식하는 수용체가 있습니다. 이를 통해 T세포는 적 세포와 결합하여 그것을 파괴합니다. 이런 방식으로 인체는 암이나 바이러스에 의해 변형된 세포들과 기타 침입자를 제거합니다. 어떤 T세포는 면역 체계의 활동을 감독하는 역할을 합니다. 또 어떤 세포들은 처음 보는 침입자가 들어오면 그에 대항하는 항체가 만들어지도록 합니다. 우리가 홍역에 면역이 생기는 것도 이런 방식 때문입니다. 반면 어떤 백혈구는 면역 체계의 행동을 억제합니다.

면역 체계에 대한 연구는 지금 이 순간에도 활발히 진행되고 있습니다. 그것은 이 면역 체계가 의학 연구 및 치료 분야에서 매우 중요한 위치를 차지하기 때문입니다. 예를 들어 AIDS 바이러스는 면역 체계를 감독하는 T세포를 파괴합니다. 그렇게 되면 면역 체계는 새로운 질병이나 암에 대항하는 능력을 잃게 됩니다. 장기 이식을 하고 나면 의사들은 이식받은 사람의 면역 체계의 저항을 억제하는 방법을 찾아내야 합니다. 그러지 않으면 면역 체계는 이식되어 들어온 장기를 '적'으로 생각하고 공격할 수도 있습니다. 많은 과학자들은 인터페론처럼 면역계 관련 분자를 조절하고 자극하는 물질에서 암을 치료하는 길을 찾아낼 수 있으리라고 생각합니다.

DNA, 생명의 암호

염색체와 유전 메커니즘

짐의 아이들인 도미니크, 플로라, 토마스는 고향인 몬태나 주의 레드 로지를 오랜만에 찾아갔습니다. 그곳의 한 카페에서 이들은 생전 처음 보는 사람이라도 어느 집안 사람인지 금방 알 수 있었습니다. "너 조구나. 맞지?" 그들은 금발머리의 핀란드 사람처럼 생긴 소년에게 말했습니다. 그렇다고 그들이 뛰어난 탐정이었던 것은 아닙니다. 작은 마을에서 자라다 보니 실질적인 '유전학 연습'을 할 수 있었던 것뿐입니다. 식구들은 원래 서로 닮았기 때문에 약간의 경험만 있으면 누구라도 비슷한 점을 찾아낼 수 있습니다.

그러나 유전정보(genetic code)는 겉으로 보이는 것 그 이상이며 외모와 관련된 단순한 문제를 훨씬 넘어서는 중요한 것입니다. 마지힌들과 밥 헤이즌은 결혼할 당시에 그들이 앞으로 낳게 될 자녀들이 결국은 결장암이나 직장암으로 발전하는 유전병인 린치증후군을 앓을 확률이 50 대 50이라는 사실을 알고 있었습니다. 과연 마지는 그

녀의 아버지와 할머니가 앓았던 그 병의 유전자를 물려받았을까요? 그 유전자는 봅과 마지의 자녀들에게도 유전되어 시한폭탄처럼 발병하길 기다리고 있을까요?

우리는 모든 생명체가 항상 자기와 닮은 후손을 낳는다는 기적과도 같은 사실을 당연하게 여기고 있습니다. 박테리아는 박테리아를 낳고, 새는 새를 낳고, 바나나는 바나나를 낳습니다. 후손들은 부모의 장점과 단점을 비롯한 많은 특징을 물려받고 태어납니다. 새로 태어나는 모든 유기체는 하나의 단세포로 시작합니다. 그런데 이 발생 초기의 조그만 생명체에는 하나의 유기체 전체를 만드는 데 필요한 모든 정보가 들어 있습니다. 생명체마다 똑같은 구조로 된 세포 안에 몇 개의 원자와 분자가 전혀 다르게 설계되어 있는 것입니다. 이런 복잡하고 다양한 설계도가 한 세대에서 다른 세대로 어떻게 전해질까요? 그리고 다음 세대는 이것을 어떻게 해독할까요? 이제 과학자들은 지구상의 모든 생물체들은 예외 없이 다음과 같은 방법에 의존한다는 것을 알게 되었습니다.

"모든 생명체는 유전정보에 기초하고 있다."

멘델의 완두콩

어떻게 부모로부터 자손에게 여러 특징들이 전달되는지를 연구하는 유전학은 요란한 기기와 흰색 가운을 입은 기술자들이 최첨단 실험실에서 시작한 학문이 아닙니다. 자신이 이룩한 업적을 살아 있는 동안 거의 인정받지 못했던 오스트리아 태생의 수사(修士) 그레고어 멘델(Gregor Mendel, 1822~1884)은 자신이 완두콩을 기르던 외딴 수도원의 정원에서 인류 역사상 처음으로 종합적이고도 체계적인 유전학 실험을 했습니다.

멘델은 한 종류의 완두콩에서는 항상 같은 종류의 완두콩이 자라난다는 사실을 발견했습니다. 키가 큰 완두콩을 서로 교배하면 항상 키가 큰 2세가 나왔고, 키가 작은 완두콩에서는 항상 키가 작은 2세를 거두었습니다. 멘델은 또한 키 큰 완두콩의 꽃가루를 키 작은 완두콩에 수정시켜 잡종을 생산하면 그 후손은 모두 키가 크지만 이 잡종의 후손들을 다시 서로 교배할 경우 그 중 4분의 3은 키가 큰 반면 4분의 1은 키가 작다는 사실도 발견했습니다. 키가 크고 작은 두 종류의 완두콩을 이종교배할 경우 얼른 생각하면 중간 크기의 완두콩이 나올 것 같지만, 항상 키가 크거나 작은 완두콩 둘 중 하나만 생기는 결과가 나왔습니다.

이런 식의 실험을 몇 년이고 되풀이해 얻은 결과를 설명하기 위해 멘델은 유전의 기본 단위로 정의되는 유전자(gene)라는 개념을 도입했습니다. 그에 따르면 모든 성인에게는 양 부모로부터 하나씩 물려받는 두 개의 유전자 세트가 있습니다. 이 유전자 사이의 상호작용이 바로 그 후손의 특징을 결정합니다. 그런데 이 유전자들 사이에는 타협이라는 것이 없습니다. 둘 중 하나만이 승리한다는 말입니다.

이런 종류의 경쟁을 설명하기 위해 멘델은 유전자를 우성 혹은 열성으로 분류했습니다. 우성유전자는 다른 유전자와 짝지어졌을 경우 경쟁에서 이기는 유전자입니다. 예를 들어 멘델의 완두콩에서는 키가 큰 유전자가 우성이었습니다. 부모 중 하나는 키가 크고 하나는 키가 작았던 잡종 첫 세대의 경우, 이 첫 세대는 키 큰 유전자 하나와 키 작은 유전자 하나를 물려받습니다. 그런데 후손의 키가 모두 큰 것을 보면, 이 경우 키 큰 쪽이 우성임을 알 수 있습니다.

열성유전자의 역할은 두 번째 세대에서만 분명히 나타납니다. 키가 큰 첫 세대 완두콩의 경우, 비록 이 유전자가 발현되지 않았더라도 전부 키 작은 유전자를 보유하고 있습니다. 이 유전자는 겉으로 드러나지는 않더라도 다음 세대로 전달됩니다. 그래서 모든 부모가 키 작은 열성유전자를 후손에게 전달할 확률은 50%이고 이와 마찬가지로 키 큰 우성유전자를 전달할 확률 또한 50%인 것입니다.

그렇다면 평균적으로 두 번째 세대의 후손 중 4분의 1은 양 부모로부터 키 큰 유전자를 물려받습니다. 이 후손들은 키가 클 것입니다. 또 두 번째 세대의 후손 중 절반은 키가 큰 유전자 하나와 키가 작은 유전자 하나를 받습니다. 그런데 키 큰 유전자가 우성이기 때문에 이 후손들도 키가 클 것입니다. 이 두 번째 세대의 후손 중 마지막 4분의 1은 양쪽 부모로부터 키가 작은 유전자를 물려받습니다. 그러므로 이들은 작을 것입니다.

이 열성유전자의 존재는 인간의 유전에서 이미 잘 알려진 여러 가지 현상을 설명해줍니다. 머리카락 색이 검은 집안에서 갑자기 빨간 머리 아이가 태어나는 것이나, 19세기 유럽에서처럼 근친끼리 결혼한 왕실에서 혈우병 환자들이 두드러지게 많았던 이유를 여기에서 찾을 수 있습니다. 인간의 경우 옅은 색 머리카락의 유전자는 열성이기 때문에 몇 세대를 걸쳐 계속 전달되면서도 발현되지 않을 수 있습니다. 그러나 머리카락 색이 검은 부모 모두에게 이 열성유전자가 있다면 그들 후손 중 평균 4분의 1은 머리카락 색이 옅을 것입니다.

이와 비슷하게 혈우병(출혈이 되어도 피가 응고되지 않는 질병)의 유전자는 열성이지만 이 유전자를 보유하고 있는 가족의 일원끼리 서로 결혼한다면 이 열성유전자 두 개를 물려받는 불행한 현상이 일어날 확률이 커지는 것입니다.

유전성 질환은 수백 가지가 넘기 때문에 미국에서만도 수백만에 달하는 가정이 불안감에 시달리고 있습니다. 투렛증후군(tourette syndrome, 틱증과 함께 무의식적 행동에 의해 안면 경련이나 머리 경련 등 특성화된 신경장애가 나타나는 유전병)에 걸린 아이들은 갑자기 폭력적인 반사회적 행동을 할 수 있습니다. 망막색소세포상피변성증을 앓고 있는 사람들은 눈에서 빛을 감지하는 부분이 쇠퇴함에 따라 점점 시력을 잃게 됩니다. 이런 질병은 자연의 잔인한 확률 게임의 규칙에 따라 부모로부터 자녀에게 전달됩니다.

멘델이 유전자라는 개념을 도입했을 때만 해도 이것은 순수하게 하나의 개념에 불과했습니다. 유전자는 겉으로 보이는 실체가 아니기 때문에 아무도 이것이 무엇인지 정확히 몰랐던 것입니다. 오늘날 우리는 유전자란 'DNA라 불리는 훨씬 더 큰 분자의 한 조각 속에 배열된 더 작은 분자들의 코드화된 서열'임을 알고 있습니다.

유전자가 하나의 개념에서 현실에 존재하는 실체로 인식됨에 따라 우리 인간은 멘델식 유전학과 결별하고 현대의 분자유전학으로 옮겨갔습니다. 이것은 생물학 역사에서 가장 중요한 발전이 무엇인지를 보여주는 하나의 예라고 할 수 있습니다. 그 중요한 발전이란 바로 유기체(식물과 동물) 자체의 연구로부터 모든 생물체가 공유하는 화학적 기초를 연구하는 데로 강조점이 옮겨졌다는 사실입니다.

DNA와 RNA – 유전정보의 전달자

　DNA가 유전을 지배하는 분자라는 사실과 이것이 이중나선 모양을 하고 있다는 것은 이미 너무도 잘 알려진 사실입니다. DNA는 핵산(nucleic acid, NA)의 한 종류입니다(세포의 핵에서 발견되기 때문에 이같이 명명되었습니다). 생명체를 구성하는 다른 분자들처럼 DNA도 간단한 블록 하나하나를 반복적으로 쌓아 올려 만든 모듈(부품 집합) 형태를 띠고 있습니다.

　유전정보를 전달하는 두 가지의 분자인 DNA와 RNA의 경우 모듈 안에 또 다른 모듈이 존재합니다. 다시 말하면 DNA는 더 작은 분자로 된 뉴클레오티드라는 기초 블록들이 길게 사슬 형태로 연결되어 있습니다. DNA를 만드는 과정은 문자, 단어, 문장과 같은 작은 요소들을 써서 책 한 권을 만드는 과정과 비교하면 이해하기 쉬울 것입니다. DNA를 조립하는 것은 무(無)로부터 시작하는 것이라기보다는 좀 더 낮은 단위의 모듈을 쌓아 올리는 과정입니다.

유전정보를 구성하는 문자

　뉴클레오티드는 우리가 보유한 유전정보의 '문자'에 해당합니다. 우리 몸 안에는 마치 하나의 책으로 만들어지기를 기다리고 있는 활자들로 넘쳐흐르는 인쇄소 작업실처럼 헤아릴 수 없을 만큼 많은 분자들이 있습니다.

　뉴클레오티드 한 개는 더 작은 분자 세 개로 이루어져 있습니다. 이들 중 가장 단순한 인산기는 산소 네 개가 인 원자 하나를 둘러싼 모습입니다. 그 다음에는 당이 하나 있습니다. DNA에서는 이것이

디옥시리보스(DNA에서의 D를 뜻함)라고 불리며 또 하나의 중요한 핵산인 RNA에서는 리보스라고 불립니다. 인과 당은 뭉뚱그려서 '염기'라고 불리는 네 가지의 서로 다른 분자 중 하나에 연결됩니다. 아데닌, 시토신, 구아닌, 티민이라는 네 가지 염기의 크기는 비슷하지만 모양은 상당히 다릅니다. 그리고 이 네 개의 분자는 각각 A, C, G, T로 표시됩니다.

모든 뉴클레오티드는 당과 인, 염기가 하나씩 모인 것으로 L자 모양을 띕니다. 따로 분리하면 이 분자는 종이 한 장에 글자 하나만 있으면 읽기에 지루하듯 별로 흥미로워 보이지 않습니다. 그러나 뉴클레오티드를 제대로 연결하기만 하면 생명이라는 책을 만들 수 있습니다.

이중나선

DNA의 구조를 떠올리는 데 가장 좋은 방법은 뉴클레오티드를 가지고 사다리를 만드는 것을 상상하는 것입니다. 뉴클레오티드의 당-인 결합체 부분은 사다리의 두 기둥을 형성합니다. 염기쌍들은 서로 맞물려 사다리단을 만듭니다. 일단 이 방법으로 사다리를 만들고 나서 사다리 꼭대기와 바닥을 서로 반대 방향으로 비튼다고 상상해봅시다. 그러면 그 유명한 DNA의 이중나선이 생길 것입니다.

이 사다리단의 배열은 절대적으로 중요합니다. 염기 분자의 모양은 가령, 아데닌과 티민이 만나 그 둘 사이에 수소 결합을 형성하고 이 결합체가 견고한 단을 만드는 형태로 되어 있습니다. 구아닌과 시토신이 만났을 때도 똑같은 일이 일어나지만, 네 개의 염기가 그밖에 다른 짝을 지어 한 쌍을 이루는 경우는 없습니다. 그러므로 사다리에

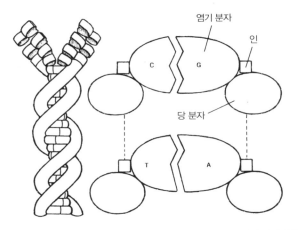

모든 생물체의 청사진을 담고 있는 DNA 분자는 수직면에 당 분자가, 사다리단에는 염기 분자가 있는 사다리를 꼬아놓은 모습이다.

서 만들 수 있는 네 개의 단은 다음과 같습니다.

AT TA GC CG

DNA의 이중나선에 따라 배열된 염기 분자의 서열에는 세포가 스스로를 복제하고 화학 공장을 가동하는 데 필요한 모든 유전정보가 담겨 있습니다. 즉 어떤 사람을 남과 다르게 만드는 모든 특성이 들어 있는 것입니다. 유전학적 단어와 문장과 문단은 모두 A, T, G, C라는 문자 네 개를 조합하여 쓰여집니다.

RNA(리보 핵산)는 앞으로 보게 되겠지만 이 유전정보를 전달하고 해독하는 데 중요한 역할을 합니다. RNA 분자는 (1) 뉴클레오티드 안에 있는 당이 디옥시리보스가 아니라 리보스이고, (2) 사다리의 반쪽, 그러니까 염기가 돌출해 있는 한 개의 당-인으로 이루어진 기둥

만 있고, (3) 티민 대신 우라실(U)이라는 염기가 있다는 세 가지 사실
만을 제외하면 DNA 분자와 비슷합니다.

유전학적 복사기

모든 생명체는 살아남기 위해 번식을 해야 합니다. 그래서 가장 기
초적인 차원에서 DNA 분자를 복제하는 방법이 있어야 합니다. 그
과정은 간단합니다. 우선 효소들이 DNA의 일부를 마치 지퍼를 내리
듯이 열어서 염기쌍들을 서로 연결하는 고리를 해체해줍니다.(효소가
사다리단을 톱으로 자른다고 생각해봅시다.) 이렇게 해서 DNA를 열면
연결이 풀린 염기들이 외부로 노출됩니다. 세포의 핵 안에서 자유롭
게 떠다니는 뉴클레오티드가 노출된 이 염기에 끌려 연결되는 것입
니다.

예를 들어 DNA의 사다리단 하나가 C와 G로 되어 있다고 가정해
봅시다. 이 단이 반으로 분리되면 해방된 C는 G를 보유하고 있는 자

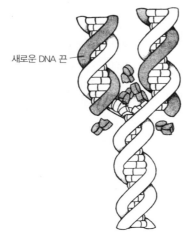

새로운 DNA 끈

DNA는 우선 지퍼처럼 한가운데가 분리되어 스스
로를 복제한다. 원래 이중나선이었던 것이 분리되
어 생긴 반쪽은 두 개의 동일한 분자를 만들어내
기 위해 각각의 짝이 되는 염기를 끌어들인다.

유로운 뉴클레오티드를 유인하는 반면, 새롭게 해방된 G는 C를 유인합니다. 그래서 처음에 CG로 되어 있던 단은 두 개의 동일한 CG단으로 대체됩니다. 이 과정은 분리된 반쪽 단 전부가 주위의 세포질로부터 잃어버린 파트너를 대신해줄 대체물을 잡아당기는 동안 각단에서 계속 반복됩니다. 사다리의 모든 단에서 이 과정이 완료되면전에는 한 개만 있던 곳에 두 개의 동일한 이중나선 분자가 생기게됩니다. 이 과정이야말로 새로 생겨난 세포가 앞 세대와 완전히 동일한 DNA를 보유할 수 있도록 보장하는 기반인 것입니다.

유전정보

DNA 분자를 따라 배열된 A, C, G, T의 염기 서열은 세포에게 단백질 분자를 만드는 방법을 알려주는 코드화된 정보를 담고 있습니다. 단백질이 세포 내 분자들 사이의 반응에 필요한 효소로 작용하기 때문에 세포가 수행하는 모든 기능은 이 단백질에 의해 결정됩니다. 세포의 생화학적 성질은 DNA 속에 든 암호화된 정보에 달려 있는 것입니다.

DNA 위에 배열된 염기쌍의 서열로부터 세포 안에서 제 기능을 수행하는 단백질로 옮겨 가려면 두 가지 일이 일어나야 합니다. 첫째로DNA 위의 정보가 해독되어 세포 안의 단백질이 형성되는 장소로 전달되어야 합니다. 그리고 나서 이 코드화된 정보는 필요한 단백질을만드는 아미노산의 서열로 번역되어야 합니다. 이 두 기능은 종류가다른 두 가지의 RNA 분자에 의해 이루어집니다.

DNA 분자 위에 있는 정보를 베껴 옮기는 일은 앞에서 이야기한DNA 분자의 복제와 비슷한 과정을 거쳐 이루어집니다. 어떤 효소가

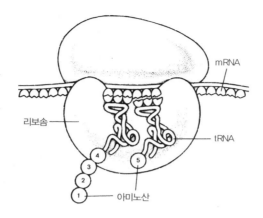

리보솜

mRNA

tRNA

아미노산

4

3

2

1

5

열쇠 모양의 모든 tRNA 분자 맨 위에는 3개의 염기가 있고 이것은 mRNA 한 가닥 위에 상응하는 염기에 연결된다. 모든 tRNA의 바닥에는 특정한 아미노산 하나가 있다. tRNA 분자가 mRNA를 따라 한쪽 끝에 배열되면, 아미노산들은 다른 쪽 끝에 배열되어 하나의 단백질을 구성한다.

DNA 한 조각을 열면 핵 안에서 평상시 자유롭게 떠다니는 뉴클레오티드가 노출된 베이스 분자 위에 연결되어 RNA 분자 하나를 형성합니다.

예를 들어 DNA 위에 TGC란 염기 서열이 있으면 RNA에서 여기에 상응하는 염기 서열은 ACG가 될 것입니다. 이런 식으로 DNA 위에 있는 염기 분자의 모든 서열이 사진이 원판 위에서 복사되는 것처럼 RNA의 더 작은 분자 위로 복제됩니다.

이런 과정을 거쳐 만들어진 RNA는 메신저(messenger) RNA 혹은 약어로 mRNA라 불립니다. 이 분자들은 DNA보다 훨씬 더 작습니다. 왜냐하면 전체 중 짧은 일부분만 복제하기 때문입니다. 그래서 이 분자들은 암호화된 정보를 간직하고 핵막 안의 작은 구멍을 통해서 핵 밖의 세포질로 빠져나갑니다.

mRNA가 세포 안의 작업을 행해야 할 장소에 도달하면 전달

(transfer) RNA(약어로 tRNA)라 불리는 또 하나의 RNA가 행동을 개시합니다. 이 열쇠 모양의 분자 꼭대기에는 세 개의 염기 분자가 있고 꼬리에는 아미노산을 유인하는 곳이 있습니다. 염기는 네 가지가 있기 때문에 염기 세 개를 가지고 만들어낼 수 있는 조합의 수는 64(4×4×4)개이고, 또 그렇기 때문에 64개에 이르는 다양한 tRNA가 존재하며 이들은 64개의 세 글자짜리 암호에 해당합니다. 각 tRNA의 꼭대기에는 염기 세 개의 조합이 있고 아래쪽에서는 단 한 가지의 아미노산하고만 결합합니다. 세 개가 모인 조합은 64개가 있는 반면 아미노산은 20가지밖에 없으므로 이 암호 체계에는 중복되는 것이 있습니다. 다시 말해 서로 다른 단어들이 같은 의미를 지니듯이 종류가 다른 몇 개의 세 쌍둥이가 똑같은 아미노산을 만들 수 있는 것입니다.

tRNA는 그림에서처럼 작용합니다. 분자의 맨 위에 있는 염기들은 mRNA 위에 상응하는 분자에 유인되고 그에 따라 줄을 맞춰 배열됩니다. 염기의 줄이 맞춰지면 tRNA 다른 끝에 있는 아미노산도 역시 줄이 맞춰집니다. RNA 분자들에 의해 올바른 서열로 배열되는 이 아미노산들은 그 후 서로 연결되어 단백질을 형성합니다.

'유전정보'라는 용어는 하나의 DNA 분자 위에 있는 세 개의 염기 분자 쌍으로부터 하나의 단백질 사슬 위에서 어떤 특정한 위치를 차지하고 있는 한 개의 특정한 아미노산까지 이어지는 연결을 의미합니다. 이것은 추상적인 개념이 아닙니다. 이 DNA 서열의 명령을 받아 아미노산의 한 서열이 형성됩니다. 이 서열이 또한 단백질을 만들고, 그리고 궁극적으로 이 단백질에 의해 우리 몸 안의 모든 화학적 요소들이 제조되고 움직여지고 수정되고 사용된다는 사실을 생각해보면, 왜 우리가 DNA야말로 생명의 비밀을 간직하고 있다고 말하는지 이해할 수 있을 것입니다.

보편적 코드

알파벳 하나가 여러 개의 단어를 만드는 데 쓰일 수 있는 것처럼 한 개의 간단한 유전정보도 여러 종류의 생명체를 만들 수 있습니다. 우리가 풀잎이나 오랑우탄과 다른 이유는 우리의 DNA에 있는 염기의 서열이 이들의 서열과 다르기 때문입니다. 그러나 위에서 말한 기본적인 과정은 우리뿐만 아니라 다른 모든 생명체에서도 같은 방식으로 이루어집니다.

이제 과학자들은 멘델이 가정한 유전자의 존재를 이보다 훨씬 더 긴 DNA 분자의 한 특정 부분으로 보고 있습니다. 유전자는 이 유전체계 전체라는 책에 담긴 문장에 비유될 수 있습니다. 종류가 다른 유기체들의 유전자 수는 각각 다르고(예를 들어 인간에게는 약 2만 5천 개가 있고 간단한 박테리아에는 천 개가 있습니다) 단 한 개의 DNA 분자에 많은 유전자가 들어갈 수 있습니다. 한 개의 유전자는 만들어내야 할 단백질의 크기에 따라 수십 개부터 수천 개의 염기 분자 쌍으로 구성될 수 있습니다.

감기 균과 기타 바이러스

바이러스는 어떻게 정의하느냐에 따라 가장 단순한 생명체일 수도 있고, 가장 복잡한 것일 수도 있습니다. 고도로 복잡한 구조의 세포와는 달리, 바이러스는 핵산 하나가 단백질 막으로 싸인 형태입니다. 바이러스의 경우 그 핵산 안에 단지 몇 개의 유전자가 암호화되어 들어 있고, 막 물질 안에 종류가 다른 몇 개의 단백질만 있는 경우도 있습니다. 그러나 세포의 바깥막에 있는 수용체가 이 바이러스의 단백질 중 한 개를 자신이 속한 유기체의 것과 같은 것으로 오인하면 바이러스는 그 세포를 속여 문을 열게 할 수 있습니다.

일단 안으로 침투하면 이 바이러스는 세포의 조직을 빼앗아 더 많은 바이러스를 만들도록 합니다. 대부분의 바이러스 안에 있는 핵산은 자신과 자신의 단백질을 복제하도록 암호화된 RNA입니다. 세포 안으로 방출된 RNA는 세포의 mRNA를 옆으로 밀치고 합성 작업을 지휘하기 시작합니다. 세포의 자원이 더 많은 새로운 바이러스를 만드는 데 사용돼 고갈되고 나면 이 세포는 죽고, 바이러스들은 밖으로 나와 같은 사이클을 반복하게 됩니다.

어떤 바이러스에는 RNA 가닥과, 이 가닥을 DNA로 변환하여 세포의 유전정보 안에 삽입할 수 있도록 해주는 효소들이 있습니다. 이런 일이 일어나면 세포의 원활한 활동은 교란되고 따라서 그 유기체 전체가 위협을 받습니다. 이런 레트로 바이러스(유전정보의 코드화에 DNA 대신 RNA를 사용하는 바이러스) 중 하나가 바로 에이즈의 원흉인 것입니다.

인간 세포 속의 DNA는 바람직하지 못한 변화가 일어날까 봐 지속적으로 감시받고 수리되지만 바이러스의 DNA와 RNA는 안타깝게도 신속한 변이를 일으키는 능력이 있습니다. 그 결과 바이러스성 질병은 끊임없이 진화합니다. 이 때문에 몇 년에 한 번씩 새로운 바이러스성 질병이 등장합니다. 올해 접종받은 독감 백신이 내년에 등장할 바이러스 변종에는 효력이 없을지도 모릅니다.

두 개의 성(性) – 좋은 아이디어

우리 세포의 유전 체계는 암호화된 메시지를 똑같이 복사하도록 설계되었습니다. 그렇다면 왜 모든 인간이 똑같지 않을까요? 왜 우리의 외모는 제각각이고 사람마다 다른 장점과 단점을 지니고 있을까요? 그 답은 성(性) 때문입니다.

염색체

DNA는 세포의 핵 안에서 그저 자유롭게 떠다니는 것이 아닙니다. DNA는 염색체라 불리는 구조물 안에 저장되어 있습니다. 염색체는 단백질로 이루어진 중심을 길다란 DNA 이중나선 하나가 둘러싼 모습을 하고 있습니다. 염색체는 실패에 실이 둘둘 감긴 것처럼 생겼습니다. 종이 다르면 염색체의 수도 다릅니다. 인간의 경우 46개(23쌍)가 있지만 모기는 6개뿐이며 금붕어에게는 94개가 있습니다.

많은 경우에 세포들은 성의 구분 없이 스스로 번식합니다. 이런 현상은 여러분이 어딘가를 다친 다음 상처가 아물거나 화초가 자랄 때, 혹은 무더운 여름에 연못 위에 이끼가 퍼질 때 볼 수 있습니다.

하나의 세포가 두 개의 동일한 딸세포로 분리되는 것을 유사 분열이라고 합니다. 이것은 복잡한 과정으로, 이야기하기는 쉽지만 자세히 이해하기는 어렵습니다. 유사 분열은 염색체가 스스로를 복제하는 것으로 시작됩니다. 다시 말해 DNA의 모든 가닥이 반으로 분리되어 스스로를 복제하는 것입니다. 그 결과 복제된 염색체들은 함께 연결되어서 현미경으로 보면 알파벳의 X자처럼 보입니다.

그러고 나면 단백질(스핀들이라고 불립니다)의 그물 조직이 세포 안에서 형성되고 짝지어진 염색체의 쌍들이 분리되어 각각 하나씩 세포의 극으로 당겨집니다. 이 분리 과정이 완료되면 또 다른 단백질 무리가 세포의 적도 주위에 형성되어 밑으로 내려와 세포를 반쪽으로 나눠 두 개로 분리합니다. 각 세포에는 염색체 전량이 있습니다. 그 결과가 유사 분열입니다. 전에는 하나였던 것이 각각 동일한 유전 정보를 담은 두 개의 세포로 분열된 것입니다.

우리 몸 안의 세포는 항상 분열하고 있고 세포들의 순환 주기는 각각 다릅니다. 예를 들어 내장 벽에 있는 세포들은 매일 분열하고, 피부세포들은 몇 주마다 분열합니다. 신경계의 세포들만이 성인이 되면 분열을 멈춥니다.

감수 분열 — 양성이 있는 번식

유성 생식을 하는 인간과 기타 생물의 경우 부모는 각각 염색체 한 개를 제공하여 염색체 한 쌍을 물려줍니다. 이 간단한 사실로부터 중요한 결과 두 가지가 나옵니다. 첫째, 모든 후손들은 양 부모와 비슷하면서도 다릅니다. 둘째, 염색체가 하나의 쌍을 이룸으로써 멘델이 완두콩 밭에서 처음 발견한 신비스런 유전 메커니즘을 만들어냅니다. 모든 유전자는 어머니 혹은 아버지가 제공해주는 염색체를 구성하는 DNA의 이중나선 위에 배열된 염기 분자의 한 서열입니다. '유전의 단위'는 부모에게서 자손으로 전달되는 분자들의 한 부분인 것입니다.

유사 분열의 목적은 부모와 동일한 딸세포를 만드는 것이지만 유기체의 재생은 세포의 재생과는 좀 다른 목적이 있습니다. 부모가 각각 자손에게 유전자의 절반을 제공하고 자손의 유전자 수가 부모 유전자 수와 같아야 한다면, 원래 염색체 수의 절반을 보유하고 있는 딸세포를 만드는 과정이 있어야 할 것입니다.

한 개의 세포 안의 염색체 수가 절반이 되는 세포 분열 과정을 감수 분열이라고 합니다. 감수 분열은 생식 체계 중의 특정한 세포 안에서만 일어납니다. 초기 단계에서 감수 분열은 유사 분열과 동일합니다. 다시 말해 염색체가 스스로를 복제한다는 뜻입니다. 이 단계에서 감수 분열 중인 세포는 그 생명체가 보유하고 있는 원래의 염색체와 똑같은 사본이 있으며 이중 절반은 아버지로부터, 절반은 어머니로부터 온 것입니다. 그런데 이 염색체 쌍은 유사 분열에서처럼 그냥 쪼개지는 것이 아니라 DNA 조각을 서로 교환해서 완전히 새로운 염색체를 만들어냅니다. 이들 각각의 염색체는 부모 양쪽으로부터 온 DNA가 섞여 있습니다. 이렇게 새로 탄생한 염색체 쌍은 서로 갈라집니다. 그 결과 세포의 4분면에 무리를 지어 모이고, 각각의 무리에는 보통 세포가 보유하고 있는 염색체의 딱 절반이 들어 있습니다. 그리고 나서 세포는 넷으로 갈라져 네 개의 세포가 되는데, 각각의 세포에는 부모 양쪽의 DNA가 섞인 새로운 염색체의 무리가 들어 있습니다. 이런 감수 분열을 거쳐 남성의 정자와 여성의 난자가 만들어집니다.

새로운 생명의 탄생에서 첫 번째 단계는 양 부모의 난자와 정자의 결합인 '수정'입니다. 우리는 인간, 아니 최소한 포유류의 수정에 익숙하지만 이와 똑같은 현상은 식물에서도 일어납니다. 일반적으로 꽃가루가 정자인 셈입니다. 수정은 한 개의 세포, 즉 염색체가 완전히 갖추어진 수정란을 만들어냅니다. 여기서 각 염색체 쌍에 있는 염색체들 중 하나는 정자에서 오고 나머지 하나는 난자에서 옵니다. 세포 수준에서의 이 과정은 자손이 유전자 중 절반은 어머니로부터, 나머지 절반은 아버지로부터 받는다는 멘델의 이론을 설명해줍니다.

생명은 언제 시작되는가?

과연 생명은 수태로부터 시작되는가의 문제는 여성의 임신 중절 권리를 둘러싼 논쟁에서 항상 제기됩니다. 그러나 이것은 과학적인 문제가 아니라 법적이고 도덕적·윤리적인 문제입니다. 이 논쟁은 과학이 할 수 있는 것은 무엇이고 할 수 없는 것은 무엇인가를 잘 보여줍니다. 과학은 '우주는 어떻게 움직이는가'처럼 양적인 질문에 대해서는 답을 찾아줄 수 있지만, 우리가 개인으로서 혹은 사회의 차원에서 어떻게 행동해야 하는가와 같은 문제에 대해서는 답을 주지 못합니다. 과학자는 다음과 같은 사실만을 말해줄 수 있습니다.

• 수태의 순간 DNA 가닥 두 개가 그 전에는 없었던 하나의 형태

로 결합한다.

- 이 DNA 가닥 두 개가 각각 부모의 체내에 이미 존재했고, 이것들도 독특한 짝짓기의 결과였다. 이 과정은 아마 수십억 년 전으로까지 거슬러 올라갈 수 있을 것이다.

- 이 새로운 결합은 수태 후 수개월간 독립적으로 존재할 수 없으며, 순전히 모체에 의존한다.

과연 '생명'이 수태 순간부터 시작되는가 혹은 그 후부터 시작되는가는 과학자 개인의 철학적 혹은 종교적 믿음을 근거로 하여 제 나름의 확고한 의견이 있을 수는 있어도 과학자의 자격으로는 대답할 수 없는 문제입니다.

새로운 생식 기술

신기술은 불임 부부에게 희망을 안겨줍니다. 생식 계통의 신체적 결함 때문에 불임인 부부가 많습니다. 만약 양 부모가 생존 가능한 생식세포를 만들어내고 어머니의 자궁이 건강하다면 난자와 정자는 모체 밖에서 결합할 수 있습니다. 이 경우 수태는 시험관 안에서 일어납니다. 이 수정란, 다시 말해 살아 있는 인간 배아는 모체 안에 착상되고 그 후 임신은 정상적으로 진척됩니다.

수태를 어떻게 유발하고 제어할 수 있는지를 더 잘 알게 되면서 윤리적·법적으로 곤란한 문제들이 발생하고 있습니다. 시험관 수정의 경우 일반적으로 몇 개의 난자가 동시에 수태되고, 이 배아의 대부분은 냉동 보존됩니다. 만약 이 부부가 이혼을 하면 이 냉동 배아에 대한 법적 권리는 누구에게 있을까요? 새로운 기술로 인해 의사들은 착상 이전에 시험관 배아의 성별과 유전자적 특성을 알아낼 수 있습니다. 생존 가능한 배아의 권리를 박탈할 정당한 유전학적 기준은 과연 무엇일까요? 만약 난자의 주인인 여성이 임신을 할 수 없다면 대리모가 이 배아를 임신할 수 있습니다. 그렇다면 이 대리모의 권리는 무엇일까요? 동물원의 생물학자들은 다른 종의 대리모를 통해 희귀한 종들을 태어나게 하는 데 성공했습니다. 인간 배아의 경우에는 어디에 선을 그어야 하는 것일까요?

새로운 분야

인간 게놈 프로젝트

지난 몇 년 동안 생명과학 분야 최초의 수십 억 달러짜리 기초 연구 사업인 인간 게놈 프로젝트에 대해 많은 소식이 쏟아져 나왔습니다.(게놈genome이란, 유전자와 염색체의 합성어로서 유전정보 전체를 말합니다.) 이 사업에서 가장 널리 홍보된 측면은 인간의 유전정보를 이루는 30억 글자로 된 시퀀스 전체 지도를 염기쌍 별로 그려내는 것이었습니다. 2000년에는 이 시퀀스의 초안이 완성되어 백악관에서 축하 행사가 열리기도 했고 2003년에는 모든 사업이 마무리되었습니다. 사업이 종결되자 몇 가지 놀라운 사실이 드러났습니다. 예를 들어 생물학자들은 인간 게놈의 길이로 볼 때 인간에게는 약 십만 개의 유전자가 있고 이들 각각이 하나의 단백질 합성을 지령할 것이라고 추측했습니다. 그런데 알고 보니 유전자는 실제로 약 2만 5천 개에 불과했고 그나마 이중 대부분(어떤 사람들은 95%라고 하기도 합니다)은 단백질 합성을 지령하지 않습니다. 학자들은 이른바 이 '정크

DNA'가 이런저런 기능을 할 것이라고 추측했습니다. 물론 이중 일부는 유전자를 켜고 끄는 데 관여하고 일부는 이제 사용되지 않거나 사라져 가는 유전자를 대행하며, 일부는 아마 어떤 기능도 없는 것으로 보입니다. 이러한 인간 게놈의 비밀을 밝히는 것이야말로 21세기 과학의 주요 과제입니다.

시퀀싱 작업이 더욱 빠르고 저렴해지면서 게놈 프로젝트는 쥐, 개, 토끼, 침팬지, 물고기, 식물, 이스트, 그밖에 수백 가지 미생물(특히 병원체) 등을 비롯한 다수의 생명체까지 확장되었습니다. 각 생물종의 게놈 연구를 마친 과학자들은 모든 생명체가 게놈 측면에서 놀라울 정도로 비슷하면서 동시에 중요한 차이도 드러내고 있음을 발견했습니다.

유전자 조절과 분화

우리 몸 안의 세포(생식세포는 제외) 안에는 모두 같은 DNA가 있고 따라서 세포마다 동일한 유전자가 있습니다. 그렇지만 모든 세포가 같은 기능을 하는 것은 아닙니다. 예를 들어 모든 세포 안에는 인슐린을 만드는 데 필요한 정보가 들어 있지만 실제로 인슐린을 만드는 것은 췌장 안에 있는 비교적 적은 수의 세포뿐입니다. 그리고 세포 안의 유전자 대부분은 사용되지 않습니다. 어떻게 해서 어떤 유전자는 사용되고 어떤 것들은 사용되지 않는가는 오늘날 중요한 연구 분야로 남아 있습니다.

이 문제의 해법은 아마 정크 DNA에 일부 들어 있을 것으로 보입니다. 유전자를 코딩하지 않는 일부 DNA가 유전자를 껐다 켰다 하는 일에 관여하지는 않을까요? 이런 DNA 중 일부가 짤막한 마이크로-RNA를 만들어내서 분자 차원의 스위치(리보스위치라고 부릅니다) 역할을 하는 것이 아닐까요? 이것이 사실이라면 정크 DNA는 유전자만큼이나 흥미로운 존재일 수 있습니다.

유전자 조절과 밀접한 관계가 있는 또 다른 문제는 어떻게 복잡한 유기체가 한 개의 세포로부터 발달하는가에 있습니다. 우리 몸 안의 모든 세포들은 원래 단일 세포로부터 발생하긴 했지만 지금은 아주 상이하며 서로 뒤바뀔 수도 없습니다. 세포의 분화는 발생학의 주요 관심사 중 하나입니다. DNA는 단백질 제조와 유전자 제어에 필요한 코드 작성을 할 뿐만 아니라 유기체 안의 다른 여러 곳에서 세포들이 어떻게 형성되는가에 따라 유전자들을 작동시키거나 혹은 작동시키지 않는 명령을 담고 있는 것으로 보입니다. 생물학자들은 이제서야 겨우 이 복잡한 문제를 피상적으로 다루기 시작했고 우리는 유전자 제어와 세포 분화를 이해하기 전까지는 분자유전학의 영역을 완전히 이해하지 못할 것입니다.

열쇠 17

클론과 줄기세포

생명공학이 만드는 세상

　인터넷, 원자력, 내연기관이 등장한 20세기는 물리학의 세기로 불립니다. 20세기를 이렇게 부른다면 지금 우리가 살고 있는 21세기는 생물학의 세기라고 불러도 무리가 아닐 것입니다. 사실 우리는 이미 새로운 생명공학이 우리 인간에게 가져올 변화의 희미한 윤곽을 보고 있습니다.

　19세기 과학자들은 생명을 지닌 유기체와 관련하여 핵심적인 사실 하나를 밝혀냈습니다. 유기체는 모두 화학적 과정에 바탕을 두고 있다는 사실 말입니다. 어떤 대상이 살아 있다는 말은 그 대상이 이런저런 화학 반응을 진행시키고 있다는 뜻입니다. 앞 장에서 다루었듯이 20세기에 인류는 생명의 화학적 과정이 DNA에 바탕을 두고 있음을 알아냈습니다. 오늘날 과학자들은 이 화학적 과정이 어떻게 작동하는가를 상세히 알아내려고 거대한 연구 사업을 추진하고 있으며, 새로운 분야의 지식이 탄생할 때마다 항상 있는 일이지만 유기체의 '보닛을 열어볼 수 있게' 되면 새로운 분야의 기술을 활용할 수 있게 될 것입니다. 서기 1900년에 살던 사람이 서기 2000년의 삶을 보면 거의 이해할 수 없으리라는 사실과 마찬가지로 21세기 말에 우리의 후손들이 어떤 식으로 생활할지는 상상할 수조차 없습니다. 열쇠 15와 열쇠 16에서 다룬 모든 기술의 배후에 있는 기본적인 발상은 이런 것입니다.

> "모든 생명체는 같은 화학적 과정과
> 유전정보에 바탕을 두고 있다."

이번 장에서는 방금 말한 과학적 인식이 우리를 이끄는 여러 방향 중 몇 가지를 다루려고 합니다.

범인 잡는 DNA

DNA를 바탕으로 하여 어떤 사람이 바로 그 사람이라고 분명히 확인할 수 있다는 것은 오늘날 상식처럼 널리 알려져 있습니다. 많은 텔레비전 수사물과 영화가 홍보에 한몫을 했지요. 한 사람의 유전체(genome)는 세상 누구와도 같지 않으므로 각 개인을 식별하는 데 쓰일 수 있음(원칙적으로는)은 알려진 사실입니다.

한 가지 문제는 인간의 유전체 전체를 분석하려면 대상이 단 한 사람이라도 막대한 비용과 시간이 든다는 데 있습니다. 물론 분석 비용은 내려가고 있기는 하지만 법정에서 사용할 수 있을 정도로 비용이 충분히 떨어지려면 수십 년은 더 걸려야 할 것입니다. 그래서 오늘날은 DNA 지문 검사를 대안으로 활용하고 있습니다. 단순하게 표현하자면, 파리 시 전체가 나오는 지도를 손에 들고 있지 않아도 에펠탑을 보면 내가 파리에 있음을 알 수 있는 것과 같은 방법입니다.

오늘날에는 유전자가 남기는 지표 두 가지를 활용합니다. 하나는 세계 각국의 법정에서 채택하는 재래식 방법에 쓰이고 있으며 나머지 하나는 실험실에서 개발 중인 새로운 방법에 쓰입니다. 이 두 가지를 각각 들여다봅시다.

VNTR

앞 장에서 이야기한 것처럼 인간의 DNA 중 극히 일부만이 실제로 단백질 합성을 지령하는 것으로 알려져 있습니다. 이들을 제외한 나머지는 대부분 염기쌍이 뒤죽박죽 섞인 것인데, 일부는 오늘날 쓰이지 않는 유전자를 이루기도 하고, 일부는 유전자가 켜지고 꺼지는 과정을 조절하기도 하지만 이들 중 대부분은 어떻게 생겨났는지, 어디에 쓰이는지 알려지지 않았습니다. 이런 부류에 속하는 것 중 VNTR이라는 것이 있습니다. VNTR은 Variable Number of Tandem Repeat(연쇄염기서열반복)의 약어입니다. 이들은 유전체의 이곳저곳에 자리잡고 있는 의미 없는 DNA 서열이 반복되는 모습을 하고 있습니다. 한 유전체에서 VNTR을 찾아내는 일은 마치 문장을 읽는 도중에 '꺍 꺍 꺍' 같은 글자들이 갑자기 튀어나온 뒤 제대로 된 단어가 다시 나타나는 것과 같습니다.

VNTR은 DNA 지문 검사의 지표로 이용됩니다. 이 기법의 기본 발상은 특정한 위치에서 반복되는 횟수가 사람마다 다르므로 어떤 사람을 콕 집어 확인하는 데 쓰일 수 있다는 것입니다. DNA 두 가닥을 비교하는 과정은 이런 식으로 진행됩니다. 제한효소라고 불리는 성분이 VNTR의 양쪽 모두의 특정한 지점에서 DNA 가닥을 절단합니다. 일반적으로 반복의 횟수가 사람마다 다르므로 이 방법을 쓰면 결국 서로 다른 사람들로부터 채취한 DNA 상의 해당 지점에서 추출한 DNA 조각 두 개를 얻을 수 있는데 이들은 길이가 서로 다를 것입니다. 그리고 나서 방사성 원자핵이 들어 있는 작은 분자를 각각의 DNA 가닥에 부착시킵니다. 이어서 이 두 가닥을 겔 속에 집어넣고 전기장을 걸어줍니다. 전기장으로 인해 가닥이 움직이기 시작하는데, 짧은 가닥이 긴 가닥보다 빨리 움직입니다. 일정 시간이 지난 후 전기장을 끄고 사진 필름을 전체 시스템 위에 부착합니다. 방사성 원자가 붕괴하는 도중에 필름을 노출시키면 DNA 가닥의 위치를 포착할 수 있습니다.

두 가닥의 길이가 같으면(같은 사람에게서 나왔으면 당연히 그렇겠지만) 필름 상의 검은 자국이 같은 자리에 존재하지만 길이가 같지 않으면 다른 자리에 존재합니다. 어떤 사람을 대상으로 하여 몇 개의 서로 다른 VNTR에 이 과정을 반복하면 일종의 바코드가 생기는데, 바코드 상의 바 하나하나는 저마다 하나의 VNTR에 해당합니다. 이 바코드는 그 사람의 DNA를 확인하는 기반 역할을 합니다.

이러한 시험의 결과를 해석하는 사람은 어떤 VNTR이 서로 다른 두 사람에게서 같은 반복 횟수를 보일 확률이 250분의 1 정도임을 염두에 두어야 합니다. 달리 말해 VNTR 하나만 놓고 보면 큰 강당에 모인 사람 중 두 사람의 시험 결과가 우연히 일치할 수 있다는 뜻입니다. 실제로 DNA 지문 검사를 할 때는 다섯 개 이상의 VNTR을 사용하여 이렇게 될 확률을 1조분의 1로 줄입니다. VNTR을 사용하

는 DNA 확인 기법은 워낙 잘 발달되어 있어서 오늘날 범죄 수사, 재
난 현장의 시신 확인, 친자 관계 확인 등에 널리 쓰이고 있습니다.

STR

인간의 DNA 속에는 VNTR이 여기저기 흩어져 있을 뿐만 아니라
무의미한 염기쌍이 반복되는 짧은 서열도 여러 군데 존재합니다. 이
러한 구간을 STR(Short Tandem Repeat, 단기염기서열반복)이라고 부
르며 스타(STAR)라고 읽습니다. VNTR처럼 STR도 확인 작업에 이용
할 수 있습니다.

작업 과정은 방금 VNTR에서 본 것과 비슷합니다. 제한효소로
STR을 이루는 DNA 양쪽 끝을 절단한 다음 분자 태그를 부착합니
다. 이렇게 처리된 DNA 구간을 전기장을 걸어준 액체 속으로 통과
시키면 짧은 구간이 긴 구간보다 더 빨리 움직일 것입니다. 액체 속
을 어느 정도 지나간 후 레이저를 발사하여 태그가 형광을 발산하도

록 하고, 이 형광을 기록하여 각각의 구간이 언제 반대쪽 끝에 도착했는가를 확인합니다. 앞서 말한 VNTR에서처럼 이 도착 시간을 변환시켜서 얻는 바코드를 바탕 삼아 본인 여부를 확인합니다. VNTR의 정확도에 필적하는 정확성을 얻기 위해 과학자들은 시험을 할 때마다 10개 이상의 STR을 사용합니다.

유전공학이 바꾸는 세상

'열쇠 16'에서 설명한 유전자 발현의 메커니즘을 다시 한 번 읽어본다면 어떤 유전자가 해당 생명체의 DNA의 일부인가 아닌가는 이모든 과정과 전혀 무관하다는 사실을 눈치챌 것입니다. 여기서 중요한 것은 염기쌍의 서열뿐입니다. 예를 들어 어떤 생명체(심지어 실험실에서 만들어낸 생명체라 할지라도)의 유전자를 다른 생명체의 DNA에 주입하면 보통의 유전자로부터 단백질을 만들어내는 메커니즘과 같은 메커니즘이 새로운 유전자가 지령하는 단백질을 만들어낼 것입니다. 유전공학은 바로 이러한 사실에 바탕을 두고 있습니다.

이 과정은 특정한 염기쌍의 서열이 존재하는 DNA 구간을 제한효소를 이용하여 절단하는 작업으로부터 시작됩니다. 절단을 하려면 염기쌍 한 세트(보통 세 개의 쌍으로 이루어져 있습니다) 사이의 결합을 깨뜨려 DNA를 두 개의 조각으로 분해하면 됩니다. 각각의 조각 한쪽 끝에는 아무데도 결합되지 않은 염기의 스트링이 붙어 있습니다. 예를 들어 한쪽 조각 끝에 AGT라는 염기 세트가 드러나 있으면 이조각과 상보성을 지닌 조각에는 TCA라는 염기 세트가 존재할 것입니다. 그러니까 DNA 구간 끝에 매직테이프의 양쪽 면이 하나씩 붙어 있다고 생각하면 됩니다.

이제 DNA 구간이 또 하나 있고, 드러나 있는 염기 세트가 이 구간에 달려 있는 매직테이프와 짝이 맞으면 이 구간은 원래 DNA의 노출된 부분에 가서 붙을 것입니다. 물론 원래 DNA의 나머지 반쪽을 가져다가 붙여도 딱 맞아 떨어지겠지만, 완전히 다른 데서 가져와도 짝만 맞으면 붙을 것입니다. 그러니까 중요한 것은 새로운 조각의 염기쌍이 원래 DNA의 노출 부분과 짝이 맞는가 하는 사실 한 가지뿐입니다.

물론 원래 DNA의 노출된 부분에 대해 이런 일을 한 번 할 수 있으면 두 번도 가능합니다. 그러니까 새로운 조각의 양쪽 끝에 대고 한 번씩 할 수 있다는 뜻입니다. 이렇게 해서 해당 생명체에 들어 있는 원래 DNA의 중간에 새로운 DNA 조각을 삽입하는 일이 가능합니다. 앞서도 본 것처럼 일단 이런 일이 일어나면 세포의 분자 메커니즘은 새로 들어온 DNA 부분을 원래 있던 DNA와 똑같이 대합니다. 그리하여 세포는 새로운 유전자가 지령하는 대로 단백질을 합성합니다. 이것이 유전공학의 최종 생산물입니다.

이런 식으로 유전자를 삽입하는 일을 유전자 접합이라고 하는데, 이를 이용한 초기의 사례 한 가지를 봅시다. 당뇨병은 흔하면서도 심각한 질병인데 어떤 사람들은 인슐린 주사를 맞는 치료를 받아야 합니다. 인슐린은 인간의 DNA가 지령하는 데 따라 합성되는 작은 단백질이지만 보통은 췌장에 있는 세포만이 인슐린을 만들어냅니다. 과거에는 당뇨 환자 치료용 인슐린을 얻기 위해 도살장에 가서 죽은 돼지의 췌장을 가져와야 했습니다. 돼지의 췌장을 갈아서 인슐린을 추출한 후 정제하여 인간에게 투여한 것입니다. 이 방법은 대부분의 경우 효과가 있었지만 돼지 인슐린에 알레르기 반응을 보이는 환자도 자주 나타났습니다.

1980년대에 새로운 인슐린 생산 방법이 등장했습니다. 인간의 DNA에서 인슐린 생산을 지령하는 유전자 부분을 잘라 박테리아의 DNA에 삽입하여 이 박테리아를 증식시킨 것입니다. 박테리아가 분열할 때마다 새로 만들어진 유전자가 전체 DNA와 함께 계속 복제되었고, 결국에 가서는 인간의 인슐린을 만들어내는 박테리아를 대량으로 확보할 수 있었습니다. 오늘날 당뇨 환자를 치료하는 인슐린은 사실상 전량이 이러한 유전공학적 방법으로 생산된 것입니다.

농업도 유전공학이 널리 쓰이는 분야입니다. 주요 작물에는 저마다 이런저런 해충이 있어서 작물을 손상시키고 생산성을 떨어뜨립니다. 오랫동안 농부들은 살충제를 뿌려 이 문제에 대처해 왔는데 이렇게 하면 돈이 많이 들 뿐만 아니라 환경에 피해를 입힐 수 있습니다. 그런데 유전공학적인 방법으로 이러한 문제를 해결할 수 있게 되었습니다.

자연계에는 강력한 살충제를 합성하는 능력을 유전자 안에 지니고 있는 생명체들이 있습니다. 이런 종류의 생명체들은 이 유전자를 이용해서 포식자로부터 자신을 지켜냅니다. 이러한 유전자를 작물의 DNA에 삽입하면 이 작물도 같은 살충제를 합성할 것이고 따라서 이 작물을 먹는 곤충은 모두 죽을 것입니다. 이렇게 되면 살충제를 뿌릴 필요가 줄어들 뿐만 아니라 어떤 경우 아예 없어지기도 합니다.

이렇게 스스로 살충제를 만들어내는 생명체의 예로는 BT(Bacillus thuringiensis)라는 박테리아가 있습니다. BT가 만들어내는 살충제는 포유류나 조류에는 영향이 없지만 곤충들에게는 아주 잘 듭니다. 미국에서는 콩, 옥수수, 면화 등 상당수의 주요 작물이 이런 식으로

BT 유전자나 이와 비슷한 유전자를 지니게 되었습니다.

이렇게 유전공학적으로 처리된 식품을 바라보는 시각은 다양합니다. 이들이 처음 등장했을 때 일부에선 예민한 사람들이 알레르기 반응을 일으킬 것을 두려워했지만 실제로 그런 반응이 일어난 것 같지는 않습니다. 유럽 일부 국가에서 유전공학적으로 처리된 작물을 에탄올을 생산하는 데 사용하도록 허가하고 있지만 대부분의 유럽 국가들은 이러한 작물을 금지하고 있습니다. 그러나 유럽 외 지역에서는 이런 작물을 경작할 경우 생산량이 10~50퍼센트 증가하는 경우가 많아 기아 퇴치에 중요한 수단으로 쓰이기도 합니다.

차세대 유전공학 식물을 개발하는 작업도 순조롭게 진행되고 있습니다. 예를 들어 쌀을 유전공학적으로 처리하여 몇 가지 비타민을 합성하게 할 수 있습니다. 또한 과학자들은 콜레라 같은 전염병에 대한 항체를 생산하는 유전자를 바나나처럼 흔한 식품에 삽입하는 방법을 연구하고 있습니다. 이 분야는 급속도로 발전하고 있으며 앞으로는 여기에 관한 뉴스가 많이 쏟아져 나올 것으로 예상됩니다.

유전공학을 이용하면 심지어 에너지 문제에서도 돌파구를 찾을 수 있을 것입니다. 우선 식물을 유전공학적으로 처리해서 연료용 에탄올을 더 많이 생산하게 할 수 있습니다. 과학자들은 박테리아를 유전공학적으로 처리하여 흰개미 내장 속의 박테리아처럼 식물의 셀룰로스를 소화하는 능력을 부여하는 방법을 연구하고 있습니다. 이렇게 하면 농업 폐기물(예를 들어 옥수수대)로 천연가스나 에탄올을 생산할 수 있습니다. 이러한 방법이 성공하면 화석 연료를 더 쓰지 않고도, 또는 대기 중으로 이산화탄소를 더 많이 방출하지 않고도 에너지 공급을 크게 늘릴 수 있습니다.

클론의 탄생

1997년에 스코틀랜드에 있는 로슬린 연구소의 이언 윌멋(Ian Wilmut) 교수가 클로닝(cloning)으로 태어난 첫 포유류인 돌리의 탄생을 발표하자 전 세계가 경악했습니다. 돌리 관련 기사가 전 세계 언론의 헤드라인을 장식했고 그때 이래 학자들은 여러 종의 동물을 클로닝 해냈습니다.

클로닝은 수정이 되지 않은 난자 하나로부터 시작합니다. 보통 미수정 난자에는 완전한 개체를 만드는 데 필요한 DNA 중 딱 절반이 들어 있습니다. 일단 이 난자의 DNA를 제거한 뒤 같은 종의 다른 개체로부터 얻은 성숙한 세포의 DNA를 집어넣습니다. 이제 완전한 DNA를 갖춘 난자가 만들어진 것입니다.

'열쇠 16'에서 우리는 수정된 난자 하나로부터 유기체가 성장함에 따라 각 세포 속 DNA의 이런저런 구간이 꺼지면서 세포가 특수화한다는 사실을 알았습니다. 방금 말한 미수정란에 삽입된 성체 DNA에서는 여러 개의 유전자가 꺼진 상태입니다. 인류가 아직 파악하지 못한 방법으로 이 난자는 꺼진 스위치를 도로 켜서 모든 유전자가 제 기능을 발휘하는 DNA를 만들어냅니다. 여기까지만 오면 정상적인 성장 과정이 시작되어 난자가 분열하기 시작합니다. 말할 것도 없이 분열할 때마다 DNA가 복제되어 모든 세포가 당초에 난자로 삽입된 DNA를 보유하게 됩니다. 결국에 가서는 DNA를 기증한 개체와 똑같은 DNA를 보유한 새로운 개체가 탄생합니다. 이러한 개체를 클론이라고 합니다.

클론의 DNA가 기증자의 DNA와 동일한 게 사실이지만 그렇다고 해서 클론이 기증자의 복제품은 아니라는 것을 알아야 합니다. 예를 들어 인간 쌍둥이도 같은 DNA를 보유하고 태어나지만 서로 다른 개인으로 성장합니다. 이러한 점을 강조하는 과학자들은 클론을 비동시적 쌍둥이, 그러니까 서로 다른 시점에 탄생한 쌍둥이라고 부릅니다. 인간의 행동을 결정하는 데 유전자의 역할은 어느 정도이며 환경의 역할은 어느 정도인가(해묵은 본성-양육 논쟁의 새 버전)를 밝히는 것이 중요한 연구 분야로 등장했습니다. 이 두 가지 요소는 복잡하게 얽혀 있는 것이 틀림없으며 이 의문에 대한 답은 간단하지 않을 것입니다. 굳이 대답을 요구한다면 이 책의 저자인 우리는 연구 결과가 50 대 50으로 나오리라는 추측을 제시할 수밖에 없습니다.

클로닝 기법으로 가장 먼저 수익을 올린 분야는 농업입니다. 수백 년에 걸쳐 교배를 통해 사람들은 수익성 있는 특성을 갖춘 동물종을 만들어냈습니다. 빨리 자라는 돼지, 마블링이 많이 들어간 고기를 만들어내는 소 등 예는 얼마든지 있습니다. 통상적인 방법으로 번식을 시키면 부모 중의 어떤 쪽이 바람직한 성질을 지니고 있어도 이것이 후손에게 반드시 전달된다는 보장이 없습니다. 그러나 바람직한 유전자를 보유한 개체를 클로닝하면 인간이 원하는 유전자가 다음 세대로 전달될 것임을 확신할 수 있습니다. 미국식품의약국(FDA)과 유럽식품안전청(EFSA)은 클로닝된 동물에서 비롯된 식품(그러니까 고기)은 클로닝되지 않은 개체의 고기와 구별할 수 없으며 따라서 먹어도 안전하다고 판단했습니다.

이제까지 적어도 10여 종의 가축이 클로닝되었습니다. 이런 동물들은 매우 비쌉니다. 예를 들어 암소 같으면 한 마리에 수만 달러에 이르는데 이렇게 비싼 소를 잡아먹을 수는 없습니다. 이런 개체들은 주로 번식 자체에 이용되는데, 이들을 통해 바람직한 유전자를 갖춘 개체들을 빨리 번식시킬 수 있기 때문입니다.

유전공학적 기법을 이용하는 또 하나의 클로닝 방식은 동물을 이용하여 인간 치료용 의약품을 만드는 것입니다. 필요로 하는 성분(예를 들어 인간 성장 호르몬)을 생산하는 유전자를 양이나 소의 DNA에 삽입한 뒤 이 성분이 양이나 소의 젖에 들어 있는지를 살펴봅니다. 들어 있기만 하다면 이런 개체들을 클로닝해서 수를 불리는 방법으로 필요한 성분을 대량으로 생산하는 길이 열립니다. 파밍(Pharming)이라는 별명이 붙은 이 기법을 활용하면 보통의 기술로는 이런저런 이유로 만들어낼 수 없던 약품을 생산해낼 가능성이 높아집니다.

재생의학과 줄기세포

수정란으로부터 인간의 개체가 발생을 시작하면 세포의 DNA 안에서는 흥미로운 일이 일어납니다. 분열을 계속하면서 세포는 분화되어, 겨우 일주일이나 열흘만 지나면 어떤 세포는 피부가 되고, 어떤 세포는 뉴런이 되고, 어떤 세포는 소화 기관을 이루는 식으로 몇 가지 세포들은 벌써 '운명'이 결정됩니다. 이런 식의 분화를 이루기 위해 세포는 특정한 기능을 수행하는 데 필요한 부분을 제외한 DNA상의 유전자를 모두 꺼버립니다. 그러므로 성체 세포의 경우 대부분의 유전자는 꺼져 있습니다.

그러나 수정 직후 처음 대여섯 번 정도 분열이 끝나기까지는 몇몇 세포에서 유전자가 모두 켜져 있습니다. 그렇다면 이런 세포는 나중에 어떤 세포로도 분화될 수 있는 능력을 갖춘 것입니다. 이러한 세포를 배아 줄기세포라고 부릅니다. 발생이 진행됨에 따라 일련의 중간 줄기세포가 탄생합니다. 예를 들어 피부를 이루는 다양한 형태의 세포는 피부세포로는 발생할 수 있지만 근육이나 신경 조직으로 발달할 수는 없는 줄기세포로부터 태어났습니다. 이러한 세포를 신체 줄기세포라고 부릅니다.

많은 사람들이 희망을 걸고 있는 의학 분야에 재생의학이라는 것이 있습니다. 어떤 사람의 줄기세포를 이용하여 장기를 만들어내 이를 다시 본인에게 이식하는 방법을 연구하는 분야로, 예를 들어 심장이나 신경을 연구 대상으로 합니다. 이렇게 만들어진 장기는 자기 DNA를 보유하고 있기 때문에 면역계가 거부 반응을 일으키지 않습니다. 그런데 이런 일을 실현하려면 모든 유전자가 켜진 상태라서 이들을 인간이 원하는 최종 목적지까지 이끌고 갈 수 있는 줄기세포가 필요합니다.

이러한 세포를 얻는 방법으로는 환자를 DNA 공여자로 하여 배아를 클로닝하고 그 배아로부터 줄기세포를 추출하는 방법이 있습니다. 그러나 이 방법에는 몇 가지 문제가 있습니다. 우선 인간의 난자가 많이 필요한데, 이를 얻으려면 외과적 처치를 거쳐 건강한 여성으로부터 추출해야 합니다. 또 미국의 경우 배아 줄기세포를 사용하는 일이 낙태와 맞물려 전국적인 논쟁에 휘말려 정치적 문제가 되기도 했습니다.

다행히도 2007년에 미국과 일본의 과학자들은 배아에 의존하지 않고도 줄기세포를 만들어내는 방법을 고안했습니다. 바이러스를 이용해 보통 피부세포의 DNA 속에 유전자를 주입하여 유전자를 끄는 스위치를 다시 켜냈습니다. 이것은 클로닝 과정에서 난자가 하는 일과 같습니다. 그 결과 클로닝에 전혀 의존하지 않고도 세포의 DNA를 직접 조작하여 줄기세포를 만드는 길이 열렸습니다. 앞서 말한 정치적이고도 현실적인 문제의 굴레에서 벗어나 재생의학을 발전시킬 희망이 생긴 것입니다.

열쇠 18

'종의 기원'과 진화

진화론의 과학적 증거

미국에서 공립학교를 다닌다면 인류의 기원을 성경의 내용으로 설명하는 창조론이 과학 교육 과정에 포함되어 있지 않음을 알게 될 것입니다. 하지만 처음부터 그랬던 것은 아닙니다. 지금의 교육 과정은 많은 과학자들이 사명감을 품고 아칸소, 캘리포니아, 펜실베이니아 등 미국 전역의 법정에서 미국 아동들의 과학 교육을 커다란 위협으로부터 보호하기 위해 벌여 온 대접전의 결실입니다.

이번 주제는 어떤 사람들을 불쾌하게 할지도 모르지만 새삼스러운 것은 아닙니다. 진화론은 100년 이상 많은 사람들에게 불쾌감을 줘 왔습니다. 우리 지구와 이곳에 살고 있는 생명체의 기원을 두고 극단적으로 상반된 견해가 두 가지 있습니다. 창조론자들은 믿음을 근거로 하여 《구약성서》에 담긴 천지 창조 이야기를 그대로 받아들입니다. 그들은 이렇게 믿고 있습니다.

(1) 원시 지구가 생긴 지는 만 년이 채 되지 않았다.

(2) 산, 계곡, 바다, 대륙 등이 있는 오늘날 지구의 모습은 엄청난 재해, 특히 대홍수의 결과이다.

(3) 인간을 포함한 모든 생명체는 신비로운 과정을 거쳐 근본적으로 현재의 모습과 비슷하게 창조되었다.

창조론에서는 자연이 아닌 성서가 무엇을 믿을 것인가를 지시합니다. 또한 창조론에서는 관찰을 통한 증거보다는 성서의 해석을 근거로 한 교리를 더 중요시합니다. 창조론은 실험 대상이 될 수도 없으며 새로운 자료가 나타났다고 해서 극적으로 변할 수도 없습니다. 다시 말해서 창조론은 일종의 종교입니다.

누구나 관찰하고 해석할 수 있는 자연의 증거는 창조론의 교리를 부정합니다. 만약 지구가 생긴 지 만 년밖에 되지 않았다면 어떻게 단단한 암석이 1.6킬로미터나 깎여 그랜드캐니언이 생길 수 있었을까요? 어떻게 1년에 단지 몇 센티미터씩밖에 움직이지 않는 대륙이 갈라져서 유럽과 북아메리카 대륙이 생길 수 있었을까요? 어떻게 해서 방사성 물질의 반감기를 기초로 하여 시대를 측정하는 방사성 연대 측정법에서 대부분의 암석들이 몇억 또는 몇십억 년 되었다는 결과가 나올 수 있을까요? 어떻게 해서 미시시피 강에서 철마다 다양하게 흘러나오는 퇴적물, 산호초, 심해 침전물들이 그것들보다 더 오래된 암석 위에 몇십만 개의 층을 이루며 쌓일 수 있었을까요? 편견 없이 귀를 기울이면 자연은 우리의 기원에 대해 더 많은 것을 이야기해줄 것입니다.

창조에 관한 성서의 구절들은 시적으로 매우 아름다우며 비유의 힘을 발휘합니다. 성서에 쓰인 창조(종교)와 진화론(과학)은 인간과 종의 기원에 대해 해답을 제시하는 서로 다른 길이자, 상호 보완적인 방법입니다. 이런 근본적인 차이 때문에 우리 저자들은 창조론은 어떤 과학 교육 과정에도 포함시키지 않는 것이 적절하다고 생각합니다.

진화의 과학적 이론은 수 세기 동안 지질학적, 생물학적 관측을 거쳐 개발되고 수정되었으며, 이의가 제기되고 실험되었습니다. 진화론은 화석의 위치, 암석의 연대 측정, 다른 종들 간의 유전적 유사성에 대해 수많은 구체적 예측을 내놓았습니다. 진화론은 시험의 대상이 되며 다른 과학 이론들과 마찬가지로 새로운 사실이 발견되면 수정될 수도 있습니다. 이런 연구를 거쳐 제시된 진화론의 중심 견해는 다음과 같습니다.

"모든 생명체는 자연 선택에 의해 진화한다."

먼저 '사실'로서의 진화와 '이론'으로서의 진화의 차이를 분명히 해야 합니다. 중력을 생각하면 쉽게 구별할 수 있을 것입니다. 뉴턴에서부터 아인슈타인에 이르기까지 중력에 대한 이론은 매우 다양하며, 또 이 이론들을 통합한 이론도 있을 수 있습니다. 이들은 모두 틀릴 수도 있고, 불완전할 수도 있으며, 한 이론을 다른 이론 안에 포함시킬 수도 있을 것입니다. 하지만 어떤 이론을 믿든지 물체를 떨어뜨리면 그 물체는 아래로 떨어집니다. 이것이 사실로서의 중력입니다. 마찬가지로 화석 연구, 분자생물학, 지질학 모두가 복잡한 구조를 갖춘 오늘날의 생물들이 단순한 구조를 갖춘 초기의 생물들로부터 진화했다는 생각을 뒷받침하고 있습니다. 이것이 바로 사실로서의 진화입니다. 중력의 경우와 마찬가지로 진화 과정을 설명하려는 이론들이 많이 있습니다. 그러나 사실로서의 중력을 아무도 부정할 수 없듯이, 어떤 이론이 옳고 그르다는 것이 사실로서의 진화를 변화시키지는 못합니다.

대부분의 과학자들은 진화론 중 생명이 두 단계를 거쳐 탄생했다는 부분에 대해서는 동의하고 있습니다. 첫 단계는 무생물에서 생명이 만들어지는 '화학적 진화'입니다. 일단 생명이 만들어지면 두 번째 과정인 '생물학적 진화'가 이루어집니다.

원시 수프와 생명의 바다

맑은 겨울밤에 하늘을 쳐다보면 우주는 생명의 안식처라곤 찾아볼 수 없는 차갑고 적대적이며 접근을 불허하는 곳이라는 냉혹한 사실을 알게 될 것입니다. 이렇게 보면 생명이 변화한다는 사실 자체가 놀라운 것입니다. 진화를 위해서는 적절한 온도, 압력, 재료가 필요하고 이 모든 요소들을 혼합해주는 에너지원이 있어야 하기 때문입니다. 원시 지구는 이 모든 조건을 충족시켜주었습니다.

우리가 알고 있는 진화 과정에서 첫 번째 조건은 생명을 이루는 화학 물질들을 대량으로 함유하고 있는 바다입니다. 원시 지구의 바다는 워낙 넓었고 온도는 비등점과 빙점 사이였습니다. 지구가 응고된 지 몇백만 년 안에 물이 지구 표면 대부분을 덮기 시작했습니다.

생명이 탄생하려면 탄소, 수소, 질소, 산소라는 네 가지 필수 원소가 충분히 존재해야 했습니다. 이 원소들은 원시 대기에 다 들어 있었는데, 원시 지구의 대기 조성은 오늘날 우리가 숨 쉬는 대기의 조

성과는 매우 달랐습니다. 화산 폭발과 함께 분출하여 최초의 대기를 형성한 기체는 질소(N_2), 이산화탄소(CO_2), 수증기(H_2O) 등의 혼합물이었을 것이며 이 안에 약간의 수소(H_2), 메탄(CH_4), 암모니아(NH_3)가 존재했을 것입니다. 이 기체들은 원시 바다에서 파도가 일 때 표면의 물과 혼합되었고 이로 인해 바다는 생명 형성에 필요한 모든 원소들을 갖추게 되었습니다.

밀러-유리 실험

몇 가지 원소들만 보유했던 바다에서 생물이 나타났다는 것은 아주 큰 발전입니다. 1953년에 시카고대학의 스탠리 밀러(Stanley Miller, 1930~2007)와 해럴드 유리(Harold Urey, 1893~1981) 교수는 생명에 필요한 복잡한 분자가 어떤 과정을 거쳐 만들어졌는지를 알아보는 실험을 했습니다. 이들은 원시 지구의 환경을 유리병 안에 재현하려 했습니다. 우선 유리병에 물을 붓고 암모니아, 메탄, 수증기,

수소 등의 기체를 넣었습니다. 병을 계속 가열하며 물과 기체들을 혼합하는 동시에 전기 방전을 일으켜 에너지를 공급했습니다. 그 결과는 놀랄 만했습니다. 며칠 안에 물은 밤색으로 변하고 화학 분석을 한 결과 단백질의 구성 요소인 아미노산이 생겼다는 사실이 밝혀졌던 것입니다.

그 후 다른 기체들을 혼합해보거나 자외선으로 행한 실험에서도 비슷한 결과가 나왔습니다. 매번 실험할 때마다 아미노산, 포도당 등 생명 형성에 필수적인 분자들이 만들어졌습니다. 실험이 오래 지속될수록 유리병 속에 생겨나는 분자 수프의 종류가 다양해지고 농도도 높아졌습니다. 한동안 사람들은 그 실험 유리병 안에서 새롭고 위험한 생명체가 생길지도 모른다는 두려움에 사로잡히기도 했습니다. 사실 밀러-유리 분자는 생명과 몇 단계 떨어진 것이었습니다. 하지만 그들은 적절한 조건만 갖춰진다면 생명 분자들이 대량으로 형성될 수 있음을 보여주었습니다.

오늘날 세계 곳곳에는 '생명의 기원' 연구에만 몰두하는 연구실이 많이 있습니다. 밀러-유리 실험의 후손이라고 할 수 있는 이 첨단 연구실에서는 원시 지구가 더 크고 더 복잡한 분자를 만들어낼 수 있었는지를 연구합니다. 이 연구는 원시 지구의 대기나 바다와 같은 조건에서 매우 복잡한 분자가 형성되는 데 아무런 문제가 없음을 보여줍니다.

초기 지구에서 생명에 필수적인 분자들은 대기에서만 만들어진 것이 아닙니다. 심해저의 화산이 여기저기서 폭발하면서 이산화탄소를 비롯한 여러 가지 기체들이 다양한 광물질과 반응했고, 그 결과 아미노산, 지질, 탄수화물 등 여러 가지 유기분자가 탄생했습니다. 원시 지구 당시 복합분자의 또 다른 원천은 그때까지도 계속해서 하늘에서 떨어지던 운석이었습니다. 오늘날 떨어지는 운석에는 아미노산 같은 유기분자가 들어 있습니다. 원시 지구에는 아마 밀러-유리 과정을 거쳐 생긴 분자 외에 유성이 가져온 분자들도 많이 있었을 것입니다. 실제로 일부 학자들은 생명이 우주에서 날아온 파편에서 형성되었다고 주장하지만, 대부분은 이 이론에 회의적입니다.

원시 수프와 생명의 기원

지구 표면, 화산의 내부, 우주 공간 등에서 대량의 유기물이 공급되었습니다. 그렇다면 생명은 어디서 어떻게 시작되었을까요? 지구 생명체의 기원에 대한 이론 중 하나는 '원시 수프' 형성 이론입니다. 이 이론에 의하면 태양열과 하늘에서 치는 번개가 제공하는 에너지 때문에 복합 탄소 분자들이 합성되었고 또 이 분자들이 바다를 가득 채웠다고 합니다. 수억 년 동안 생명의 재료가 되는 분자들이 만들어져 바다 맨 위층에서 농축되었습니다. 여러 종류의 아미노산이 연결되어 원시 단백질을 만들고 있었는지도 모릅니다. 지방 분자들이 모여 피막 같은 판이나 공 모양을 형성하고 있었을 수도 있습니다. 또 DNA 구조처럼 꼬인 당(糖)도 가끔 그 태초의 수프 재료가 되었는지도 모릅니다.

어떤 학자들은 광물질 표면 이론을 들고나오기도 합니다. 이들에 따르면 바닷가의 얕은 웅덩이나 바다 밑바닥 아래쪽에 있는 바위에 발생한 균열을 따라 발생한 광물질의 표면에서 생명을 구성하는 분자들이 질서정연한 모습으로 모여들었다는 이야기입니다. 또 어떤 학자들은 까마득한 옛날에 바다 표면에 깔려 있던 기름막이 생명 발

생에 적합한 환경을 제공했다고도 합니다. 과학적 가설이라는 것이
다 그렇듯이, 누구의 주장이 옳은지는 계속해서 실험과 시험을 해봐
야 알 수 있을 것입니다.

어느 쪽이든 40억 년 전쯤엔 생명이 이미 존재하기 시작했으리라
고 확신할 수 있습니다. 세상에서 가장 오래된 퇴적암은 그린란드의
이수아라는 곳에 있는데 38억 년 정도 되었습니다. 이 바위에는 세포
형태의 생명체가 남긴 희미한 흔적이 있습니다. 그러니까 그 당시의
지구는 그 이전의 지구와 완전히 달랐다는 뜻이죠.

다윈과 자연 선택

태초의 살아 있는 세포는 약탈자로부터 위협받지도 않고, 영양이
풍부한 분자들로 가득 채워진 바닷속에서 살았습니다. 다른 생명체
와 경쟁할 필요도 없었습니다. 최초의 세포가 만들어지기까지는 몇
억 년씩이나 걸렸을지도 모르지만, 단지 몇 년이라는 상대적으로 짧
은 기간 동안 그 세포의 자손이 지구의 바다를 가득 채워 대부분의
유기물질을 흡수하는 바람에 다른 종류의 세포가 갑자기 생길 가능
성을 크게 축소시켰을 것입니다. 한마디로, 일단 최초의 세포가 생겼
을 때 다른 생명체가 탄생할 가능성은 배제된 것입니다.

자연 선택

지구의 다양한 생명체들—나무, 버섯, 아메바, 인간 등—은 자연
선택이라는 과정을 거쳐 최초의 세포로부터 진화하였습니다. 19세기
중반이 되자 대부분의 지질학자와 고생물학자들은 어떤 종(種)도 영

원히 존재하지 않는다는 사실을 시인하게 되었습니다. 즉 새로운 종들이 생기고 오래된 종들은 멸종한다는 것입니다. 그러나 여전히 이러한 변화의 과정은 밝혀지지 않고 있었습니다. 그러다가 영국의 자연사학자인 찰스 다윈(Charles Darwin, 1809~1882)이 강력하고도 단순한 해결책을 제시했습니다. 그는 20년의 연구 결과를 1859년 출판된《자연 선택에 의한 종의 기원》에 담았습니다. 이 책의 출판은 아직까지도 과학사상 가장 중요한 사건의 하나로 여겨지고 있습니다.

다윈은 가축과 야생 동물들의 변종 몇 가지를 각각 연구한 끝에 중요한 결론 세 가지에 도달했습니다. 첫째, 모든 종에는 변이가 존재합니다. 즉, 개개의 종마다 크기, 힘, 색 그리고 기타 수백 가지의 형질이 다르다는 것입니다. 둘째, 많은 형질은 양친으로부터 자손에게로 전해집니다. 예를 들어 양친이 키가 크면 자손도 키가 클 것입니다. 앞의 두 개념은 다윈의 모국인 영국에서는 너무도 당연한 것으로 받아들여졌습니다. 수 세기 동안 영국의 축산가들은 우량 형질을 지닌 가축을 골라 인위적 교배를 하여 번식을 시켜 왔기 때문입니다.

다윈의 공헌은 형질 변이와 유전이 자연 환경에서 생존과 번식에 영향을 끼친다는 사실을 알아낸 데 있습니다. 각각의 자손은 양친으로부터 형질을 이어받지만 그중 어느 자손도 양친과 똑같지는 않다는 사실을 다윈이 발견한 것입니다. 한 종 내에서 형질이 여러 가지로 나타나는 것은 생존과는 거의 관계가 없습니다. 생존에 관한 한 녹색 눈 파리와 적색 눈 파리는 거의 다를 바가 없을 것입니다. 그러나 간혹 어떤 형질이 중요할 때가 있습니다. 근육이 더 튼튼하거나 위장(僞裝)을 더 잘한다거나 아니면 깃이 더 화려하기 때문에 어떤 한 개체가 생존하거나 이성을 유혹하는 데 유리하다면, 종 안의 다른 개체들보다는 이런 개체들의 형질이 자손에게 더 많이 전해질 것이며 결국 모든 개체가 그 형질을 지니게 될 것입니다. 다윈은 그런 과정을 '자연 선택(natural selection)'이라고 불렀습니다.

영국의 페퍼 모스(peppered moth)라는 나방의 변이는 생명에 대한 다윈의 견해를 아주 적절히 뒷받침해주는 예입니다. 1800년대 초 영국의 나무들은 대부분 연녹색의 지의류로 덮여 있었습니다. 역시 연녹색 반점으로 덮인 페퍼 모스는 이런 환경과 잘 어울렸기 때문에 새를 비롯한 천적들을 피할 수 있었습니다. 그 후 산업혁명이 일어나 석탄을 연료로 쓰는 엔진들이 대량 등장했습니다. 이로 인해 영국의 하늘은 까맣게 되고 연녹색 페퍼 모스의 안식처인 나무 줄기도 까맣게 변했습니다. 공장 지대의 나무들이 검댕으로 덮이자 자연 선택에 의해 나방들 중 소수였던 어두운 색 나방이 주역을 맡았습니다. 나무 껍질이 검게 변하자 어두운 색 나방이 더 많이 생존하게 되고 따라서 어두운 색을 띤 자손이 더 많이 생겼습니다. 1800년대 말에는 영국의 페퍼 모스 대부분이 어두운 색이었습니다. 이 종은 변화된 환경에 적응하여 생존할 수 있었던 것입니다. 오늘날 환경 보호 조치로 인해 검댕 발생량이 줄어들자 나무 둥치의 색은 다시 밝아졌고 그 결과 색이 진한 나방의 개체 수도 줄어들었습니다.

산다는 것은 제한된 자원을 획득하기 위한 전쟁입니다. 한 개체가 생존하려면 경쟁에서 이기고 가뭄, 홍수, 더위, 빙하기 등의 기후 변동을 견뎌내야 합니다. 살아남기 위해 생물은 갖은 방법을 동원합니다. 모기나 바퀴벌레처럼 곤충들 대부분은 대량의 자손을 만들어내는데 그중 몇몇만 살아남아 다시 자손을 번식시킵니다. 반면 사람처럼 큰 동물들은 소수의 자손을 양육하는 데 많은 에너지를 소비합니다. 어떤 종은 나무껍질이나 나뭇잎, 혹은 눈을 모방하는 놀라운 변장술을 발휘하고, 또 어떤 종은 천적이 나타나면 화려한 색을 뿜내서 자기에게 독이 있다는 것을 알리기도 합니다.

다윈을 이야기할 때 가장 먼저 떠오르는 '적자 생존'이라는 말은 간혹 영향력 있는 엘리트들이 자신들의 정치·경제적 행위를 정당화하기 위해 오용하는 경우도 있습니다. 다윈은 '적(適)'에 매우 제한된 의미를 부여했습니다. 적자(適者)란 자신의 유전자를 자손에게 전하고 그 자손이 더 많은 자손을 번식시킬 수 있을 때 쓰이는 말입니다. 즉 생물학적 측면에서 성공의 척도는 자손의 수가 얼마나 되느냐에 있습니다.

변화의 메커니즘

다윈 이론의 큰 결점이자 다윈 비평가들이 공격 대상으로 삼는 것은 새로운 형질과 변이가 생기고 또 자손들에게 전달되는 메커니즘이 밝혀지지 않았다는 점입니다. 멘델과 그 후에 나온 유전학자들은 그 문제의 일부만 해결하는 데 그쳤지만, DNA의 기능과 구조가 밝혀지면서 변이가 만들어지는 과정이 분명해졌습니다. 아무리 완벽하다 하더라도 DNA는 복제 과정에서 실수를 저지르게 마련입니다.

엑스선, 자외선, 열 또는 화약 물질로 인한 손상은 실수의 확률을 높입니다. 시간이 지날수록 돌연변이라 불리는 여러 개의 작은 변화들이 유전자 안으로 파고듭니다. 어떤 실수는 중요하지 않아서 뚜렷한 변화 없이 자손에게 이어집니다. 어떤 실수는 생존할 수 있는 자손을 파괴하는 끔찍한 결과를 가져오기도 합니다. 그리고 어떤 실수는 유전병을 일으켜 신체의 중요한 화학적 기능이 제대로 발휘되지 못하는 경우도 있습니다. 그리고 아주 간혹 우연한 실수로 인해 자손에게 이익을 가져다주는 새롭고 바람직한 형질이 나타나는데, 이런 경우 자연 선택에 의해 그 형질은 자손 대대로 이어집니다. 수백만 년에 걸쳐 이런 조그만 변화들이 축적되어 큰 변화를 일으키는 것입니다.

다윈의 뛰어난 통찰력은 "생명은 경쟁적이기 때문에 진화한다."라고 말한 데서 잘 나타납니다. 우연한 변이가 가끔씩 이로울 때가 있으며, 그런 경우 이들은 유전자 안에 기록되어 계속 보존됩니다. 기린이 목이 긴 것은 높은 가지 위의 열매를 따먹기 위해 목을 뻗어서가 아닙니다. 오히려 자연 선택에 의해 우연히 좀 더 키가 큰 기린들이 살아남았기 때문입니다. 개개의 형질은 다양하게 존재하지만 자연이 주어진 환경에 비추어 적합한 형질을 선택하는 것입니다.

자연 선택에 의해 돌연변이가 계속 이루어져 오랜 시간이 지나면 조상과는 현격하게 다른 개체가 태어납니다. 이것이 바로 새로운 종이 생기는 기본 메커니즘입니다. 그러나 이런 과정이 정확히 어떻게 일어나는가는 과학자들 사이에 논란의 대상이 되고 있습니다. 여기서 짚고 넘어가야 할 것은 보통의 진화 속도로도 오늘날 우리가 볼 수 있는 복잡하고도 다양한 생명체들이 탄생하기에 충분하다는 것입니다. 예를 들어 과학자들은 오늘날 쥐들 중의 일부가 다른 여러 가지 생물들과 비슷한 속도로 진화해 간다면 몇만 년 후에는 쥐가 코끼리만큼 커질 것이라고 추측하고 있습니다.

진화의 증거

지구와 생명과학에 대한 연구는 우리의 공동 조상과 수십억 년 전에 시작된 지구에서의 생명 현상이 어떻게 변화를 계속했는지 여러 가지 증거를 제공해주고 있습니다.

생명의 분자 구조

생명의 분자 구조는 모든 것이 단 하나의 세포로부터 진화했다는 설득력 있는 증거를 제시합니다. 모든 생명은 똑같은 몇 개의 유기분자로 만들어집니다. 변형균과 월계화로부터 혹고래에 이르기까지 지구상의 모든 살아 있는 것들은 똑같이 오른쪽으로 회전하는 나선형 DNA의 유전정보를 지니고 있습니다. 만들어질 수 있는 아미노산은 수백 가지가 되지만 모든 유기체의 단백질은 단지 20가지의 아미노산으로 이루어져 있습니다. 이런 모든 화학적 현상들이 태초의 세포 안에서 일어났으며, 이 현상들은 그 이후의 후손들에게도 예외 없이 나타났다고 말할 수 있습니다. 태초에 하나 이상의 세포가 동시에 생겼다면 생명체는 하나 이상의 화학적 언어를 갖추고 있을 것입니다.

세포

모든 생명체의 세포 구조 또한 이 생명체들에게 공동 조상이 있음을 보여줍니다. 생명체는 모두 세포로 되어 있는데 이 세포들은 똑같은 화학적·물리적 구조로 이루어져 있습니다. 단세포 생물과 다세포 생물도 밀접하게 연관되어 있습니다. 크고 구조가 복잡한 동·식물들도 독립해서 존재할 수 있는 세포들의 집합체에 불과합니다. 인간의 피부, 근육, 신경 등에 있는 세포는 각각 저마다의 고유 기능이 있습니다. 독립된 인간 세포는 아메바 형태를 취하며, 박테리아와 같은 방법으로 영양을 섭취하고 복제합니다. 어떻게 생각하면 인간 및 여러 포유 동물들은 몇조 개나 되는 독립 세포들이 공동 생활을 하는 유기체라고 할 수 있습니다.

화석과 진화

진화의 가장 극적인 증거는 과거의 흔적을 돌 속에 기록하고 있는 화석에서 찾아볼 수 있습니다. 유기체가 죽어서 흙 속에 묻히면 화석이 됩니다. 무기물이 풍부한 지하수가 점진적으로 유기체의 단단한 부분의 원자를 다른 무기물의 원자로 대치해서 결국 화석이 생기는 것입니다. 즉 화석은 원래의 유기체를 돌에 그대로 복사해놓은 것입니다. 바다 밑바닥에 조개껍질, 비늘, 이빨 같은 단단한 유물들이 많이 있습니다. 강이나 호수 밑바닥에는 뼈, 나뭇가지, 나뭇잎, 곤충들이 많이 쌓여 있습니다. 각 지질 시대의 침전물에서는 화석 유물들이 발견되며 그 신비한 화석들이 밝혀주는 과거의 특성들은 시대에

따라 현저히 달라집니다. 지구 역사에서 40억 년 동안 생명이 진화해 왔고, 그것은 점점 더 복잡하고 다양해졌다는 사실이 화석에 의해 밝혀졌습니다.

물론 화석의 기록에도 한계가 있습니다. 대부분의 생명체들은 단단한 부위를 갖추고 있지 않기 때문에 대부분의 종은 화석으로 보존되지 않습니다. 조개껍질이나 뼈의 보존 가능성도 희박합니다. 생물은 대부분 흔적 하나 없이 죽고, 썩으며, 풍화됩니다. 그러므로 남아 있는 화석은 전체 지구 생명 중 극소수의 기록입니다.

박테리아에서 호모 사피엔스까지

지질학자들과 고생물학자들은 특정한 시기에 육지와 바다를 어떤 생명체가 지배했는가에 따라 지구의 역사를 몇 개의 누대(累代)와 대(代)로 나눕니다. 명왕누대(冥王累代, 약 45억 년 전에서 약 38억 년 전까지)와 시생누대(始生累代, 38억 년 전에서 25억 년 전까지) 때는 지구가 응고되고 대양저에는 물이 차고 단세포 생물이 화학적 진화를 했습니다. 시생누대의 대기에는 햇빛의 자외선을 막아줄 오존이 없었기 때문에 육지에서는 생물의 생존이 불가능했습니다. 하지만 원시 바다에는 단순한 생명체가 살고 있었다는 증거가 많이 있습니다.

원시 바다의 침전물을 살펴보면 흔히 구형 또는 막대형의 미세한 박테리아와 같은 단세포 생명체의 흔적을 볼 수 있습니다. 이렇게 작은 생명체를 보려면 종이처럼 얇은 암석 박편을 현미경 위에 얹어놓고 관찰해야 합니다. 대부분의 박테리아 화석들은 구별하기 힘든 얼룩처럼 보이고, 간혹 세포 분열을 하던 도중에 죽은 박테리아도 발견됩니다. 다른 원시 생명체들은 조류의 층을 형성했는데 오늘날 오스트레일리아의 호수나 해안의 웅덩이에서 볼 수 있는 조류에서처럼 이것은 각 층 사이의 경계가 뚜렷합니다. 암석에 새겨진 기록을 연구해보면 단세포 생물이 약 30억 년 동안 바다에 살고 있었던 것은 분명합니다.

원생대(原生代, 25억 년 전에서 5억 4200만 년 전)에는 생명체가 좀 더 복잡해졌으며 대기에는 산소가 풍부했습니다. 나이가 약 10억 년 정도 되는 퇴적암에서는 최초의 다세포 동·식물의 흔적을 만날 수 있습니다. 오스트레일리아·유럽·북아메리카에 있는 퇴적암을 관찰하면 그 당시 해파리, 지렁이, 다세포 조류가 있었던 것으로 보입니다. 이 고대 동·식물에는 단단한 부분이 거의 없었기 때문에 우리는 이들에 대해 별로 아는 것이 없습니다. 그나마 남아 있는 화석들은 급속도의 퇴적, 고요한 물, 그리고 시체를 먹어 치우는 박테리아가 없었던 독특한 상황이 조화를 이루었기 때문에 존재할 수 있었습니다.

고생대(古生代, 5억 4200만 년 전에서 2억 5100만 년 전)가 시작될 무렵인 5억 4200만 년 전, 지구의 생명체에는 급격한 변화가 일어났습니다. 동물이 진화하여 단단한 껍질을 지니게 된 것입니다. 화석 기록을 보면 단 몇백만 년 사이에 해양 생물이 실로 다양해졌다는 사실을 알 수 있습니다. 산호를 비롯한 군집 동물들은 대륙 근처에 거대한 산호초를 이루었습니다. 오늘날의 달팽이, 불가사리, 성게 등의 조상이라고 할 수 있는 환형 동물과 다양한 쌍각 조개류의 잔재들이 약 5억 년 정도 된 퇴적암에서 발견되곤 합니다.

고대 세계의 생명체들은 오늘날 바다를 탐험하는 스킨다이버들에게는 낯설겠지만, 오랜 세월이 지나면서 우리에게 더 친숙한 생물들도 화석에 기록되었습니다. 최초로 턱뼈를 지닌 물고기, 육상 식물, 그리고 곤충은 아마 약 4억 년 전에 생겼을 것이고, 약 3억 6천만 년 전에 최초의 척추 동물이 바다에서 육지로 기어올라 왔습니다. 3억 년 전에는 소철류와 고사리 숲이 생기고 날개 달린 곤충도 나타났습니다. 그 후 얼마 안 있어 큰 파충류들이 육지를 활보했습니다.

중생대(中生代, 2억 5100만 년 전부터 6600만 년 전)가 지속된 약 2억 년 동안에는 공룡을 위시한 파충류들이 육지, 바다, 하늘을 지배했습니다. 우리가 알고 있는 티라노사우루스, 스테고사우루스, 트리케라톱스 외에도 수백 종의 신기한 짐승들과 나무, 현화 식물, 갑주어, 최초의 작은 포유류가 진화에 의해 나타났으며 이들은 지구 곳곳에서 살았습니다. 공룡들은 거의 2억 년 동안 전성기를 누리다가 6600만 년 전에 갑자기 멸종했는데 그 이유는 아직까지 완전히 밝혀지지 않고 있습니다. 먹이를 획득하는 데 우위를 차지하던 공룡이 사라지자 포유류가 점차 여러 환경에서 진화하고 적응하며, 또 새로운 환경을 개척하게 되었습니다.

가장 최근의 신생대(新生代, 6600만 년 전부터 현재까지)에는 포유류가 주인공이 되었습니다. 많은 종류의 포유류가 생겼는데 호모 사피엔스도 그중 하나입니다. 천만 년 전쯤의 지구에는 오늘날 볼 수 있는 동물들이 많이 살고 있었습니다. 박쥐, 고양이, 개, 그리고 설치류 동물들도 흔히 눈에 띄었습니다. 털이 있고 상아가 이상하게 꼬인 코끼리, 집채만 한 나무늘보, 발가락이 달린 말굽이 있는 동물 등 기이한 동물들도 있었습니다. 하지만 숲과 냇물에는 오늘날의 숲과 냇물에서 만날 수 있는 새, 물고기, 곤충이 살고 있었고 바다에는 우리가 보면 쉽게 알 수 있는 고래, 상어, 산호초 등이 서식했습니다. 그러나 이 시대의 중요한 생명체인 인간은 아직 나타나지 않았습니다.

인류인 호모 사피엔스는 아주 최근에 이루어진 진화의 결실입니다. 호미니드의 화석을 연구하는 학자들은 인간의 조상이 침팬지의 조상과 갈라진 진화 상의 사건이 약 800만 년 전 아프리카에서 일어났다고 추측합니다. 인간이라고 부를 수 있는 개체의 화석은 상당히 드문데 이는 개체 수가 워낙 적어서 화석화될 대상이 없기 때문이기도 하고(오늘날의 개코원숭이를 생각해보세요), 그 시대의 퇴적암으로 지표상에 남아 있는 것이 별로 없기 때문이기도 합니다. 그럼에도 인간이라고 부를 수 있는 개체와 그보다 앞선 원시 영장류의 중간쯤 되는 특성을 보이는 화석도 약간은 존재합니다. 인간이라고 부를 수 있는 가장 오래된 화석은 오스트랄로피테쿠스('남쪽의 원숭이'라는 뜻) 속(屬)의 것인데 오늘날 에티오피아에 있는 퇴적암층에서 발견되었습니다. 약 350만 년 된 이 화석의 주인은 직립 보행을 했으며, 키는 약 90센티미터 정도였고 뇌의 크기는 오늘날 신생아의 뇌 정도였습니다. 300만 년 전부터 100만 년 전 사이에 아프리카에는 10여 종의 오스트랄로피테쿠스와 초기 호모가 같이 살고 있었고 이들 중 누가 현생 인류의 직계 조상인지는 여전히 뜨거운 논란의 대상이 되고 있습니다. 누가 조상이든 신체 구조상으로 볼 때 오늘날의 인간, 그러니까 호모 사피엔스라고 부를 수 있는 개체들은 약 20만 년 전에 아프리카에서 등장했습니다. 이들과 가까운 친척인 호모 네안데르탈렌시스, 그러니까 네안데르탈인은 이때쯤부터 약 3만 5천 년 전까지 유럽과 중동에 흩어져 살다가 멸종했습니다. 그러므로 과거에는 현생 인류의 친척들이 많이 살았지만 오늘날은 아무도 남아 있지 않습니다.

진화의 속도

오늘날 진화론자들은 진화가 실제로 일어났는지보다는 어떻게 일어났는지에 더 관심을 보입니다. 다윈은 이 이론을 처음 제시하면서 진화는 일정한 속도로 서서히 진행되고 있으며 작은 변화가 축적되어 큰 변화가 일어난다고 했습니다. 오늘날 이 견해를 일컬어 '점진적 진화론'이라고 합니다. 1970년대에 미국의 고생물학자인 굴드(Stephen J. Gould, 1941~2002)와 엘드리지(Niles Eldredge, 1943~)는 '단속 평형설(斷續平衡說)'이란 대안적 이론을 내놓았습니다. 그들의 견해에 따르면, 진화는 상당히 긴 기간에 걸쳐 아무 변화가 없다가 짧은 기간의 급격한 변화를 통해 이루어진다고 합니다.

화석 기록만으로는 두 가지의 상반된 이론을 비교하기에 충분치 못합니다. 진화 속도 연구의 적절한 대상인 고생대의 삼엽충 화석을 예로 들어봅시다. 각 삼엽충의 몸에는 일정한 마디가 있습니다. 하지만 종마다 그 수가 다릅니다. 삼엽충 전문가들은 각 시대마다 삼엽충의 마디를 세어 체계적인 변화를 확인합니다. 어떤 암석층에서는

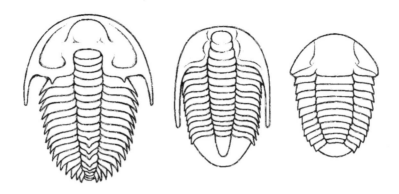

고생대 화석의 대표 선수인 삼엽충은 진화에 의한 작은 변화를 연구하기에 이상적인 복잡한 구조를 가지고 있다. 어떤 고생물학자들은 이 화석을 수집해서 마디나 눈의 수를 세고 변화의 과정을 기록하는 데 몇 년씩 바치기도 한다.

마디의 변화가 급격한가 하면 다른 것에서는 서서히 변화했습니다. 그러므로 진화는 상황에 따라 두 가지가 병행됐을 가능성이 높지만, 이 문제를 해결하려면 더 많은 화석 기록이 필요합니다.

멸종

화석 기록은 분명한 사실을 말해줍니다. 생명은 단세포 생물로부터 출발하여 연체 동물, 식물을 거쳐 오늘날의 다양한 외형과 기능을 지닌 생물체로 진화했습니다. 셀 수 없이 많은 수의 종이 생겼으며 또 셀 수 없이 많은 수의 종이 멸종했습니다. 멸종은 새로운 종의 형성만큼이나 중요한 진화의 한 부분입니다.

화석 기록에 따르면, 한 종의 평균 존재 기간은 몇백만 년 정도입니다. 상당수의 화석 기록이 5억 4200만 년 전까지 거슬러 올라간다는 사실을 감안하면, 과거에 존재하다가 없어진 종들에 비해 오늘날 지구에 살고 있는 1천만 정도라는 종의 숫자는 소수에 불과하다는 것을 알 수 있습니다.

대량 멸종

다윈과 그의 동시대인들은 진화와 이에 따르는 피할 수 없는 멸종을 생명의 지속적인 특성이라고 보았습니다. 그들은 종이 대체적으로 일정한 비율로 생기고 없어진다고 생각했습니다. 그러나 화석 기록은 이 견해와 반대로 나타납니다.

지구상에서는 대량 멸종이 몇 번이나 일어났는데, 가장 유명한 것은 약 6600만 년 전에 일어났던 공룡들의 멸종입니다. 공룡이 멸종되었다는 사실은 잘 알려져 있지만, 그 외에도 알아야 할 사실이 두 가지 더 있습니다. 첫째, 공룡이 멸종될 당시 지구 생명체의 70%가 같이 멸종되었기 때문에 고생물학자들은 이것을 대량 멸종이라고 부릅니다. 둘째, 화석 기록을 살펴보면 이 중생대의 대참사가 지구 역사상 가장 최근에 일어난 대규모 대량 멸종이 아니라는 사실을 알 수 있습니다. 2억 5100만 년 전인 고생대 말에 생명체의 90%가 멸종되었고, 천백만 년 전에는 지구 생명체의 30%가 멸종되었습니다.

이런 대량 멸종의 원인을 두고 한 가지 흥미로운 가설이 제기되었습니다. 그것은 큰 소행성 또는 혜성이 지구에 충돌하여 그 충격 때문에 생물이 멸종했다는 가설입니다. 소행성이 충돌하면서 엄청난 양의 먼지가 대기 위로 올라가 햇빛을 차단시켰을 것입니다. 몇 달 동안 태양빛이 없으면 기온이 떨어졌을 것이고, 그로 인해 식량이 고갈되어 대부분의 생물이 멸종했을 것이라는 가설입니다.

진화론에 대한 도전

다윈이 처음으로 자연 선택에 의한 진화라는 이론을 제시한 이래 진화론은 치열한 반론의 대상이었습니다. 비교적 최근에 제기된 반론으로서, 미국의 공립학교에서 진화론을 가르치지 못하게 하려는 일련의 활동은 지적 설계라는 이론을 간판으로 내놓고 있습니다. 이 이론을 옹호하는 사람들은 지구상의 생명은 상상을 초월할 정도로 정교하고 복잡하기 때문에 어떤 자연적 과정을 통해 발생하기는 불가능했으리라고 주장합니다. 오히려 초인적 지능을 갖춘 설계자가 생명을 만들어냈으리라는 이야기입니다(대부분의 지적 설계 옹호자들은 그 설계자를 누가 설계했는지는 말하지 않지만).

초기 지구 창조론과는 달리 지적 설계는 부정적이기는 하지만 몇 가지 실험 가능한 예측을 내놓고 있기는 합니다. 예를 들어 지적 설계 옹호자들은 여러 미생물이 추진력을 얻는 방법인 복잡한 꼬리 모양의 편모가 자연적이고 연속적인 과정을 거쳐 발생했을 리가 없다고 봅니다. 과학자들이 편모가 발생한 진화적 과정이 원칙적으로 가능함을 상세히 밝혀내기만 한다면(이 연구를 진행 중인 미생물학자들도 있습니다), 지적 설계 옹호자들의 주장은 틀렸음이 증명될 것입니다. 지적 설계 옹호자들의 문제는 참인 것이 증명된 실험 가능한 예측을 아직 단 하나도 내놓지 못했다는 데 있습니다. 반면 진화론은 연속적으로 진보해 가는 생명의 나무에 관해 확인된 예측을 수도 없이 내놓았습니다.

2005년에 펜실베이니아 주의 도버라는 곳에서 진화론의 대안으로서 지적 설계를 공립학교에서 가르쳐야 하는가라는 문제가 연방 지

방법원 재판에 회부되었습니다. 2004년 도버 교육위원회의 위원들은 교사들에게 과학 시간에 지적 설계에 대한 설명을 읽어주라고 지시했으나 교사들은 최선의 과학을 가르쳐야 한다는 계약상의 의무와 상충함을 근거로 들며 거부했습니다. 그러자 위원들이 직접 학교로 와서 스스로 이 설명을 읽었고 이렇게 되자 부모와 교사들은 그 행위가 사실상 공립학교에 특정 종교를 도입하는 행위라는 이유로 소송을 제기했습니다.

2005년 12월 잭 존스 판사는 6주에 걸친 심리 끝에 명판결을 내놓았습니다. 여기서 판사는 지적 설계가 종교적 교리로서 공립학교에서 가르치기에 적합하지 않을 뿐만 아니라, 생명의 복잡성에 대한 지적 설계 옹호자들의 주장이 심리 과정에서 반박된 내용을 지적하며 이것이 올바른 과학도 아니라고 판단했습니다.

우리 저자들은 사상사, 비교종교학, 심지어 시사 상식의 차원에서 생명의 기원 및 진화를 이해하는 다양한 방법을 토론하는 일은 합리적이고 심지어 바람직한 일이라고 생각합니다. 그러나 과학 수업에서 진화론 강의를 제거하거나 얄팍하게 지적 설계론자들의 창조론을 홍보하려는 활동은 잘못된 것이며 공공 과학 교육의 일관성을 위협하는 행동이라고 봅니다. 우리는 진화론이 생물학을 본질적으로 통합하는 개념이라고 주장하며 따라서 어떤 과학 교육에서든 중요한 측면이라고 생각합니다. 또한 학생이라면 진화가 실제로 일어나지 않았다고 생각한다 하더라도 진화의 기본 개념을 이해하고 있어야 할 것이고 또한 진화를 뒷받침하는 증거, 즉 과학자들이 관찰을 통해 찾아낸 다양한 증거도 잘 알고 있어야 한다고 생각합니다.

새로운 분야

분자 진화와 분자 시계

진화가 정말로 DNA 분자에서 변이가 축적되어 일어난다면, 어떤 두 종의 공동 조상을 찾기 위해 몇 년을 거슬러 올라가야 하는지를 알기 위해서는 이 두 종 간의 유전정보 차이를 알아보면 될 것입니다. 생명체들의 역사에 관한 연구는 이제 분자생물학자들의 도움을 받고 있으며, 간혹 놀라운 연구 결과가 나오곤 합니다.

인간의 DNA 연구 결과, 인류는 한 명의 공동 조상을 둔 것으로 보입니다. 그녀는 약 20만 년 전에 아프리카에 살았던 여성인데, 학자들은 그녀에게 이브라는 아주 잘 어울리는 이름을 지어주었습니다. 비슷한 연구 결과, 과학자들은 인간의 계통도를 대충 그릴 수 있게 되었습니다. 예를 들어 인간이 다른 유인원보다 침팬지에 더 가까운 것을 알게 된 것도 이런 연구의 성과입니다.

분자 연구 중 대단한 논란을 불러일으켰던 것은 이른바 분자 시계입니다. 이 개념을 주장하는 과학자들은 DNA 연구가 계통들 사이의 관계를 밝혀줄 뿐 아니라 진화 계통도에서 바로 위의 가지가 언제 갈라졌는지도 알려줄 수 있다고 합니다. 이 이론에 따르면, 시계가 규칙적으로 재깍거리는 것처럼 진화의 과정에서 시간에 비례해 DNA 특정 부분에 변화가 생기기 때문에, 서로 다른 두 생물에서 그 변화의 차이를 조사하면 두 생물이 언제 공동 조상에서 갈라졌는지를 확인할 수 있다는 것입니다.

앞으로도 진화론에서 분자 연구는 큰 몫을 차지할 것입니다. 각 이론을 주장하는 사람들 사이의 치열한 주도권 다툼이 끝나면 우리의 과거에 대한 흥미진진한 새로운 사실들이 속속 드러날 것입니다.

인류의 진화

엄격히 따지면 인류의 진화가 다른 생명체의 진화보다 중요하다고 할 수는 없지만, 우리가 인간이라는 종에 속하므로 여기에 더 관심을 쏟을 수밖에 없습니다. 이 분야에서는 두 가지 연구가 활발히 진행되고 있습니다. 하나는 아프리카를 중심으로 이루어지고 있는데 가장 오래된 인간의 화석을 찾아내고 우리 계통의 먼 조상인 유인원의 계통까지 추적하는 것입니다. 화석의 수도 적은 데다 자주 발견되는 것도 아니고 게다가 일단 발견되면 언론의 관심을 끌기 때문에 이 분야를 연구하는 사람들의 경쟁은 매우 치열합니다.

계통도에서 현 인류의 가장 가까운 친척인 네안데르탈인에 대한 연구도 활발히 진행되고 있습니다. 네안데르탈인은 3만 5천 년 전에 멸종했는데, 이에 관한 논쟁은 대부분 네안데르탈인이 언어를 사용했는가 등 우리와 얼마나 비슷한가에 집중되고 있습니다. 인류 진화에 대한 다른 연구들과 마찬가지로 우리가 보유하고 있는 자료가 너무도 적기 때문에 가끔 새로운 사실이 발견되면 학계에 미치는 영향은 상당합니다. 네안데르탈인에 관한 우리의 지식은 모두 약 100구의 화석을 근거로 한 것입니다.

또 한 가지는 인류의 먼 조상과 유인원, 특히 계통도에서 인류라는 가지가 어디서 갈라져 나오는지에 대한 연구입니다. 이 연구 분야는 초기 인류에 비해 언론의 주의를 끌지 못하지만 전문가들에게는 그에 못지않게 흥미로운 분야입니다. 화석 기록을 연구하는 데서 흔히 있는 일이지만, 시간적 공백 때문에 일반적으로 인정되는 가장 가까운 공동 조상으로부터 최초의 호미니드에 이르는 진화 과정을 추적하기가 매우 어렵습니다.

진화와 DNA

화석뿐만 아니라 오늘날 살아 있는 생명체의 DNA 속에서도 진화의 증거는 속속 드러나고 있습니다. 이런 증거 중 한 가지는 생명체 두 개의 DNA가 어떻게 다른가를 관찰하는 것만으로도 얻을 수 있습니다. 그러니까 차이가 크면 클수록 그들이 더 옛날에 같은 조상으로부터 갈라졌다는 뜻입니다. 이렇게 DNA의 차이를 통해 오늘날 살아 있는 생명체를 대상으로 삼아 일종의 계통수를 그려낼 수 있습니다. 이렇게 해서 그리는 계통수가 화석을 바탕으로 그려낸 계통수와 일치한다는 사실은 진화론의 강력한 증거입니다.

자연 선택의 과정이 DNA에 대해 일종의 '감수자' 역할을 한다고 할 수 있습니다. 어떤 유전자가 기능을 잘 발휘하고 있는데 돌연변이가 발생한다면 돌연변이 유전자는 같은 기능을 발휘하는 데서 덜 효율적일 가능성이 높습니다. 이렇게 되면 자연 선택이 작동하여 해당 변이를 보유하고 있는 개체를 집단에서 제거하며 이에 따라 가장 효율적인 형태의 유전자가 오랫동안 보존되는데, 이런 현상은 여러 종류의 생명체에서 찾아볼 수 있습니다. 예를 들어 과학자들은 박테리아와 고등 동물, 그러니까 공통의 조상으로부터 무려 20억 년 전에 갈라진 생명체들이 수백 개의 유전자를 공유하고 있음을 알아냈습니다.

이제 과학자들은 특정 유전자의 진화 과정을 연구 대상으로 삼기 시작했습니다. 예를 들어 인간에게 후각은 다른 포유 동물들보다 덜 중요합니다. 과학자들은 이와 관련하여 몇몇 특정한 유전자가 인간에게서 더는 작동하지 않거나 무작위적인 변이에 의해 제거되는 과정에 있음을 알아낼 수 있었습니다. 달리 말해 인간의 DNA를 연구하면 사라져 가는 유전자가 어느 것인지 알아낼 수 있다는 뜻입니다. 이른바 '화석' 유전자들은 포유류가 공통의 조상에서 나왔음을 일깨워주기도 합니다.

열쇠 19

함께 살아가는 지구

지구 생태계

아프리카에 있는 가장 큰 민물 저장고인 빅토리아 호수에는 한때 수백 종의 물고기가 살고 있었습니다. 그중 인간에게 가장 중요한 물고기는 그 지역 경제에 필수적이었던 틸라피아였습니다. 사람들은 이 물고기를 몇 톤씩 잡아 햇볕에 말렸고, 호수 근처에 사는 이들에게 이 물고기는 주요 단백질원이 되었습니다.

1960년대에 영국의 낚시꾼들이 1백 킬로그램이 넘도록 자라며 끊임없이 먹어 대는 나일농어를 이 호수에 풀어놓았습니다. 처음에 틸라피아는 시각에 의존해 사냥을 하는 농어를 피해 호수 깊은 곳으로 가 살아남을 수 있었습니다. 그러나 농어는 수초의 증식을 막아주는 다른 물고기들을 잡아먹었습니다. 방해하는 물고기들이 없어지자 수초는 걷잡을 수 없이 늘어났고, 이 수초가 죽어서 호수 바닥으로 가라앉아 부패하여 틸라피아의 안식처인 깊은 곳의 산소가 고갈되었습니다. 호수 바닥에서마저 살 수 없게 된 틸라피아는 이제 멸종했습니다. 또

농어는 달팽이를 먹고 사는 물고기를 사냥했습니다. 그래서 위험한 기생충을 옮기는 달팽이는 보건상 중대한 위협이 되었습니다.

빅토리아 호 연안은 케냐, 우간다, 탄자니아 3개국이 거의 같은 길이로 나눠 관할하고 있습니다. 빅토리아 호반에 마을을 이루고 사는 수백만의 아프리카인들은 호수 생태계의 변화에 영향을 받습니다. 빅토리아 호의 원주민 어부들은 틸라피아 대신 나일농어를 잡았지만 이 큰 물고기는 햇볕에 제대로 마르지 않았습니다. 그래서 어부들은 농어를 불 위에 놓고 구워야 했습니다. 얼마 안 되어 호숫가의 나무들은 다 잘리고, 그로 인해 토양이 침식되어 호수는 더 큰 피해를 입게 되었습니다.

호수에 새로운 종이 생겼기 때문에 생태계 전체가 철저히 변해버린 것입니다. 이것은 인간이 단지 낚시를 더 즐기기 위해 저지른 행위가 낳은 예기치 못한 결과입니다. 이 이야기는 생태계를 이끌어가는 엄숙한 진리를 보여줍니다.

"모든 생명체는 서로 연관되어 있다."

생물들은 다양한 유기체군을 지탱하는 데 필요한 영양소가 순환되고 에너지가 처리되는 체계 안에서 살고 있으며, 이 체계를 우리는 생태계라고 부릅니다. 과학자들은 생물들 사이, 그리고 생물과 환경 사이에서 이루어지는 에너지와 무기물, 흙, 물 같은 물질의 이동 과정을 추적하여 이를 체계화하고 연구합니다.

생태계 먹이 연쇄의 출발점은 식물을 비롯해, 광합성으로 에너지를 자급하는 생물들입니다. 식물은 태양 에너지를 에너지 저장 분자로 전환합니다. 이 분자는 식물뿐 아니라 다른 생물들의 에너지원도 됩니다. 그 에너지는 복잡한 먹이 연쇄 안에서 더 높은 단계의 유기체로 옮겨 갑니다. 다시 말해 초식 동물로부터 그 초식 동물을 먹는 유기체로 이동하는 것입니다. 결국 에너지는 생태계를 떠나 우주 공간으로 방출되는데, 그 분자를 이루는 원자는 그대로 남아 또 다시 순환합니다.

생명의 집

대부분의 생물학자들은 하나의 기관, 하나의 세포, 혹은 하나의 분자 등 작고 처리하기 쉬운 것을 대상으로 삼아 생명을 연구합니다. 그러나 생명 시스템은 결코 고립된 상태로 존재하지 않습니다. 생명 현상은 많은 유기체들이 주위 환경과 상호작용하는 것을 필요로 합니다. 생물은 서로 협동하고 경쟁하며, 먹거나 먹힙니다. 지구상의 생물과 그 환경은 앞 장에서 설명한 모든 물리적·생물학적 원리를 따르는 하나의 단위를 이룹니다. 우리 지구를 이해하려면 이 전체의 통합된 체계를 알아야 합니다. 여기서 생태학(ecology, 그리스어에서 '집'을 의미하는 eco에서 유래)이 등장합니다. 생태학자들은 생태계를 연구하기 때문에 주로 어떤 특정 지역의 생물 전체와 그들을 둘러싼 환경에 대해 집중적으로 연구합니다.

생태계에는 고정된 크기가 없습니다. 상호작용하는 무기물, 공기, 물, 동·식물, 미생물만 있다면 크기가 어떻든 생태계의 요건을 갖춘 것입니다. 늪, 목장 1제곱미터, 모래언덕, 산호초, 또는 수족관도 생태계라 할 수 있습니다. 자연 생태계에는 뚜렷한 경계가 거의 없습니다.

숲이 들판과 연결되고 얇은 물이 점점 깊은 물이 되기 때문입니다.

생태계 내의 각 생물은 마치 복잡한 기계의 부품과도 같습니다. 각 생명체는 다른 생명체에 의존하지만, 그와 동시에 남들을 위해 필요한 기능을 수행합니다. 숲의 흰개미는 고목을 만들어주는 나무에 의존하는 반면 나무는 새로운 싹이 돋는 데 적합하도록 땅을 청소해주는 흰개미에 의존합니다. 생태계 안에서 생물이 차지하는 특정 위치를 '생태학적 적소(適所)'라고 합니다.

지구상의 모든 생명체는 지구 표면 근처의 얇은 층 안에만 존재하는데, 이 층은 지구 표면을 중심으로 지상 몇 킬로미터, 지하 몇 킬로미터밖에 되지 않습니다. 우리는 이 지역을 생물권이라 하는데, 이것을 지구에 있는 가장 큰 생태계라고 보아도 됩니다.

생태계를 연구해보면 하나의 법칙이 성립함을 알 수 있습니다. 이 법칙은 생물과 무생물을 연결하는 그물이 복잡하다는 사실로부터 나옵니다. 간단하게 말하면 이렇습니다.

"생태계에서 단 한 가지만을 변화시킬 수는 없다."

더 멋지게 표현하면 다음과 같습니다.

"의도하지 않은 결과를 초래하는 법칙."

어떻게 표현하든 결국 그 법칙은 현재 우리가 보유한 지식만으로는 복잡한 체계 안에서 일어나는 한 가지 변화의 결과가 어떠하리라고 예측하기가 쉽지 않다는 뜻입니다. 이것은 또한 생태계의 작은 변화가 큰 영향을 끼칠 수도 있는 반면 큰 변화는 거의 영향을 끼치지 않을 수도 있음을 의미하기도 합니다.

이밖에도 지구의 생물들은 과거에 급격한 환경 변화를 수없이 겪으며 살아남았다는 사실도 고려해야 합니다. 자연 그 자체도 지구 환경을 계속 변화시키고 있습니다. 그렇기 때문에 변화를 겪는다는 것은 나쁜 것이 아니며 부자연스러운 것도 아닙니다. 어쨌든 현재 우리는 특정 변화의 궁극적 영향이 어떠하리라고 확실하게 예측할 수 없다는 것만은 분명합니다.

에너지와 먹이 그물

지구의 제1차 에너지원은 태양입니다. 식물, 플랑크톤 그리고 다른 녹색 생물들은 태양의 복사 에너지를 이용하여 광합성이라는 과정을 거쳐 이산화탄소와 물을 에너지가 풍부한 탄수화물로 전환시킵니다. 식물은 화학 에너지를 이용하여 단백질, 지방, 포도당 등의 더 복잡한 분자를 만드는데, 이로부터 잎, 줄기, 꽃이 만들어집니다. 식물과 광합성을 하는 다른 생물들은 자급자족하는 생물입니다. 그들은 모두 생명체가 필요로 하는 에너지 저장 분자를 1차적으로 생산합니다. 과학자들은 이들을 가리켜 생태계 내의 생산자라고 부릅니다. 생산자로부터 먹이 연쇄가 시작되고, 이들이 모든 생명체에 에너지를 공급합니다.

동물, 곰팡이류 그리고 대부분의 박테리아는 태양 에너지를 그들이 필요한 분자로 직접 전환시키지 못하기 때문에 다른 생명체들을 잡아먹어서 그 에너지를 얻습니다. 식물은 초식 동물, 애벌레, 채식

주의자, 그리고 박테리아로부터 썩은 식물을 먹는 흰개미에 이르기까지 다채로운 종의 생물로 구성된 먹이 연쇄의 제1차 소비자에게 에너지를 제공합니다. 대부분의 동물이 이 1차 소비자층에 속합니다.

먹이 연쇄를 하나 더 올라가보면 여러 가지 방법으로 다른 동물들을 먹이로 삼는 동물들이 있습니다. 늑대와 같은 1차 육식성 동물들은 토끼와 같은 초식 동물들을 잡아먹고, 흰줄박이고래 같은 2차 육식 동물은 물고기와 같은 1차 육식 동물을 먹습니다. 이밖에 박테리아, 흰개미, 콘도르처럼 죽은 동·식물이나 배설물을 찾아다니는 동물들, 그리고 인간이나 너구리같이 동물이나 식물 등 여러 곳에서 에너지를 얻는 잡식 동물이 있습니다. 소비자인 이 모든 동물들은 궁극적으로 먹이 사슬 맨 밑 단계에서 광합성을 하는 생산자에 의존합니다.

먹이 연쇄는 매우 비효율적인 체계입니다. 에너지는 한 단계에서 다음 단계로 옮겨질 때마다 대부분이 손실됩니다. 식물은 그들이 받는 전체 태양 에너지 중 단 몇 퍼센트만을 사용합니다. 초식 동물들은 풀 속에 보존되어 있는 에너지 중 10%만을 회수합니다. 나머지 90%는 신진대사를 거쳐 열로 방출되거나 또는 쉽게 소화되지 않는 분자 안에 남습니다.

초식 동물에서 육식 동물로 옮겨 갈 때 또 에너지의 90%가 손실됩니다. 먹이 연쇄를 한 단계씩 올라갈 때마다 에너지가 손실되는 것으로 보아 위로 올라갈수록 생물의 수가 줄어든다는 사실을 알 수 있습니다. 대량의 작은 물고기들이 상대적으로 그 수가 적은 물고기들의 먹이가 됩니다. 아프리카 평원에는 풀을 먹는 동물 무리보다 사자들의 수가 적습니다. 그렇기 때문에 제1차 소비자인 소의 고기가 곡물보다 10배 이상 비싸고, 식료품 가게에 호랑이 고기가 없는 것입니다.

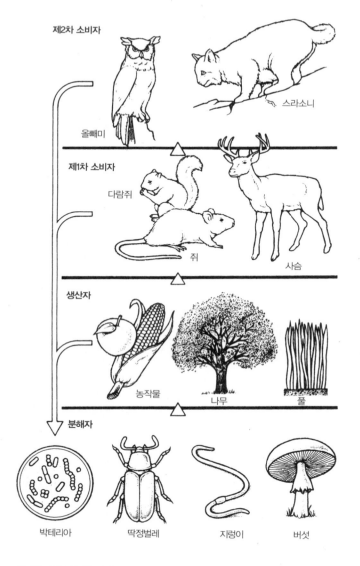

제2차 소비자

올빼미
스라소니

제1차 소비자

다람쥐
쥐
사슴

생산자

농작물
나무
풀

분해자

박테리아
딱정벌레
지렁이
버섯

생물체는 먹이 연쇄를 통해 에너지를 얻는다. 이 먹이 연쇄는 몇 단계로 되어 있다. 광합성을 하는 식물들은 에너지를 생산하며, 그 에너지를 소비자인 동물과 분해자에게 제공한다.

각 생태계는 그 내부를 순환하는 에너지에 의해 유지됩니다. 그러나 에너지가 생태계에서 어떤 방식으로 움직이든 그 에너지의 운명은 궁극적으로 똑같습니다. 언젠가 그 에너지는 다시 열로 전환되어 우주로 방출됩니다. 이 현상은 우리 지구를 정상적으로 유지시키는 거대한 에너지 평형의 한 부분입니다.

영양분과 탄소 순환 과정

어떤 생태계에서든 손실됐다가 계속 보충되는 에너지와는 달리, 생물의 영양소와 이를 구성하는 원자와 분자는 순환합니다. 원자는 없어지는 것이 아니라 한 생명체에서 다른 생명체로, 하나의 화학적 형태에서 다른 화학적 형태로, 또 생물에서 무생물로 끊임없이 옮겨다닙니다. 우리는 원자의 역사를 이른바 '화학적 순환 과정'으로 설명합니다. 생물에게 중요한 순환으로는 물의 순환 외에도 탄소, 질소, 산소, 인, 황 등의 순환이 있습니다.

순환 과정의 각 부분에서 원자나 분자가 움직이는 경로는 여러 가지가 있기 때문에 매우 복잡합니다. 대기 중의 이산화탄소(CO_2) 분자에 끼어 순환 과정에 들어오는 탄소 원자 하나를 살펴보겠습니다. 하나의 풀잎은 광합성을 거쳐 이산화탄소 분자와 물을 합성하여 당(糖) 분자를 만듭니다. 얼마 후 세포의 화학 공장에서 이 당을 원료 삼아 풀잎을 지탱하는 셀룰로스 섬유의 일부를 이루는 녹말 분자를 만들어냅니다. 이제 탄소 원자는 이 풀잎의 구성 요소가 되었습니다.

그런데 배고픈 쥐가 이 풀을 먹으면서 탄소 원자를 삼킵니다. 이제 탄소 원자는 쥐의 화학 물질 저장고로 들어갑니다. 이 쥐는 불쌍하게도 올빼미에게 발견되어 잡아먹힙니다. 올빼미는 탄소 원자를 자신의 에너지 창고에 비축합니다. 올빼미가 탄소가 가득한 에너지를 연소시킴에 따라 탄소 원자는 다시 이산화탄소가 되어 호흡을 통해 대기 중으로 돌아옵니다.

탄소 원자는 다른 경로를 통과할 수도 있습니다. 어떤 탄소 원자는 동물의 배설물이나 동물의 시체로 흙 속에 파묻혀 부패합니다. 흙 속에는 박테리아, 지렁이, 또는 다른 분해자들이 탄소가 풍부한 흙으로부터 직접 원료를 얻습니다. 죽은 식물의 층이 쌓이고, 땅속 깊은 곳에 묻혀 높은 온도 및 압력을 받으면 석탄, 석유, 천연가스 같은 화석 연료 광상이 만들어집니다. 달팽이와 풍뎅이는 탄소 원자를 가지고 단단한 외피를 만듭니다. 바다에서는 산호와 갑각류들이 비슷한 과정을 거쳐 탄산으로 된 산호초와 껍데기를 만들고, 이것이 쌓여 두꺼운 석회암층이 생깁니다. 지난 1백 년 동안 인간은 수천억 톤의 화학 연료를 태워 대기 중의 이산화탄소 농도를 증가시켜 자연적 탄소 순환 과정에 변화를 일으켰습니다.

산소, 수소, 질소 등 생명에 필수적인 다른 모든 원자들도 생물권 안에서 비슷한 순환 과정을 거칩니다. 각 원소마다 구체적 과정이 다르기는 하지만 물질이 생물권 안에서 순환하고 결코 그곳을 떠나지 않는다는 점은 같습니다.

지구 온난화와 환경 오염

인간은 생태계의 한 부분입니다. 다른 생명체와 마찬가지로 궁극적으로 인간도 햇빛과 먹이 연쇄의 첫 단계에서 일어나는 광합성에 의존합니다. 그러나 다른 생물과는 달리, 우리는 주위 환경을 놀랍도록 변화시킵니다. 농업을 개발하고, 도시를 건설하고, 공장을 세워 악화시켰든 개선했든 생물권을 크게 변화시켰습니다.

이것은 국내·국제 정치에서 매우 중요한 위치를 차지하는 문제이기도 합니다. 이 문제들은 순수하게 과학하고만 연관된 것이 아니고 많은 경제적·사회적 요소들과 서로 영향을 주고받습니다. 그럼에도 불구하고 이들은 과학적 성향이 너무 짙기 때문에 과학의 기초를 모르고서는 어떤 문제도 논의할 수가 없습니다. 이제 우리 모두가 현명하게 대처해야 할 네 가지 주요 환경 문제, 즉 오존층 파괴, 산성비, 도시 대기 오염, 온실 효과에 대해 살펴보겠습니다.

오존층 파괴

오존 분자는 세 개의 산소 원자로 되어 있습니다. 대기 중 전체 분자의 100만분의 1밖에 되지 않는 이 오존 분자는 두 가지 측면에서 우리 환경에 결정적 영향을 끼칩니다. 지표면 가까이 있는 오존(나쁜 오존)은 눈과 호흡기를 자극하는 유해 물질입니다. 반면 지상 1만 5천 미터에 있는 오존(좋은 오존)은 태양으로부터 나오는 유해한 자외선을 흡수하여 지구의 생명체들을 보존하는 방패 역할을 합니다. 오존층이 없었다면 인간과 지구상의 다른 생물들은 계속해서 고에너지 방사선에 노출될 것이며 피부암이나 눈병 등으로 고생할 것입니다.

오늘날 오존층은 염화불화탄소(CFC)라는 화학 물질을 사용하여 파괴되고 있습니다. CFC는 냉장고나 에어컨의 냉매로, 반도체 칩 제조 시 세척제로, 그리고 스티로폼처럼 거품으로 성형되는 제품을 만드는 데 수십 년간 널리 쓰여 왔습니다. 1960년대에 널리 사용되기

시작할 때, CFC는 쉽게 분해되지 않기 때문에 환경 오염을 가중시키지 않을 것으로 생각되었습니다. 그러나 이 안정성이 큰 문제를 일으켰는데 왜냐하면 CFC 분자가 대기권 상층부로 올라갈 수 있을 만큼 오래 존재하기 때문입니다. 거기서 CFC 분자의 염소 원자가 촉매가 되어 오존 분자 두 개를 산소 분자 세 개로 전환시키는 복잡한 화학 반응이 일어났습니다. 이로 인해 오존층은 자연적 과정에 의해 회복되는 속도보다 더 빨리 파괴되었습니다. 이것은 '의도하지 않은 결과를 초래하는 법칙'의 한 예입니다.

1984년에 남극에서 연구를 하던 과학자들의 놀라운 발견은 세계의 이목을 오존층에 집중시켰습니다. 남극에서 봄인 9월과 10월 동안 남극 상공의 오존 농도가 50%나 줄어들었던 것입니다. 그 후로 매년 정도의 차이는 있지만 그 유명한 '오존 구멍'이 나타났습니다. 이 구멍을 만든 오존의 대량 파괴는 남극의 특수 상황과 관계가 있는 것 같습니다. 남극의 겨울에 대기는 남극 상공에 고정되어 있고, 태양이 비추지 않는 동안은 얼음 구름이 생기는 것이 그것입니다. 그 뒤 몇몇 과학자들은 오존층의 파괴가 거의 지구 전체에서 일어나고 있다는 사례를 발표했습니다.

사람들은 오존층 파괴를 걱정하기 시작했고 그 결과 CFC 사용을 줄이는 조치들이 취해졌습니다. 화학업계는 이 명백한 위험에 즉각 반응을 보였습니다. 예를 들어 뒤퐁(Du Pont) 사는 CFC 생산을 즉시 중단했고, 모든 선진국들이 같은 조치를 취했습니다.

여러 환경 문제 중 오존층 파괴는 그래도 비교적 다루기 쉬운 편에 속합니다. 해결책도 뚜렷할 뿐 아니라 비용도 그리 많이 들지 않습니다. 그리고 우리의 행동이나 생활 방식을 크게 바꿀 필요도 없습니다.

산성비와 도시 대기 오염

연료를 태우면 항상 이산화탄소와 수증기가 대기 중으로 들어가지만, 이밖에도 중요한 오염 물질 세 가지가 발생합니다.

• 질소 산화물 : 공기의 온도가 섭씨 500도를 넘어가면 대기 중의 질소는 산소와 결합하여 이른바 NO_x 화합물을 형성합니다. 이중에는 일산화질소(NO), 이산화질소(NO_2) 및 여러 가지가 있습니다.

• 황화합물 : 석유 및 석탄을 기반으로 하는 화석 연료에는 보통 오염 물질로든 아니면 화학적 구조의 일부로든 약간의 황이 들어 있습니다. 그 결과 이산화황(SO_2)이 대기 중으로 방출됩니다.

• 탄화수소 : 탄화수소를 이루는 긴 사슬 모양의 분자들은 완전 연소를 하는 일이 거의 없습니다. 그래서 산소와 반응하지 못한 탄화수소의 파편들이 세 번째 오염 물질로 대기 중으로 들어갑니다.

이러한 오염 물질이 대기 중으로 방출되면 심각한 환경 문제가 생겨날 수 있습니다. 도시의 대기 오염 물질은 햇빛이 대기 중의 질소 화합물 및 탄화수소와 화학 반응을 일으켜 결국 오존을 생성합니다. 성층권에 있는 오존은 지구 생명체의 생존에 필수적인 반면 지표 근처의 오존은 독성이 있는 기체로서 눈을 따끔거리게 하거나 호흡기를 손상시킬 수 있습니다. 이 '나쁜 오존'은 스모그와 관련된 도시 대기 오염 물질의 주요 부분을 차지합니다. 스모그는 여름에 대도시를 자주 뒤덮는 갈색 물질입니다.

도시 대기 오염이 심각한 문제이기는 하지만 일시적인 현상이기도 합니다. 어떤 도시의 대기질이 나빠지면 일기 예보를 발표할 때 이에 대한 경고가 따라 나옵니다. 날씨와 마찬가지로 대기 오염의 정도도 매일 바뀌며, 폭풍우가 몰아치거나 강풍이 불면 금방 달라질 수 있습니다.

산성비는 질소 및 황화합물과 관련하여 더욱 장기적인 문제를 일으킵니다. 이들 화합물은 대기 중에서 다른 화합 물질과 반응하여 미세한 질산과 황산 방울을 형성합니다. 비가 오면 이 방울들이 빗물에 녹고, 이렇게 되면 물이 아니라 묽은 산성 액체가 하늘에서 쏟아집니다. 유럽 도시에서는 산성비가 엄청난 피해를 일으키는 경우가 있는데, 이것은 석회석으로 이루어진 역사적 기념물이 산의 부식에 특히 취약하기 때문입니다. 몇 년에 걸쳐 산성비는 문자 그대로 건물의 구조를 녹여버립니다.

20세기 중반에 사람들은 어떤 지역의 대기 오염을 해결하기 위해 높은 굴뚝을 건설했습니다. 이런 굴뚝은 미국 중서부의 공업 지대에서 많이 볼 수 있었습니다. 이에 따라 오염 물질은 매우 높은 고도까지 올라가 편서풍에 쓸려 갔습니다. 그러나 그렇다고 해서 문제가 해결된 것은 아니었습니다. 오염 물질이 중서부의 공업 지대에서 뉴잉글랜드의 숲으로 옮겨 갔으니까요.

세계 각국 정부는 자동차 배기가스 규제 기준을 마련하고 대규모 공장이나 발전소에서는 연기를 정화한 뒤 굴뚝으로 내보내는 기술을 도입할 것을 요구하는 방법으로 문제에 대처했습니다. 석탄 화력 발전소에서 발전 시설 자체보다 환경보호 시설을 건설하는 데 비용이 더 들어가는 것은 드문 일이 아닙니다. 충전식 하이브리드 차나 (아마) 순수한 전기자동차가 널리 보급될 경우 여기에 쓰이는 전기는 환경보호 시설을 갖춘 발전소에서 나올 것입니다. 결국 수만 대의 자동차 배기가스를 규제하는 것보다는 굴뚝 하나의 환경 오염을 막는 편이 더 쉬울 테니까요.

산성비와 대기 오염은 심각성으로 따지면 중간 정도 되는 환경 문제입니다. 오염원과 오염의 결과가 알려져 있고, 오염을 방지하려면 어떻게 해야 하는지도 우리가 알고 있습니다. 그러나 이 문제를 해

결하는 데는 오존층 파괴를 차단하는 작업보다 비용이 훨씬 더 많이 듭니다. 정치적·경제적 측면이 매우 중요합니다. 깨끗한 공기를 위해 비용을 어느 정도까지 부담할 수 있는가? 뉴잉글랜드의 숲을 살리려면 중서부에서 실업자가 발생할 수밖에 없는데, 어느 정도까지 이를 받아들일 수 있는가? 이것들은 쉬운 문제가 아니며 과학만 가지고 해결할 수 있는 문제도 아닙니다.

온실 효과와 지구 차원의 기후 변화

산성비를 일으키는 기체가 굴뚝이나 자동차의 배기 파이프를 빠져나가지 못하게 하는 방법을 의논할 수는 있습니다. 심지어 이런 기체가 아예 발생하지 않는 연료로 기존 연료를 대체하는 것도 생각해볼 수 있습니다. 그러나 화석 연료를 태우는 이상 다음 기체가 나오는 것만은 막을 수 없습니다. 그것은 바로 이산화탄소입니다. 차를 운전하거나, 음식을 조리하거나, 전등을 켜거나 하면서 대기 중에 이산화탄소를 배출하지 않기는 어렵습니다.

이렇게 대기 중으로 이산화탄소가 배출되면 과학자들이 온실 효과라고 부르는 현상이 발생합니다. 온실에서는(창문을 다 닫은 채 햇빛 아래 주차해놓은 차도 마찬가지지만) 햇빛이 유리를 통해 들어온 뒤 내부에 있는 물체에 흡수됩니다. 이렇게 해서 데워진 물체는 적외선의 형태로 열 에너지를 다시 방출하지만 적외선 파장 대역의 파동은 유리를 통과하지 못하기 때문에 에너지가 실내에 갇혀서 온실 또는 차 내부의 온도가 올라갑니다. 유리와 마찬가지로 이산화탄소는 햇빛을 통과시키지만, 지상으로부터 올라오는 적외선을 흡수하여 그 열을 우주로 방출하지 않고 대기 안에 가둬 둡니다. 지구에서 온실 효과가 일어난다는 말은 산업혁명이 시작된 이래 화석 연료가 대량으로 연소되어 축적된 이산화탄소가 지구 온난화를 초래할 가능성이 있다는 뜻입니다.

온실 효과에 대해 몇 가지 지적할 것이 있습니다. 첫째, 대기 중에는 항상 이산화탄소가 존재해 왔기 때문에 우리가 완전히 새로운 물질을 자연에 방출하는 것은 아닙니다. 사실 자연적으로 생기는 이산화탄소를 비롯한 몇 가지 기체(특히 수증기와 메탄)로 인한 온실 효과가 없었더라면 지표면의 온도는 영하 $20°C$ 정도일 것입니다. 그렇지만 지난 100여 년간 인간의 활동으로 인해 대기 중 이산화탄소 농도가 급증한 것, 그리고 이와 관련한 기후 변화는 오늘날 지구 온난화를 둘러싼 주된 문제입니다.

과학자들은 다음 네 가지 점에서 의견이 일치하고 있습니다.

(1) 이산화탄소는 적외선을 흡수하여 온실화 기체로 작용한다. 이 점에서는 메탄, 수증기, 오존도 마찬가지다.

(2) 인간이 화석 연료를 태운 결과 대기 중 이산화탄소 농도가 높

아졌고, 최근 연구 결과 그 속도도 빨라지는 것으로 보인다.

(3) 지구의 기후는 변할 수 있다. 오늘날 우리는 1859년경부터 시작된 따뜻한 기간에 살고 있으며, 그 바로 앞에는 소빙하기라고 불리는 추운 기간이 있었다. 그 전에는 중세 온난기로 알려진 따뜻한 기간이 수백 년 지속되었다. 1850년 이래 지구의 평균 기온은 섭씨 0.5도 상승했으며 이렇게 된 이유 중 일부는 인간의 활동에 있다.

(4) 지구 표면의 평균 온도는 지난 수십 년간 계속 상승해 왔고, 1990년대가 기록상 가장 더운 10년이었으며 역사상 가장 더운 25년 중 20년이 1980년 이후에 몰려 있다. 게다가 2004년과 2005년은 역사상 가장 더운 4년 중 2년으로 30년 평균보다 무려 1도가 높았다. 이 기간 중 몇몇 달은 역사상 최고의 더위를 기록했으니 최근 몇 년간 지구가 더 더워졌다는 사실은 별로 의심할 필요가 없을 것으로 보인다. 반면 위성 자료를 분석한 결과 1990년대 이후 온난화는 별로 진행되지 않은 것으로 나타났다.

이렇게 분명한 사실이 존재하지만 지구 차원에서 기후가 변화하는 속도와 범위는 정확히 파악하기가 어렵습니다. 미래의 기후를 예측하는 과학적 수단으로는 우선 매우 복잡한 3차원 컴퓨터 시뮬레이션 기법을 활용하는 대기 순환 모델(GCM)을 들 수 있습니다. 이 모델은 지구의 대기와 대양을 한 변이 수백 킬로미터 정도 되는 상자 모양으로 잘라 각 상자 내의 변화를 계산한 후 모든 상자의 값을 더합니다. 실제로 이 방법은 매일매일의 일기예보 같은 단기적 활동에 사용되고 있습니다. 그런데 장기적인 활동(이를테면 며칠 뒤의 날씨가 아니라 수백 년 후의 기후 예측 같은 일)에 이 방법을 적용하려면 지구상에서 일어나는 현상, 예를 들어 빙하의 형성으로부터 바다의 화학 조성 등 문자 그대로 수백 가지의 현상을 파악해야 하며, 오늘날 성능이 가장 좋은 컴퓨터를 동원해도 이 작업에는 몇 달이 걸릴 수 있습니다. 이런 상황을 비판하려는 것은 아닙니다. 지구의 기후처럼 복잡하고 다면적인 시스템을 다루는 컴퓨터 모델은 이런 식으로 돌아갈 수밖에 없습니다. 게다가 모델이 워낙 복잡한 데다가 이 모델에 입력해야 할 값들을 우리가 아직도 제대로 이해하지 못하고 있기 때문에 이 모델이 내놓는 예측 속에 불확실성이 끼어들 수밖에 없습니다. 컴퓨터를 가동해서 얻은 결과라는 이유만으로 그것이 저절로 진실이 되는 것은 아닙니다. 책에 인쇄된 글이라고 해서 반드시 옳다는 보장이 없는 것과도 같죠. 이 모델을 이용하는 예측에서 특히 불확실한 측면 몇 가지를 보겠습니다.

• **구름** : 구름은 기후를 결정하는 데 복잡하면서 중요한 역할을 합니다. 고도가 낮은 구름은 햇빛을 반사해서 지표를 식히지만 높이 있는 구름은 열을 잡아 두기 때문에 지표의 온도를 올립니다. 그렇다면 구름이 하늘을 얼마나 덮을 것인가 뿐만 아니라 어떤 종류의 구름이 덮을 것인가를 예측할 능력도 갖춰야 한다는 뜻입니다. 그러나 현재로서는 구름 형성에 관한 물리적·화학적 측면이 잘 알려져 있지 않기 때문에 이것을 예측하기가 매우 어렵습니다.

• **바다** : 세계의 바다와 그 밑바닥의 퇴적층은 대기보다 훨씬 더 많은 이산화탄소를 품고 있으며, 바다와 대기는 상호작용을 하지만 그 양상이 매우 복잡하고 잘 알려져 있지도 않습니다. 해류가 조금만 달라져도 대기 중 이산화탄소 농도가 변할 수 있는 것으로 추측

됩니다.

· 태양 : 대기 순환의 에너지는 주로 태양으로부터 나오기 때문에 햇빛의 양이 조금만 달라져도 지구 전체가 더워졌다 식었다 할 수 있습니다. 어떤 과학자들은 1645년부터 1715년 사이에 햇빛의 강도가 지금보다 1% 약했는데, 이 시기가 이른바 소빙하기 중에서도 가장 추운 기간이었다고 봅니다. 지구 대기 모델로 계산한 바에 따르면 오늘날의 온난화 경향은 태양이 지구를 직접 가열하는 것과는 거의 관계가 없는 것으로 보이기는 하지만 좀 더 복잡해서 아직 알려지지 않은 어떤 관계가 있을 수도 있습니다. 또 어떤 과학자들은 태양 자기장의 변화가 지구의 구름 양에 영향을 끼친다고 생각합니다. 왜냐하면 우주선(cosmic rays)이 지구로 들어오면서 대기와 반응한 결과 응결핵들이 생기는데 태양의 자기장이 바로 이 우주선에 영향을 끼치기 때문입니다.

· 얼음 : 얼음이 지구 표면을 얼마나 덮고 있으며 그 분포는 어떤가, 빙하와 얼음판의 이동 모습은 어떤가 등은 기후에 영향을 끼치지만 그 양상은 아직 자세히 알려져 있지 않습니다. 눈과 얼음은 태양의 복사 에너지를 지구 밖으로 반사해버리지만 색이 진한 바위나 흙은 태양 에너지를 더욱 효과적으로 흡수합니다. 그린란드처럼 거대한 얼음판이 녹으면 지구 온난화가 가속될까요?

기후 변화와 관련하여 사람들은 주로 대기 중의 이산화탄소 농도가 두 배가 되면 기온이 얼마나 올라갈까를 두고 논쟁을 벌입니다. 유엔 산하 '기후 변화에 관한 정부 간 협의체(IPCC)'는 전 세계에서 연구 중인 수백 명의 학자들이 계산한 결과를 모아 몇 년마다 한 번씩 보고서를 내는데, 이 보고서의 2007년 판에 따르면 앞으로 100년 동안 지구의 평균 기온은 섭씨 2도 상승할 것입니다.*

지구 대기 모델은 이런 식으로 온난화가 진행되면 어떤 결과가 나타날지를 지역별로 상세하게 예측할 정도로 발달하지는 못했지만 일어날 수 있는 결과를 생각해보면 우선 해안 지방이 해수면 아래로 가라앉는 것, 열대 질병이 북쪽으로 확산되는 것을 들 수 있고, 또한 농업에 심각한(예측할 수는 없지만) 영향을 끼칠 강우 패턴의 대대적 변화 등이 일어날 수 있습니다. 이뿐만 아니라 기후가 급격히 변하면 많은 생태계에 피해가 발생할 수 있고 다수의 종이 멸종할 수 있습니다.

어떻게 하면 이런 추세를 역전시킬 수 있을까요? 어떤 식으로든 화석 연료 소비를 크게 줄이려고 하면 소비자들이 돈을 더 부담해야 할 것이고 생활 방식도 크게 바뀌어야 할 것입니다. 석탄이나 석유는 자동차, 항공기, 선박, 대부분의 발전소에서 에너지원으로 쓰입니다. 이 딜레마를 빠져나갈 길을 찾기는 쉽지 않습니다.

각국은 여러 가지 가시적인 조치를 취하고 있습니다. 우선 아마존의 열대 우림이 파괴되는 속도를 늦춤과 동시에 다른 지역에는 새로운 숲을 조성하는 것입니다. 살아 있는 나무는 대기 중에서 탄소를 끌어다가 자신의 몸을 만들고, 이에 따라 화석 연료 사용으로 인해 발생하는 탄소의 증가 효과를 상쇄합니다. 나아가 새로운 에너지

---

* '기후 변화에 관한 정부 간 협의체(IPCC)'는 2014년에 발표한 5차 보고서에서 지구 온난화가 이미 위험해져 돌이킬 수 없는 추세가 될 가능성이 높다고 밝혔다. 5차 보고서는 7년에 걸쳐 2,500여 명의 과학자들이 참여해 발간했다. 이 보고서는 세계가 현재 추세로 온실가스를 계속 배출하면 2050년까지 평균 기온이 1986~2005년보다 섭씨 2도, 21세기 말까지 섭씨 약 3.7도가 더 오를 것으로 예상했다. 또 대기권에 몰려 있는 온실가스의 농도가 지난 80만 년 이래 최고 수준이며, 지구 온도 상승을 2도 이하로 억제하려면 오는 2100년까지 화석 연료를 퇴출해야 한다고 지적했다.

절감 방식을 시행하고 풍력, 태양 에너지, 수력 발전 같은 신재생 에너지원에 대한 의존도를 높일 수도 있습니다. 그리고 더욱 효율이 높은 형태의 바이오 연료를 개발하여 연료가 연소하여 발생하는 이산화탄소와 식물이 성장하여 흡수되는 이산화탄소 사이의 균형을 맞출 수도 있습니다. 이렇게 전망이 밝은 여러 분야에서 많은 사람들이 전 세계적으로 노력을 기울이고 있습니다.

이렇게 긍정적인 차원에서 노력을 기울이고 있지만 온실 효과는 지구 생태계가 당면한 여러 환경 문제 중 가장 해결하기 힘들고 위험한 문제입니다. 사실 온실 효과는 모델링이 가장 어려운 현상입니다. 왜냐하면 대기 중의 이산화탄소 농도가 높아지는 것이 가져오는 결과는 분명히 파악하기 힘든 반면에 어떤 조치를 취하려 들면 비용이 많이 들기 때문입니다. 오늘날 거의 전적으로 화석 연료에 의존해 돌아가는 세계 경제를 짧은 시간 안에 다른 에너지원 쪽으로 넘기기는 결코 쉬운 일이 아닙니다. 일반적으로 새로운 형태의 연료가 경제 전체에 침투하려면 30년에서 50년이 걸립니다. 온실 효과의 여러 시나리오 중 최악의 것이 현실이 될 경우 약 50년 후면 온난화가 너무 많이 진행되어 어떤 조치를 취하든 때는 이미 늦어 있을 것입니다.

그런가 하면 가장 믿을 만한 과학적인 예측조차도 온난화가 진행된다고 해도 수십 년 동안은 환경에 심각한 변화가 일어나지 않으리라고 예측합니다. 수십 년이면 기업, 정부, 기타 주요 사회 조직의 계획 기간을 훨씬 뛰어넘는 시간입니다. 그러면 의문은 한 가지로 요약됩니다. 지구 온난화 때문에 우리의 손자 세대가 고통을 겪는 것을 예방하려면 지금 당장 우리의 생활 방식을 바꾸어야 합니다. 그런데 과연 우리에게 그럴 의지가 있을까요?

과학, 인간의 위대한 모험

과학은 우주와 그 안에 있는 우리의 위치를 알아보는 하나의 방법입니다. 과학을 통해 우리는 모든 생명체, 그리고 크든 작든 모든 세계에 똑같이 적용되는 일반 법칙, 즉 물질, 에너지, 힘, 운동 등을 지배하는 법칙들을 발견합니다. 우리는 원자를 탐구하고 이 원자라는 단위로 만들어진 물질이 보여주는 끝없는 다양함에 경탄하기도 합니다. 우리는 핵을 구성하는 입자를 한데 묶고 별을 빛나게 하는 힘, 우리에게 이롭게 활용할 수도 있고 우리 자신을 파괴할 수도 있는 힘에 대해 이해하기도 합니다.

과학적 방법은 지구라는 행성과 이 행성의 역사 안에서 우리에게 맡겨진 역할로 우리의 시선을 이끌어갑니다. 지구는 까마득한 옛날에 다른 모든 행성이나 항성들처럼 우주의 먼지와 파편으로부터 태어났습니다. 지구는 끊임없이 변화하는 행성인데, 탄생 이래 오늘날까지 그 위의 대륙과 해양은 수십 번씩 생겨났다가는 사라지고, 없어졌다가는 다시 나타나고 했습니다. 지구에서의 생명 현상은 약 40억 년 전에 어떤 하나의 세포로부터 시작되어 오늘날의 끝없이 다양한 생물종으로 발전했습니다. 여기서 인간은 극히 최근에 끼어든 조그만 요소에 지나지 않습니다. 그동안 수백만 종의 생물들이 태어났고 또 그와 비슷한 수만큼 멸종하기도 했습니다.

가끔 우리는 인간이 자연의 법칙으로부터 예외라고 생각하고 싶어 합니다. 뭔가 특별하고, 보호받고 있으며, 다른 생물 위에 있다는 생각이 그것입니다. 그러나 우리는 인간도 살아남기 위해 에너지와 영양소를 얻으려고 싸우는 무수한 생물들 중 하나에 불과하다는 사실을 바꾸지는 못합니다. 지구 생태계 안에서 인간의 위치라는 현실을 외면하는 것은 완전히 어리석은 짓입니다.

하지만 인간이 지구 위에서 어떤 특별한 지위를 누리고 있는 것이 아니라는 생각도 어리석기는 마찬가지입니다. 생명의 역사에서 나타난 어느 종과도 달리 우리는 자원을 이용하고 환경을 변화시키는 방법을 터득했습니다. 우리는 과학이라는 도구를 이용해서 우리의 세계를 탐구하는 능력을 갖추고 있고, 예술을 통해 이 세계를 즐길 줄도 알며, 철학과 종교를 통해 인간의 독특한 역할이 지닌 의미를 찾을 줄도 압니다.

인간은 본성상 매우 호기심이 많은 생물이고 과학은 이 호기심을 채우는 데 가장 강력한 도구입니다. 과학은 인간의 위대한 모험이며 그 안에는 엄청난 도전, 값진 선물, 새로운 기회, 유례없는 책임 등이 함께 들어 있습니다. 과학을 통해 우리는 세계를 보는 새로운 시각을 얻고, 과거를 더듬어보고, 아득히 먼 우주까지 내다보며 우주를 움직이는 힘이 결국 하나라는 것도 알아냅니다. 과학으로 얻은 지식으로 무장하고 우리는 질병과 싸우며, 새로운 물질을 만들어내고, 놀라운 방법으로 우리의 환경을 변화시킵니다. 과학은 우리의 행위를 예측할 수 있는 능력도 우리에게 가져다주며 아마 우리 자신으로부터 우리를 지킬 지혜도 알려줄 것입니다.

옮긴이 _ 이창희

서울대학교 불문학과를 졸업하고 파리 소르본대학교 통역번역대학원에서 한-영-불 통역학으로 석사 학위를 받았다. 옮긴 책으로 《지식의 반감기》, 《사이언스 이즈 컬처》, 《다음 50년》, 《아인슈타인도 몰랐던 과학 이야기》, 《엔트로피》, 《21세기의 신과 과학 그리고 인간》, 《지구의 삶과 죽음》, 《태양의 아이들》 등이 있다. 이화여자대학교 통역번역대학원 번역학과 교수로 재직 중이다.

본문 그림 _ 김영훈

건국대학교 산업대학원 산업디자인학과를 졸업했다. 1988년부터 〈한겨레〉에 그림을 그리고 있으며 펴낸 책으로 《how - 세상을 바꾼 100가지 공학기술》, 《딱 한 번 읽고 끝내는 기적 같은 영문법》 등이 있다.

과학의 열쇠

2005년 2월 25일 초판 1쇄 발행
2015년 3월 30일 개정증보판 1쇄 발행
2022년 7월 25일 개정증보판 5쇄 발행

- 지은이 ───── 로버트 M. 헤이즌, 제임스 트레필
- 옮긴이 ───── 이창희
- 펴낸이 ───── 한예원
- 편집 ────── 이승희, 윤슬기, 양경아, 김지희, 유가람
- 펴낸곳 **교양인**
  우04020 서울 마포구 포은로 29 202호
  전화 : 02)2266-2776 팩스 : 02)2266-2771
  e-mail : gyoyangin@naver.com
  출판등록 : 2003년 10월 13일 제2003-0060

이 도서의 국립중앙도서관 출판예정도서목록(CIP)은 서지정보유통지원시스템 홈페이지(http://seoji.nl.go.kr)와 국가자료종합목록시스템(http://www.nl.go.kr/kolisnet)에서 이용하실 수 있습니다.(CIP제어번호: CIP2015008040)